五四运动昭示的青年运动正确方向，就是在党的领导下，走与工农群众相结合、与中国革命实践相结合的道路。当代青年学生要健康成长、茁壮成才，仍然必须坚持这个正确方向、这条正确道路。对青年学生来说，基层一线是了解国情、增长本领的最好课堂，是磨炼意志、汲取力量的火热熔炉，是施展才华、开拓创业的广阔天地。只有深入到基层中去，深入到群众中去，才能加深对社会的认识，增进同人民群众的感情，提高解决实际问题的能力。

——胡锦涛

摘自二〇〇九年五月二日《在同中国农业大学师生代表座谈时的讲话》

大学生村官丛书 | 丛书主编 瞿振元

中国农业产业实用新技术读本
Zhongguo Nongye Chanye Shiyong Xinjishu Duben

主　编　高旺盛
副主编　王　璞　李胜利　胡小松
参编人员　（以姓氏汉语拼音为序）

陈　芳　陈源泉　高丽红　高旺盛　郭玉海
胡小松　贾克功　贾志海　金　鑫　李胜利
李兴民　刘国杰　刘　辉　刘庆洪　宁中华
秦应和　任华中　沈火林　沈　群　眭晓蕾
孙　涛　陶洪斌　王爱国　王红清　王　玲
王　璞　王　倩　吴继红　夏建民　夏来坤
薛　敏　义鸣放　张　倩　张　薇　张　文
张振贤

高等教育出版社·北京
HIGHER EDUCATION PRESS　BEIJING

图书在版编目(CIP)数据

中国农业产业实用新技术读本/高旺盛主编. —北京：
高等教育出版社，2010.1 （2013.4重印）

（大学生村官丛书/瞿振元主编）

ISBN 978-7-04-028189-7

Ⅰ.中… Ⅱ.高… Ⅲ.农业技术 Ⅳ.S

中国版本图书馆 CIP 数据核字(2009)第 181551 号

项目策划 龙 杰 何明星　策划编辑 吴 勇 刘金菊　责任编辑 张晓晶　封面设计 张志奇
责任绘图 尹 莉　　　　版式设计 余 杨　　　　责任校对 金 辉　责任印制 田 甜

出版发行	高等教育出版社	咨询电话	400-810-0598	
社　　址	北京市西城区德外大街4号	网　　址	http://www.hep.edu.cn	
邮政编码	100120		http://www.hep.com.cn	
印　　刷	北京嘉实印刷有限公司	网上订购	http://www.landraco.com	
开　　本	787×960　1/16		http://www.landraco.com.cn	
印　　张	15	版　　次	2010年1月第1版	
字　　数	240 000	印　　次	2013年4月第5次印刷	
购书热线	010-58581118	定　　价	25.00元	

本书如有缺页、倒页、脱页等质量问题，请到所购图书销售部门联系调换。
版权所有　侵权必究
物 料 号　28189-00

大学生村官丛书

编委会

主　　任　瞿振元（中国农业大学党委书记）
副主任　　尹成杰（全国人大农业与农村委员会副主任委员）
　　　　　赵凤桐（北京市委常委、教育工作委员会书记）
　　　　　柯炳生（中国农业大学校长）
　　　　　杨振斌（教育部思想政治工作司司长）
　　　　　龙　杰（高等教育出版社副总编辑）
编　　委　（以姓氏汉语拼音为序）

陈东琼	陈源泉	褚庆全	范志红
高旺盛	何秀荣	胡小松	黄仕伟
柯炳生	李胜利	龙　杰	米增渝
穆月英	曲瑛德	瞿振元	任大鹏
王　璞	吴慧芳	肖彤岭	杨振斌
尹成杰	曾昭海	赵凤桐	张宝莉
张大也			

大学生村官丛书

编委会办公室

主　　任　高旺盛
副主任　　曲瑛德　刘金菊

序

实施"大学生村官计划",选聘高校毕业生到农村任职,是党中央作出的一项具有长远战略意义的重要决策。它不仅拓展了大学生面向基层就业的通道,扩大了大学生的就业空间,在一定程度上缓解了高校毕业生的就业压力。更重要的是,这一计划为大学生们提供了基层实践锻炼和与基层百姓零距离"亲密接触"的机会,是培养社会主义管理者和领导者,促进大学生成长和成才的有效途径,充分发挥了基层作为锻炼、培养干部主阵地的作用,有利于扎根基层一线的党政干部培养链的形成,同时也弥补了农村高水平管理人才的不足,为农村干部队伍带来了生机和活力,给农村带来了新变化、新气象。

目前,全国现任大学生"村官"总数在逐年递增。据不完全统计,2006年全国24个省(自治区、直辖市)共有大学生"村官"21 127人;2007年发展到27个省(自治区、直辖市),共41 654人;2008年2月底,全国共有28个省(自治区、直辖市)启动了"大学生村官计划",其中17个省(自治区、直辖市)实施了村村都有大学生"村官"的计划,当年新发展大学生"村官"66 856人。

实施"大学生村官计划"是一项开创性的工作,会出现种种意想不到的问题和困难,需要我们认真思考和解决。尤其是大学生的生活经历单纯,如何适应所要面对的较为复杂的工作环境,尽快成长和成熟起来,是每一个大学生"村官"面临的现实问题。就此,习近平同志曾在专门召开的大学生"村官"座谈会上对大学生"村官"们提出四点希望,其中一点就是"要勤于学习、善于学习,在与农民群众摸爬滚打的交往中吸取营养、增长智慧"。确实,学习是人生前进的基础,也是决定人生境界高低的关键因素。大学生"村官"的成长和成才离不开学习,不仅需要向实践学习,还需要向恰当的书本学习。

正是考虑到大学生"村官"对于恰当书本知识的需要,考虑到大学生"村官"所需求知识的特点,我们组织编写了"大学生村官丛书"。这一丛书在内容上以关键知识、核心技能为主,在明确基本知识、基本理论和核心能力培养的基础上,配之以实例、案例或点评,努力突出应用性、针对性、趣味性和可读性,以便于大学生"村官"在工作中学习和参考。

这一丛书的顺利出版得到了高等教育出版社的大力支持。作为直属教育部的教育服务机构,倡议并支持该丛书的出版,是高等教育出版社"植根教育、弘扬文化、引领潮流、竭诚服务"的办社宗旨的体现,也是高等教育出版社在落实和践行党和国家培养先进生产力战略举措中发挥知识服务作用的体现。

这一丛书的编写得到上级有关领导的指导,特别得到了中国农业大学诸多教授的鼎力支持。可以肯定地说,没有教授们的辛勤劳作,是不可能诞生这批读物的。在此,向所有支持和关心该丛书出版的各位领导、各位教授和专家表示衷心的感谢!

大学生"村官"的健康成长不仅需要政府政策制度层面的统一考虑和宏观设计,也需要社会、高校、农村基层组织等方面的共同努力。让我们携起手来,为大学生"村官""下得去、待得住、干得好、流得动"贡献智慧,奉献爱心!

瞿振元
2009 年 9 月 15 日
于中国农业大学

前言

本书是大学生村官丛书之一,主要目的是面向全国大学生"村官"的实际需要,帮助大学生"村官"了解我国农村种植业、养殖业及农产品加工业基本情况,学习一些关于农村生产的新知识、新技术,有助于提高其对农业生产进行科学化管理的能力。同时,本书也适用于具有一定文化水平的基层农业工作者和管理人员参考。

本书共分四章。第一章简要介绍我国农业产业科技政策;第二章为种植业部分,主要介绍我国粮食作物、经济作物以及园艺作物等种植业的新技术;第三章为养殖业部分,主要介绍猪、牛、羊、禽、兔和水产等养殖业的新技术;第四章为农产品加工业部分,主要介绍我国农产品贮藏、加工以及农产品质量安全控制等新技术、新工艺。

全书由高旺盛教授牵头,王璞教授、李胜利教授、胡小松教授等共同组织策划。第一章由高旺盛教授编写,第二章由王璞教授组织编写,第三章由李胜利教授组织编写,第四章由胡小松教授组织编写。全书由高旺盛教授统稿定稿。

本书出版得到中国农业大学农学与生物技术学院、动物科技学院以及食品科学与工程学院和高等教育出版社的大力支持,在此表示诚挚感谢。另外,本书编写过程中参考了大量的文献资料,但由于篇幅所限,未能一一列出参考出处,请予以谅解,在此表示感谢。

虽然我们在编写过程中做了一定的努力,但由于水平和各种条件的限制,书中难免有诸多疏漏和不足之处,敬请批评指正。

编者

2009 年 7 月

目　录

第一章　我国农业产业科技政策概要 ……………………………… 1
第一节　种植业科技政策 …………………………………………… 2
第二节　林业科技政策 ……………………………………………… 4
第三节　畜牧业科技政策 …………………………………………… 5
第四节　水产业科技政策 …………………………………………… 6
第五节　食品加工与农产品贮藏科技政策 ………………………… 7
拓展读物 ……………………………………………………………… 8

第二章　种植业生产管理基本知识与新技术 …………………… 9
第一节　我国种植业发展概况 …………………………………… 10
第二节　粮食作物生产管理基本知识与新技术 ………………… 13
第三节　蔬菜生产管理基本知识与新技术 ……………………… 37
第四节　经济作物生产管理基本知识与新技术 ………………… 61
第五节　园艺作物设施生产管理基本知识与新技术 …………… 81
拓展读物 …………………………………………………………… 100

第三章　养殖业生产管理基本知识与新技术 ………………… 103
第一节　我国养殖业发展概况 …………………………………… 104
第二节　养猪基本知识与新技术 ………………………………… 106
第三节　养牛基本知识与新技术 ………………………………… 120
第四节　养羊基本知识与新技术 ………………………………… 136
第五节　养禽基本知识与新技术 ………………………………… 144
第六节　养兔基本知识与新技术 ………………………………… 154
第七节　水产养殖基本知识与新技术 …………………………… 163
拓展读物 …………………………………………………………… 174

第四章　农产品贮藏、加工基本知识与新技术 ……………… 175
第一节　我国农产品加工产业发展概况 ………………………… 176

第二节　粮油储藏、加工基本知识与新技术 …………………… 184
第三节　果蔬贮藏、加工基本知识与新技术 …………………… 194
第四节　畜禽和水产品贮藏、加工基本知识与新技术 ………… 207
第五节　农产品质量安全控制 …………………………………… 217
拓展读物 …………………………………………………………… 224

参考文献 ………………………………………………………… 225

第一章
我国农业产业科技政策概要

科学技术是第一生产力。现代农业产业发展的根本出路在于科技进步。我国农业科技发展源远流长,成就辉煌,不仅为我国以占世界10%的耕地养活22%的人口作出了巨大贡献,而且为世界农业发展作出了举世公认的贡献。我国政府始终高度重视农业科技工作。1985年国家发布了《中国技术政策(农业卷)》。1997年颁发了新的《中国农业科学技术政策》。2001年颁布了《农业科技发展纲要》。2007年国家发布了《国家中长期科学与技术发展规划》。在这些重要文献中,均明确提出了加快农业产业科技进步的发展方向与重点领域。我国农业产业主要集中在种植业、畜牧业、林业、水产业及农产品产后贮藏加工等。本章主要参考《中国农业科学技术政策》有关内容,并结合目前新情况,就上述产业的科技政策进行简要分述。

第一节 种植业科技政策

种植业要按照"高产、优质、高效、生态、安全"的发展方针,通过加大技术创新的力度和先进实用技术的组装配套,主攻单位面积产量,大力提高产品品质,为实现粮食安全和发展多种经营的目标提供技术支撑。

一、主攻单位面积产量

种植业科技进步要坚持高产、优质、高效的方向,通过研究开发超高产技术、扩大高产田、主攻中产田、改造低产田,促进我国农作物单产的全面提高,从而满足城乡人民对农产品尤其是粮食日益增长的需求。提高种植业机械化水平,实现农业机械化与适度规模经营相结合、农机与农艺相结合,因地制宜,建立高效、省力、低耗的机械化耕作栽培技术体系,并发展设施化、工厂化栽培,大幅度提高种植业劳动生产率和比较效益。

二、大力改进农产品质量

种植业发展的一个重点方向是优质。通过育种、栽培和产后加工等技术的综合运用,显著提高产品质量,加速名、优、特产品的研究、开发与生产,提高优质产品的市场占有率。加快不同作物专用优质品种的筛选、引进及其配套栽培与精深加工技术的开发,以便扭转优质品种缺少、专用品种选育滞后、生产与加工衔接不紧密的局面,把技术进步与消费结构、产业结构更好地结合起来,探索一条实现高产、优质、高效的科技发展路子。

三、优化种植业结构

要建立适应粮食作物-经济作物-饲料作物三元结构发展的技术体系。针对养殖业迅速发展、农区畜牧业占主导地位、饲用粮需求大幅度增长和供求矛盾日益扩大的态势,今后种植业如何保证养殖业所需的饲料粮等多种饲料,已成为一个十分突出的问题。预计饲料粮比例将由目前的30%提高到2010年的45%~50%。这就要求及时调整和优化种植业结构,在抓住口粮生产的同时,按照建设现代饲料产业的要求,把饲用粮和其他饲料作物放在重要位置上,积极建立粮食作物-经济作物-饲料作物的三元结构及其技术体系。要通过试验示范,因地制宜,研究和开发不同地区、不同耕作栽培条件下的适宜饲料作物、作物品种、轮作组合、栽培技术、饲料加工与综合利用技术。

四、加强种植业综合管理技术的组装集成

要加强品种、栽培、耕作、施肥、灌水和植保等技术的装配成套工作,形成不同地区、不同作物高产、优质、低耗、高效的技术体系。培肥地力、建立作物营养综合系统是种植业发展的基础条件。要大力提倡科学施肥,坚持无机肥与有机肥相结合、用地与养地相结合,并不断优化肥料结构,改进施肥方法。不仅增加氮、磷、钾肥有效供给,还要注意微量元素的施用;不仅适度增加化肥用量,还要积极开辟和利用有机肥资源。植物保护工作要坚持"预防为主,综合防治"的基本方向,实行农业防治与化学防治、生物防治相配合。选育和推广抗病虫品种,合理轮作和适时耕作,趋利避害。加强主要病虫害测报体系建设,掌握其发生与为害规律,提高测报效果;改进化学防治,研究高效、低毒、低残留农药及施药机械;大力发展生物防治,重视高新技术的应用。

五、加强种植业清洁生产技术

针对我国农业水资源紧缺的现实,大力发展节水农业技术,提高农业灌溉用水利用率,改进旱地耕作技术,是今后种植业科技发展的一个重要方向。加强种植业节肥、节能技术、清洁栽培技术等应用,发展生态安全

的种植业。要重视种植业生产的秸秆资源的循环化、资源化利用技术研究与应用,发展循环型的种植业生产体系。

六、发展多熟高产技术

针对我国农作物栽培跨越五大气候带的特点和优势,不论是南部的热带、亚热带,还是北部的暖温带、温带,要重视发展间作套种、复种等多熟制栽培,实现周年高产、全年增收。力争全国复种指数保持在150%以上,要将我国精耕细作的传统同现代科技和物质投入紧密结合起来,形成不同种植区多熟制栽培的新模式与新技术。

七、重视高新技术在种植业的应用

针对世界新技术革命发展的新形势,要不失时机地加强农业高新技术的研究、开发和应用。在深入揭示生命奥秘的基础上,通过农业科学与生命科学、工程科学、管理科学等众多学科的综合与拓展,以技术创新为先导,促进新学科、新技术、新产业的形成与发展。积极引进、消化、吸收国际先进技术,研究和发展农业生物技术、计算机与遥感技术等高新技术。

第二节 林业科技政策

林业产业要围绕资源、环境、产业等重大林业问题,坚持可持续发展,依靠科学技术进步,切实解决集约育林、加速绿化、限制采伐、高效利用、国土保安、改善环境和发展产业等重大技术问题,提高森林的多种效益、多功能和多种价值,为发展农业、农村经济和提高农民的生活水平发挥更大作用。

一、森林资源培育、管理与保护相结合

资源培育向优质、高产、高效、稳定的方向发展,工业用材实行定向培育与利用紧密衔接。森林资源管理坚持适度集约规模经营,向提高森林质量和林地生产力方向发展。森林资源保护要以预防为主,提高对森林灾害的抵御能力,全方位地保护森林资源。通过科学的培育、管理与保护,既增加森林面积,又提高森林质量。

二、森林生态效益、经济效益和社会效益相结合

按照长江中上游、黄河、辽河、珠江、淮河、太湖、"三北"、沿海和太行山绿化工程以及治沙十大重点林业生态工程提出的要求,加速林业科技进步,在充分发挥森林生态环境效益的同时,必须发挥林业的经济效益和社会效益。大江大河、沿海等大型防护林工程建设要向生态经济型方向发展,乔木、灌木、草本相结合,选择高抗性、高质量、高效益的树种,更好地起到绿色屏障的作用。

三、山区林业建设坚持综合治理和重点开发相结合

发展山区经济林要向规模经营和产业化以及农村脱贫致富的方向发展。实行农林牧渔一体化管理。在山区综合开发中,要着重抓好资源的培育,大力发展木本粮油、木本饲料、木本花卉及药材、食用菌等森林产品,并形成支柱产业,为农村剩余劳动力转移创造条件。在沙区建设中,应先易后难,选择相对好的地域植树造林,进行治沙造田,改造中低产田,发展立体种植,开发利用水面。

四、发展农林复合经营技术,提高平原农区的林业生产水平

按照农林牧相结合的原则,发展林粮间作、林牧结合、林草结合、林饲结合和林渔结合的技术与技术体系,为发展农牧渔业、农村经济,为农业商品粮基地建设发挥林业的更大作用。

第三节 畜牧业科技政策

我国畜牧业正逐步向区域化、规模化、集约化方向发展。要着力提高规模化生产效益和劳动生产率。着重抓好品种、饲养、饲料、防疫、屠宰、加工和贮藏等重大环节的技术进步。重视草原畜牧业、节粮型畜牧业的发展。

一、加快生物技术等高新技术在畜牧业中的应用

加强高新技术在畜牧业生产中的应用,将动物品种、饲料、饲养方法、防疫、贮藏、加工和销售技术有机地组合起来,加速畜牧业产业化进程,促进畜牧业集约化、规模化、现代化。

二、调整畜牧业结构与布局,农区畜牧业和牧区畜牧业协调发展

农区畜牧业要以提高饲料报酬率、提高畜牧业效益的技术为重点。牧区畜牧业要控制数量,提高质量。重视发展草地畜牧业,形成合理的区域布局。推广异地育肥。农区畜牧业要优化畜种、品种畜群结构,发展瘦肉型猪,优质牛、羊、鸡等畜禽品种。加快节粮型畜牧业的技术进步,提高畜牧业的现代化技术水平。

三、大力发展饲料原料生产、加工技术

充分挖掘饲料资源潜力,弥补我国能量及蛋白饲料的短缺。优先发展饲料工业,特别是添加剂工业,形成完整的饲料工业体系。发展配合饲料、浓缩饲料及预混料生产,提高饲料转化效益。

四、建立畜禽良种选育与扩繁技术及优化生产技术体系

畜禽良种既要引进,又要提高现有品种的选育水平,充分发挥国内外优良种质的优势,加快良种化步伐。

五、发展规模饲养、畜禽疫病综合防治体系

建立健全疫病防治及兽药生物药物产品生产体系,减少因畜禽死亡与人畜共患病所带来的损失。同时,加强设施畜牧业环境监测与畜禽场废弃物综合利用技术。

第四节 水产业科技政策

水产业要坚持持续发展,加快传统渔业向现代渔业的过渡。坚持内陆渔业与海洋渔业的协同发展,坚持养殖与捕捞业协同发展,养殖业的种类结构和比例向名优种类方向发展。

一、大力发展淡水养殖业

淡水养殖业以加快生长、缩短饲养周期为主攻目标,以提高水域生产力为核心的技术方向,发展高产、优质、高效、低耗相结合的技术体系。综

合解决种苗、饲料、环境及疫苗防治等问题,开发高产、优质、低耗的养殖技术体系。积极扩大养殖水面,充分利用湖泊、水库、河川等水面资源,同时加强环境监测,防治污染。加强监测与预防,建立生物防治、免疫、化学防治、工程措施相结合的技术体系,切实控制重大、恶性病害的发生与蔓延。积极发展水产专用饲料,努力加速水产种苗生产技术,加速实现良种化。

二、积极发展海洋捕捞业

海洋捕捞业从劳动密集型向技术密集型转移,从适于近海捕捞的技术向近海捕捞与远洋、深海捕捞技术并重方向转移,在合理利用海洋渔业资源的基础上,提高劳动生产率。

三、加快水产品加工业发展

水产品加工业以增加水产品的附加值为出发点,从目前的单一利用方式向综合方向发展,从单项技术向综合配套技术发展,从粗放型加工向深度加工发展。重视水产品精加工技术以及深加工技术产品的研究与产业化开发,带动水产业的产业化进程,提高水产品的国际竞争力。

第五节 食品加工与农产品贮藏科技政策

我国食品加工业与农产品储运产业发展处于现代新兴产业发展的新时期。产业技术不断升级,产业规模不断扩大,已逐步成为现代农业产业体系的龙头,对科技发展提出了强劲的需求。

一、食品加工业要优化结构,应用新技术,开发新品种,提高质量

积极推行食品原料基地化、食品生产规模化、技术装备现代化、资源利用综合化和产供销一体化。在原料、工艺、机械、装备、产品标准与质量检测等各个环节上,全面推进现代科学技术进步,显著提高我国产品在国内外市场上的占有率。

二、促进食品加工制造业相关产业的联合开发

实行农业与食品工业发展相结合、农产品商品基地建设与食品工业

原料保障相结合、农产品加工与乡镇企业发展相结合，以便互相促进、协调发展。促进农业、食品工业与营销业的一体化。要重点建设一批优质水稻、专用小麦、啤酒大麦、油料、糖料、水果、蔬菜、肉类、乳类、蛋类和水产品等基础原料基地，并依托乡镇企业，联合现代食品工业企业集团，发展具有我国特色的食品加工制造业。

三、优先支持现代化新技术新工艺研发

优先发展粮油精加工和深加工技术、水果和蔬菜贮藏加工技术、规模化畜产品加工技术、包装技术等。修订、制订农产品质量等级标准。鼓励企业团队从事新产品、新技术、新设备的研究与开发，并形成相应的工程中心和基地。

四、积极发展农产品储运产业技术

农产品储运以粮食和水果蔬菜为重点，以减少数量损失和质量下降为目标。大力提高储运技术水平，改进贮藏、保鲜设施，保持产品固有品质，降低损失，从而建立起高效、经济、便捷的现代化农产品储运体系。以减少农产品收获后损失与保持质量为目标，重点抓好改进仓储设施、提高储运技术、减少霉变危害、防止有害污染等方面技术。加快贮藏设施、装备研究。储备库大型化、立式化、运输技术向散装、散运、散卸的方向发展。加强农产品贮藏过程中生理变化特征、储粮害虫生活习性及熏蒸剂作用的机制研究。重视以高新技术为重点的现代贮藏技术研究。在国家大型储备库中应用现代化高新技术的同时，向农民推广先进适用、简易的储量技术。加强农产品烘干、防虫防霉、保鲜剂、杀虫剂以及相关设备的研究与开发。

 **拓展读物**

国家科学技术委员会.中国农业科学技术政策.北京：中国农业出版社，1997.

邓楠，万宝瑞.21世纪中国农业科技发展战略.北京：中国农业出版社，2001.

第二章
种植业生产管理基本知识与新技术

第一节 我国种植业发展概况

种植业是指一个国家或地区植物生产的总称,是以土地为基本生产资料,利用农作物的生活机能,摄取、转化和蓄积太阳能,获取人类所需的植物性产品的过程,也称为作物生产。种植业是农业生产的主要组成部分和重要基础,是人类赖以生存的食物与生活资料的主要来源,还为轻纺工业、食品工业提供原料,为畜牧业和渔业提供饲料。种植业包括各种农作物、林木、果树、药用和观赏等植物及食用菌的栽培。新中国成立以来,我国种植业取得了长足的进步,作物生产理论与技术也在不断地提高和发展,使我国作物的产量不断提高,品质不断改善。我国农业生产中种植业的比例较大,产值一般占农业总产值的50%以上,种植业的稳定发展对我国国民经济的发展和人民生活的改善均有重要意义。

一、我国种植业产业基本特点

1. 种植业区域种植制度多样 我国幅员辽阔,各地气候、土壤、经济条件差异大,形成了由南向北、由东向西的不同种植区域与种植形式。东北、内蒙古、华北北部、西北等地气候寒凉,无霜期短,一年只能种一季作物,一种一收,称为一年一熟;华北平原、江淮流域等地光热资源丰富,无霜期较长,一年可种二季或两年种三季作物,称为一年二熟或二年三熟;华南等地一年可种三季,称为一年三熟。一年种两季或两季以上作物称为一年多熟。相应的区域分别称为一年一熟区、一年二熟区或二年三熟区及一年三熟区。不同作物由于长期的生存和进化,形成了一定的生态气候适应性。不同作物对生态环境要求不同,有的喜欢高温环境,有的喜欢冷凉条件,有的喜欢水多湿度大,有的植物耐干旱。不同作物的分布有一定的区域性,有的作物适应性差,种植范围窄,有些作物适应性强,种植面积大,如小麦、玉米等。因此,我国作物生产区域性很明显,在不同生态区域形成不同的作物生产特点,不同的作物分布、不同的种植结构和不同的种植制度。

2. 作物生产季节性明显 我国不同地区气候差异大,随着纬度和海拔的升高,温度下降,无霜期变长,作物生长季节变短,一年之内种植收获作物的次数也减少。另外,我国多数地区一年四季分明,不同季节生长的作物不同,采取的农事活动也不一样,如北方的春作物一般是春季播种、夏季管理、秋季收获,而冬作物则是秋季播种、冬春季管理、夏季收获。作物生产应根据不同区域的生态气候条件、生产特点,合理安排作物生产,不违农时,顺天时,量地力,因地制宜,因时制宜,实现作物高产高效。

3. 种植业结构多元化发展 2006年,我国作物播种面积1.57亿公顷,其中粮食作物1.05亿公顷,经济作物2 400万公顷,蔬菜1 800万公顷,果园1 000万公顷。粮食作物播种面积由20世纪50年代中的86%降到了67%,蔬菜面积由原来的1.7%增加到11.6%,果园面积也增加到占农作物总播种面积的6.4%。

二、我国主要种植业产业发展情况

1. 粮食作物产业发展情况 我国是世界粮食生产与消费大国,目前全国粮食总产已超过5亿吨。2006年粮食作物中,谷物总产为44 237万吨,豆类作物总产达2 105万吨,薯类作物为3 046万吨。我国谷物生产以水稻、玉米、小麦为主,播种面积以及总产分别为2 929.5万公顷、2 697.1万公顷、2 296.2万公顷及18 257万吨、14 549万吨、10 446万吨,分别占粮食作物总播种面积和总产量的27.8%、25.6%、21.8%及36.7%、29.2%及21.0%。我国水稻、小麦生产占世界第一位,玉米占第二位。我国粮食作物生产面临的主要问题一是人多地少,耕地资源有限;二是资源不足,特别是水资源不足限制了我国粮食持续增产,尤其是北方地区,我国水资源时空分布极不平衡,北方大部分地区及南方部分生长季节,经常因干旱造成产量损失;三是自然灾害频繁,农田抗灾减灾能力差;四是劳动力成本和生产资料成本逐年增加,种粮收益比较低,影响农民种粮积极性;五是作物生产机械化程度低,科技贡献率小。2004年以来,我国政府采取了鼓励粮食生产的政策和措施,增大科技投入,发展粮食生产,农民的种粮积极性不断提高。政策好,人努力,2008年粮食获得历史最高产量。

2. 油料作物产业发展情况 我国油料作物主要包括油菜、花生、大豆、芝麻、向日葵和胡麻等。常年播种面积2 250万公顷,其中,油菜面积占30%,大豆占40%,花生占20%。年产量4 200万吨左右,其中油菜产量占27%,大豆占35%,花生占31%。近年来,随着我国人民生活水平提高,对植物油的消费需求不断增加,油料生产缺口逐年扩大,消费需求压力加大。油料作物产业是改善人民生活的重要产业。

3. 蔬菜产业发展情况 2005年全国蔬菜播种面积1 772.07万公顷,总产量达56 451.49万吨,人均占有量432 kg,远多于世界人均105 kg水平。总产值5 600亿元,在种植业中仅次于粮食作物,位居第二,而山东、河北等省的总产值已超过粮食作物,位居第一。另据联合国粮农组织统计,2005年我国蔬菜播种面积及产量均居世界第一,播种面积占世界的43%,产量占世界的49%。近年来我国设施蔬菜发展较快,而且仍然保持高速增长的态势。1990年设施蔬菜面积达到13.99万公顷,与1980年相比增长了近20倍;2000年设施面积达到179.05万公顷,与1990年相比增长了近12倍;2007年设施面积达到292.2万公顷,与2000年相比增长了65%。设施蔬菜的发展对解决大中城市蔬菜供应、丰富城乡人民的菜篮子起到了重要作用。从今后发展看,为了满足城乡人民对农副产品日益扩大的需求,设施蔬菜发展仍有广阔空间。

4. 果品产业发展情况 我国是果品生产大国,在世界果品产业中占有重要地位。根据农业部统计,截至2007年全国果树种植总面积达到1 047.11万公顷,总产量为10 520.32万吨,无论从产量和栽培面积上看,均居世界首位。从单一树种看,目前我国苹果、梨、桃、柿等多个树种栽培面积居世界第一位。根据联合国粮农组织统计,2006年中国桃栽培面积为65.27万公顷,而居第二位的美国为7.197 8万公顷,仅占中国的11%。目前我国果品产量占前三位的是苹果、柑橘、梨,分别占总产量的58.4%、18.6%和15.2%(2006年数据)。近年来我国果品产业不但在规模上大幅度扩大,在单位面积产量和质量上也有了很大提高。近10多年来,我国果树的设施栽培发展迅速。设施栽培的树种主要有葡萄、桃、樱桃、杏和草莓等。除了北方采用日光温室、联栋温室进行反季节栽培外，在南方高温多雨地区也大面积开展利用设施减少病虫害及其他自然灾害发生的栽培方式。

5. 食用菌产业发展情况 食用菌是我国当前农业生产中的重要特色产品之一。食用菌的生产周期较短，一般3个月即可实现采收。食用菌栽培能够利用农业生产的废弃物，诸如秸秆、林木枝杈、畜禽粪便等，都可以用来生产优质的食用菌。食用菌栽培因不同地区的气候条件不同，可以发展具有地方特色的食用菌品种，适宜于我国广泛的地区。食用菌生产除了利用自然条件，进行林下栽培和与农作物套种以外，也可以采取现代化生产线、日光温室、大棚和小拱棚栽培，生产方式众多。食用菌栽培是农村快速致富的一条良好途径。目前，我国已成为世界食用菌生产大国，全国食用菌总产量达到近1 000万吨的水平，消耗利用了大量的秸秆、畜禽粪便等资源，既实现了资源高效利用，又增加了农民收入。

第二节 粮食作物生产管理基本知识与新技术

一、作物及其类型

作物生产是人类生命活动所需能量的根本来源，不仅为人类提供食物，同时还为畜牧业提供饲料，为工业提供原料。人类从粮食、蔬菜、水果和其他食物中获得能量。食物中的能量，归根到底来自绿色植物转化的太阳能。绿色植物吸收太阳的光能，通过光合作用，把从空气中吸收来的二氧化碳和从土壤中吸收的水分等无机物质转化成有机物质，同时将日光能转变成化学能，储积在有机物质里。因此，作物生产就是指在人类的栽培活动下，绿色植物将日光能转化为人类所需有机物质（能）的过程，也就是指田间栽种作物形成人类所需经济产品的过程。农业生产中，作物生产是根本，是基础，是第一性生产，动物生产是第二性生产，农产品加工属第三性生产。由此发展起来的产业则分别是种植业、养殖业和农副产品加工业。

作物是指对人类有应用价值，为人类所栽培的各种植物，也就是栽培植物。作物是劳动人民经过长期选择、驯化、栽培，由野生植物演化形成的有经济价值的植物。就传统种植业角度讲，作物是指田间大面积栽培的农艺作物,即农业上所指的粮、棉、油、麻、烟、糖、茶、桑、蔬、果、药和杂等农作物。因其栽培面积大,地域广,又称为大田作物,也可称为农艺作物或农作物。

我国栽培作物种类繁多,生产上主要种植的作物类型有:

1. 粮食作物 主要包括禾谷类作物、食用豆类作物、薯类作物三大类。禾谷类作物主要有水稻、小麦、玉米、大麦、燕麦、黑麦、高粱、谷子和糜子等,是提供食用粮的主要作物类型,如我们一日三餐中不可缺少的大米、白面等。豆类作物,如大豆、蚕豆、豌豆、绿豆、小豆和四棱豆等,豆类作物蛋白质含量高,营养价值高,是提供植物蛋白的主要作物类型。薯类作物,如甘薯、马铃薯、木薯和魔芋等,薯类作物淀粉含量高,脂肪、蛋白质含量很低。粮食作物主要为人类提供粮食,也为畜牧业提供精饲料。水稻、小麦、玉米是我国种植最多的粮食作物。

2. 经济作物 这类作物经济价值较高,故称经济作物。同时这类作物主要为工业加工提供原料,所以也称为工业原料作物。我国经济作物主要包括纤维作物,如棉花、亚麻、苎麻、大麻及其他麻类;油料作物,如花生、油菜、芝麻及向日葵等;糖料作物,南方种植的主要是甘蔗,北方以种植甜菜为主;还有其他嗜好性作物,如烟草、茶叶、薄荷、咖啡及啤酒花等。

3. 绿肥及饲料作物 绿肥饲料作物主要用于生产绿色有机肥和粗饲料,培肥地力和发展畜牧业。常见的绿肥饲料作物有豆科中的苜蓿、三叶草、紫云英、毛叶苕子、草木樨和沙打旺等,禾本科中有苏丹草、黑麦草、雀麦草等,其他如红萍、水葫芦、水浮莲及饲用甜菜等。

4. 药用及调味品作物 药用作物种类繁多,其根、茎、叶、花、果实和种子甚至整株都可入药。这些作物可以直接加工成中草药,也可以作为原料提取有效物质。栽培上常见的有人参、枸杞、黄芪、板蓝根及桔梗等。调味品作物如花椒、胡椒、八角及芫荽等。

5. 果树作物 果树作物经济价值较高,属于经济作物。果树不仅能生产新鲜水果和干果,还能生产果品加工原料和营养补品原料。主要类型有仁果,如苹果、梨、山楂等;核果,如桃、李、杏、杨梅及橄榄等;浆果,如葡萄、草莓、猕猴桃等;柑果,如柑、橘、橙、柚和柠檬等;坚果,如核桃、板栗、腰果等;杂果,如柿、枣、石榴等。

6. 蔬菜作物 我国春夏秋冬一年四季分明,各季应时蔬菜种类很多。主要有白菜类,如大白菜、花椰菜等;根菜类,如萝卜、胡萝卜、大头菜等;茄果类,如茄子、番茄、辣椒等;瓜菜类,如黄瓜、南瓜、丝瓜、苦瓜等;豆类,如菜豆、豇豆、豌豆等;薯芋类,如马铃薯、山药等;绿叶菜类,如芹菜、菠菜、苋菜等;水生菜类,如藕、茭白、荸荠等。

7. 观赏作物　观赏作物包括一年生花卉、二年生花卉、多年生花卉、观赏花木、水生花卉和草坪等。

8. 生物质能源作物　包括荻、甜高粱、柳枝稷及速生柳等,主要用于生物发酵以及生物燃料等。

二、我国主要粮食作物及其特点

民以食为天,国以民为本,只有丰衣足食,才能国泰民安。粮食作物生产是关系到我国国计民生的头等大事,实现粮食作物高产高效生产对保障我国粮食安全,增加农民收入非常重要。

我国主要粮食作物有水稻、小麦、玉米、甘薯、马铃薯、谷子、大麦、燕麦、高粱和黍(稷),各种食用豆类作物如大豆、蚕豆、豌豆、绿豆、小豆和豇豆等。其中水稻、小麦、玉米为三大主要作物,占粮食总播种面积的75%及粮食总产量的87%,水稻产量居第一,玉米第二,小麦第三。水稻原产于热带地区,好湿喜温,主要产区在我国南方,北方水稻主要集中在东北三省和宁夏、内蒙古、黄河两岸。小麦属喜冷凉作物,既可春播(春小麦),也可秋播(冬小麦),以秋播为主。我国春小麦主要分布在西北地区及东北、内蒙古,冬小麦主要分布在黄淮麦区和长江流域麦区。玉米也是喜温作物,主要分布在我国由东北向西南的玉米带中,其中东北春玉米区、黄淮海夏玉米区和西南山地玉米区是我国玉米的三个主要产区。由于玉米用途广泛,既可食用,又可做饲料和加工原料,近年来发展很快。

粮食作物生产基本技术有:

1. 选用优良品种　优良品种是作物高产、优质、高效的前提。通过选用适合当地种植、高产优质、抗病性强、适应性广的品种,并通过配套栽培技术措施挖掘品种的潜力,是一条行之有效的高产高效途径。

2. 精细整地　肥沃的土壤是作物高产的基础。在选择良好土壤和不断培肥的基础上,通过翻耕、旋耕、镇压、耙耱等土壤作业,为作物播种出苗和生长发育创造良好的土壤条件,是实现粮食作物高产高效的重要措施。

3. 保证播种质量　"有钱买籽,无钱买苗"。播好种、出好苗,实现一播全苗,达到苗全、苗齐、苗匀,才能为作物丰产高效奠定良好的基础。因此，要重视播种环节，抓好播种质量。稀播作物如玉米、马铃薯等，可以机械化播种或人工播种，密植作物如小麦、水稻等一般用机械播种。为了节约土地和种子，争取生长季节，可以采用育苗移栽方式播种，如水稻育秧和栽秧，玉米、甘薯的育苗移栽。

4. 抓好田间管理 及时进行中耕、培土、除草等田间作业，玉米、高粱、谷子等作物还要进行间苗和定苗。

5. 合理水肥调控 根据作物的需水、需肥特点进行合理的灌水、施肥，满足作物对水分、养分的需求。一般肥料施用量要根据产量、土壤肥力和肥料种类进行施用，作物特点不同，基肥和追肥的用量、时期不同。灌水要求尽量满足播种出苗需水和作物生长最关键时期的需水。实行节水灌溉技术。

6. 病虫草害综合防治 我国每年因病虫草害损失产量很大，通过选用抗病虫品种，合理轮作和土壤耕作，应用化学的、生物的防治措施，进行病虫草害的综合防治。关键在于做好预测预报，以防为主，防治结合。

7. 适时收获 在作物达到生理成熟时就应适时收获。收获过早时成熟度不够，籽粒不饱满，含水量高，影响产量和品质。收获过晚同样影响产量和品质，特别是小麦作物，收获晚时落粒增加，损失加重。

三、作物引种规律及其注意事项

生产上的引种，是指从不同农业区域或者其他国家引进作物新品种，经过在本地进行适应性鉴定和试种比较，把表现优良的品种直接繁殖推广的方法。引种是解决农业生产上迫切需要新作物、新品种的一条最经济、最简单、最有效的途径。优良品种的引进种植，对提高作物产量和促进当地品种改良作用非常显著，也极大地推动了当地农业生产的发展。

1. 引种的一般规律 任何作物品种都是在一定的生态条件下选育成功的，适应当地的气候生态条件，引种能否成功，关键在于是否掌握了作物品种的温光反应特性、引种地区生态条件以及引种的基本原理。盲目引种往往不会成功。

(1) 温光反应特性与作物引种 作物生长发育对温度高低和日照长短的反应特点称为温光反应特性，一般作物分为低温长日照、高温短日照和中日照3种类型。低温长日照作物如小麦、油菜等，生育期间需要一定的低温和长日照，从北向南引种，生长期间温度变高，日照变短，生育期延长,应引进早熟的品种;从南向北引种,则应引进生育期长的品种。高温短日照作物如水稻、玉米、棉花和大豆等,引种时正好相反,从北向南引种,应引进生育期长的品种;从南向北引种,则应引进生育期短的品种。

(2) 生态气候条件与作物引种 作物品种都是在一定的生态环境下选育出来的,因此每个品种都有其最适应的地区。引种地和原产地的生态条件相似时引种容易成功。引种时需要考虑的生态条件包括气温、日照、纬度、海拔高度、土壤、植被、雨量分布和栽培管理等。其中,气温和日照长度是最关键的因素。同纬度地区引种比较容易成功,因为同纬度条件下温度、光照长度等气候条件差异相对较小。引种工作还必须考虑到海拔的高低,据研究,海拔每升高 100 m,相当于纬度增加 1°。同一纬度相同高海拔高度地区间引种易获成功。

2. 引种时注意事项

(1) 引种要有明确的目的性 引种必须根据当地的自然生态环境、生产情况以及当前生产上种植的品种存在的问题,确定引进什么样的品种和到什么地方去引种。在引种前,应着重了解希望引入品种的选育史、生态类型、原产地的自然条件和栽培条件、品种的温光反应特性,并研究该品种生长发育期间两地区气候条件的差异,使引进品种生育期符合当地的耕作制度,高产稳产,抗病性强。

(2) 注意加强植物检疫与检验 引种过程要严格遵守国家的植物检疫制度,对于新引进的品种,必须先隔离种植于特设检疫田圃,如在鉴定中发现有新的危险性病虫和杂草,就要马上采取焚烧等措施,否则会发生新的危险性病虫和杂草流行。大量引种除进行检疫外,还必须对其种子质量进行检验,即对发芽率、纯度、净度等进行检测,以免种植后造成不可弥补的损失。

(3) 坚持先少量引种试验,后繁殖推广的原则 无论是从国外还是从国内不同生态区的引种都必须十分慎重,对于引进的品种,首先要在小面积上进行1~2年的引种观察和鉴定,从中选出优良的品种材料,参加品种比较试验、区域试验和生产示范,在此基础上才能进行较大面积的试种或应用。

四、农田测土配方施肥技术

大田作物生长需要外界充分、合理地供给养分,才能获得理想的产量,而养分是作物通过根系从土壤中吸收而来的。因此,及时地了解土壤中的养分情况,包括养分形态、有效养分的含量等,使养分的供应和作物的需要相吻合,对于大田作物的高产、稳产十分重要。测土配方施肥技术是实时了解土壤养分状况并进行养分调控的有效途径之一,能够有效地避免资源浪费和减产。测土配方施肥的目的,不仅要告诉种植者应不应该施用肥料,应该施用什么肥料,而且还会告诉他们施用多少,以及什么时间施用最为恰当。严格来讲,测土配方施肥是以土壤测试和田间肥料试验为基础,根据作物需肥规律、土壤供肥性能和肥料效应,在合理施用有机肥料的基础上,提出氮磷钾及中微量元素的施用品种、数量、时期和施用方法。具体到不同的地区,针对不同作物品种,应该有所区别,根据实际情况(从当地的农科院或者农技推广部门获得有关数据)进行相应的调整。具体技术要点:

1. 确定作物的目标产量 根据当地多年的产量情况、地力情况以及所选用品种特点来确定。一般以前三年的平均产量,或前三年中产量最高而气候等自然条件比较正常的那一年的产量,作为计算目标产量的基数,然后提高10%,定为目标产量。

2. 确定单位产量养分吸收量 单位产量养分吸收量,是指每生产一个单位(如每千克)经济产量吸收的养分数量,不同作物、同种作物的不同品种的单位产量的养分吸收量不同。如每生产100 kg玉米籽粒,从土壤中大约吸收氮2.5 kg,P_2O_5 0.8 kg,K_2O 2.8 kg。虽然单位经济产量养分吸收量受环境因素影响,但一般计算时不予考虑。

3. 确定土壤可提供的有效养分量

$$土壤可供的养分 = 土壤养分测定值 \times 校正系数$$

土壤可供的养分指土壤在不施肥情况下,能向作物提供的速效养分数量。通过测土分析得来的土壤速效养分含量不能直接用来当做土壤的供肥量,只能作为计算土壤供肥量的一个基数。土壤速效养分校正系数需要通过田间试验和测定才能得到:

$$校正系数 = (空白田产量 \times 单位产量养分吸收量) / 空白田土壤速效养分测定值$$

各地采用测土施肥法进行配方施肥时,一定要自己测定土壤校正系数;不可随便借用外地的资料,以免造成大的误差。

4. 确定施肥量 吸收的养分量和土壤供应的养分量相减可计算出

应补给的肥料养分量。由于肥料施入后,部分被作物吸收,还有部分未被吸收,所以实际施肥量应大于补给的肥料养分量,即

施肥量＝应补给的肥料养分量/(肥料养分含量×肥料当季利用率)

5. 确定肥料的利用率 肥料的利用率是指被当季作物吸收利用的有效营养元素占施用肥料中全部有效养分元素的百分率,它受土壤性质、作物种类、肥料品质、投入量、配比、施肥方法、耕作和灌溉条件等影响较大。因此即使是同一品种肥料,其利用率也有很大差异。常用肥料利用率可查阅资料获得。

五、农田节水灌溉技术

作物在不同生育期对水分的需求有所不同。一般作物苗期的蒸腾面积相对较小,水分消耗量较小,抗旱能力强。随着幼苗长大,水分消耗量逐渐增加,尤其是到了小麦、玉米等的孕穗—开花阶段,对水分的需求量很大,对水分反应也最敏感,如果此时缺水往往会对作物的生长、发育和产量产生严重的抑制作用,称为作物的水分临界期。了解作物的需水规律以及需水关键时期,科学指导灌溉,用尽量少的灌水量满足作物生长发育对水分的需求,达到节水与高产的目的。农田节水灌溉关键技术包括:

1. 蓄水保墒,最大限度利用自然降水 通过采取一些措施增加农田蓄水、减少农田棵间的无效蒸发耗水,是提高农田水分利用效率的重要措施之一。

(1) **秸秆覆盖** 成本低,就地取材,使用方便,无污染,改良土壤,培肥地力,增加降水入渗且保墒效果好。秸秆覆盖时应该注意:施足底肥并增施氮肥,以调节碳氮比;适当控制杂草,要求播种后必须喷施除草剂;注意防治病虫害。

(2) **地膜覆盖** 适合于干旱缺水地区和盐碱地地区,同时还具有提高土壤温度、抑制土壤返盐、蓄水保墒等优点。

(3) **耕作保墒** 这是一种传统的增加土壤蓄水、减少土壤蒸发的技术,可以有效改善土壤结构,疏松土壤,增大活土层,增强雨水入渗速度和入渗量,减少降水径流流失,减少土壤表面蒸发,提高农田土壤水分利用效率。

2. 培肥地力与以肥调水技术 增施有机肥,既可提高土壤肥力,又可改善土壤结构,增大土壤涵养水分的能力,增强根系吸收水分的能力,

提高土壤水分利用率。同时,通过合理施肥,以肥调水、以水促肥,充分发挥水肥协同效应,提高作物的抗旱能力和水分利用效率。如增施肥料可以明显提高地膜小麦的水分利用效率。

3. 适水适作与选用抗旱品种 根据降水时空分布特征、水资源特点和灌溉条件合理调整作物布局和作物搭配,选用需水特点和降水规律耦合性好、耐旱、水分利用率高的作物及品种,以充分利用当地水资源。作物品种间水分利用效率和抗旱性能差异明显,选用高产抗旱或耐旱性品种,既可以保证产量,又大大提高了作物的水分利用效率。

4. 改变传统灌水模式 改变以靠灌溉获高产的传统观念和传统的灌水模式,在充分利用自然降水和土壤水的基础上,在作物生长关键时期采取节水灌溉方式进行补水灌溉。改大畦灌溉为小畦灌溉,改大水漫灌为小水灌溉,减少灌溉次数,提高灌溉水利用效率。

5. 利用先进的灌溉技术 利用小白龙等塑料软管灌溉技术、喷灌、膜下灌溉、滴灌和渗灌等先进技术设备,减少灌水用量,提高灌水效率,提高机械化作业水平。

六、地膜覆盖栽培技术

塑料薄膜地面覆盖(简称地膜覆盖)栽培技术是使用聚乙烯塑料薄膜作为覆盖物的一种保护性栽培技术,一般增产30%～50%,在无霜期短的冷凉地区增产效果达1倍以上。

地膜覆盖显著增加作物产量和提高产品品质。增产机制主要在于采取地膜覆盖对农作物耕作层的生态环境能起到综合改善的效应,在相当程度上能够协调土壤水、肥、气、热和生物因子之间的关系,为作物生长发育创造一个较好的生态环境,促进作物根系的生长,加速作物生长发育进程,提高生理功能,为作物高产优质打下良好的基础。地膜覆盖主要作用有提高地温,减少土壤水分蒸发,保墒,改善土壤理化性状,促进土壤微生物活动,升高近地面气温,改善株行间的光照条件,抑制杂草为害,增强农作物抵御低温冷害的能力。冷凉地区热量不足是限制产量的主要因素,地膜覆盖栽培可延长作物生长期,因此增产效果特别显著。

地膜覆盖栽培技术要点:

1. 选好品种 选用生育期比当地露地栽培长10～15天,产量潜力大、适合当地种植的高产、优质、抗性强的品种。

2. 精细整地 地膜覆盖要求土地平整,整地质量好,无论播前覆膜或播后覆膜,都要求地膜平展覆盖于地面,四周用土压实,防止串风吹破地膜。

3. 选用适宜的种植方式和地膜种类 地膜种植有许多不同种植方式,如大垄双行、窄行覆盖和起垄覆盖、开沟覆盖等,各地种植习惯不同,因此,在播种前应选择好种植方式,并选择相应宽度的地膜进行覆盖。另外,生产上地膜种类很多,注意选择地膜的宽度、厚度等参数指标能够满足所需要求。

4. 适期早播,合理密植 一般地膜覆盖栽培要比露地栽培早播10～15天。在冷凉地区要注意防止出苗后晚霜危害。可以播种后覆膜,或先覆膜后播种。覆膜播种一体化机械化作业要注意播后将四周压实。播前要浇好底墒,播种时适当增加播种密度。

5. 加强田间管理 注意将地膜破口处及时用土封好,防止风吹破膜。雨后及时清理膜上泥土。播后覆膜的,要适时放苗,防止膜下高温烧苗。

6. 适时揭膜 在覆膜2月后,随着气温的升高,地膜作用愈来愈弱,长期覆膜易造成根系早衰,一般情况下要揭去地膜,进行残膜回收,防止环境污染。使用生物降解地膜效果好。

七、作物育苗移栽技术

采用集中育苗方式,通过控制苗床条件和适宜的苗床管理,培育壮苗。育苗移栽可以显著增加有效积温,提高复种指数,大幅度提高产量,还能减少作物苗期光温资源的浪费,错开农忙季节,节约用种量。育苗移栽要求肥沃健康的床土或营养土,水源方便。移栽后本田要有水浇条件。育苗移栽劳动集约程度高,费工费时,要求有足够的劳动力或机械化水平与之相配套。

作物育苗移栽技术在我国已有很长的历史,多以蔬菜、经济作物和水稻为主,其他大田作物应用较少。20世纪70年代开始在玉米、棉花等大田作物上研究应用。80年代以来开始大面积推广。育苗移栽技术也不断发展。从营养床育苗、营养块育苗、营养袋育苗、营养钵育苗,发展到营养钵盘育苗和无土育苗,从露地育苗发展到薄膜覆盖育苗、温室育苗、工厂化育苗、空气雾化整根育苗。与此同时,移栽方式、移栽机械也在不断发展,从裸苗移栽发展到各种带土移栽,再到机械化育苗移栽。作物育苗移栽大田配套栽培管理技术研究也在不断完善和提高。

育苗移栽技术主要包括:

1. 选种与处理 选用产量潜力大、抗逆性强、生育期稍长的品种,精选种子,并进行种子处理。

2. 苗床或营养土的配制 优质腐熟厩肥与土1:(1~3)混合,施足肥料,混匀过筛,做成方格状育苗营养床或装营养钵,或装专用育苗营养盘育苗。

3. 育苗 根据移栽日期计算育苗时间。精细播种,播量要足。营养钵育苗每钵1粒种子。播后浇一次透水,塑料薄膜平铺覆盖或成拱棚覆盖。出苗后适时放风,防止膜内高温造成幼苗伤害。早春育苗注意防止晚霜为害。

4. 适时起苗移栽 根据大田整地情况和气候情况进行起苗移栽。起苗前1周施一次肥,灌足水,起苗前2~3天进行适度水分胁迫,蹲苗,以便移栽后容易成活。移栽时进行人工作业或机械化作业,机械化移栽时注意防止出现漏栽或苗不直现象。移栽后及时浇水。

5. 田间管理 注意缩短缓苗期,加强田间管理,后期适当补肥灌水,防止早衰。

八、保护性耕作栽培技术

所谓保护性耕作栽培技术,是指对农田实行免耕、少耕,用秸秆残茬覆盖地面,既能保水、保土、保护生态环境,又能节本增效、增产增收的一项耕作技术。保护性耕作与免耕栽培是农业可持续发展和节约资源、保护环境的客观要求。推广免耕栽培技术可以实现节能、节水、节肥、环境友好的统一。免耕栽培最直接的作用就是减少机耕费用,降低耗能;通过作物秸秆覆盖地表,减少水分无效蒸发,提高农田保水蓄水能力,从而达到保墒提墒、节约用水的目的。推广免耕栽培技术,少动土,多覆盖,可以减少扬尘,保护环境。免耕栽培与秸秆还田相结合,还可以培肥地力,改善土壤理化性状,不断提高耕地质量。秸秆还田避免了秸秆焚烧和遗弃对大气、水源、土壤等带来的环境污染。近几年我国推广以免耕栽培为核心的保护性耕作技术,对减少沙尘源,降低危害程度,保护生态环境取得了显著的成效。免耕栽培减少农耗时间,保证农作物大面积适时播种,实现早苗早发和壮苗壮株,抵御干旱、低温等灾害,同时节本增效,增加农民收入。免耕栽培通过简化农艺流程,缓解了夏收夏种、秋收秋种劳动力紧张的矛盾,减轻了劳动强度,解放了生产力,为增加农民收入创造了有利条件。

免耕栽培技术要点:

1. 秸秆处理与地表作业技术 冬小麦夏玉米一年二熟地区,麦收后一般是通过联合收割机将小麦秸秆切碎均匀抛撒在麦田表面,小麦割茬的高低和粉碎麦秸在地表覆盖均匀程度对夏玉米的播种出苗质量有一定影响。秋季玉米收获后,玉米秸秆多数通过使用秸秆还田机切碎撒匀,再进行旋耕、翻耕以及表土作业,然后进行播种,也可用免耕播种机直接播种。若秸秆作为它用,可将部分秸秆运出农田,但必须确保全程有秸秆覆盖,播种后秸秆覆盖率不小于30%即可。地表作业的任务是平整地面,除灭杂草等,以提高播种质量。

2. 免耕施肥播种技术 免耕施肥播种技术是实施保护性耕作的关键,而选用性能质量好、性价比高的免耕播种机是免耕播种的重要环节。除满足正常的种肥、播量,种子的行距、株距要求外,免耕播种机要有良好的通过性和可靠性,避免被秸秆杂草堵塞,影响播种质量。小麦播深3~4 cm,玉米5~7 cm,肥料要施在种子下方或侧下方,与种子保持3~5 cm的距离,以避免太近烧苗。播后覆土镇压良好。播种时动土量要小,采用旋耕播种时,旋耕动土面积应不大于总面积的30%。尽量采用开沟、施肥、播种、覆土和镇压一条龙作业。

3. 杂草与病虫害综合防治技术 杂草与病虫害防治是实施保护性耕作的又一项关键技术。免耕覆盖没有田间土壤耕作措施,杂草数量较多,杂草的防治措施主要是播后喷洒除草剂,玉米生长季节进行人工除草和化学除草。化学除草时应比一般农田多喷10%~15%的药量。病虫害应以预防为主,严重时喷药保护。

4. 深松技术 保护性耕作取消了深翻,但机械作业及人畜仍不断压实土壤,因此,一定时期要对土壤进行深松。一般情况下在秋收进行,每隔2年进行一次,深度30~40 cm。

九、农作物秸秆综合利用技术

农作物秸秆是粮食作物和经济作物生产中的副产物,其中含有丰富的氮、磷、钾、微量元素等成分,是一种可供开发和综合利用的宝贵资源。但实际农业生产中的随意丢弃和无控焚烧,造成了大量资源浪费,同时还导致地力损伤,带来环境污染问题。此外,秸秆未经任何处理直接用于肥料、燃料和饲料的传统应用模式,制约着秸秆利用率、转化率和经济效益的进一步提高。因此,农作物秸秆的综合利用,既可缓解农村饲料、肥料、燃料和工业原料的紧张状况,又是保护农村生态环境、促进农业可持续协调发展的迫切要求。目前,农作物秸秆处理的主要方式有农作物秸秆机械化还田技术、农作物秸秆机械化青贮技术、机械化保护性耕作技术和农作物秸秆气化技术等,主要有以下几个方面:

1. 农作物秸秆机械化还田技术 小麦秸秆收获还田的主要方式是在使用联合收割机收获同时,使用安装在联合收割机上的专门装置粉碎秸秆,抛撒于地表。玉米收获还田机械化方式主要有3种,即在玉米成熟后,一是应用玉米联合收获技术,在收获玉米棒穗的同时实现秸秆还田。二是应用玉米青贮收获技术,在玉米摘除棒穗或连带棒穗时直接收获玉米秸秆,粉碎后用作青贮饲料,进行过腹还田。三是在人工摘除玉米棒穗后,应用秸秆还田机械将秸秆粉碎直接还田。秸秆还田技术与保护性耕作技术结合,可以有效培肥地力,蓄水保墒,防止水土流失,保护农业生态环境,降低生产成本,实现农业可持续发展。

2. 机械化青贮技术 以玉米秸秆的青贮加工为主,用塑料袋青贮或窖式青贮,即将腊熟期玉米通过青贮收获机械一次性完成摘穗、秸秆切碎、收集,或人工收获后将青玉米秸秆铡碎至1～2 cm长,使其含水量一般为67%～75%,即刻装入塑料袋或青贮窖中,压实排气后密封保存,发酵40～50天即可饲喂。青贮技术的关键程序是适时收割、切碎和填装并压实、排气、密封,控制适宜水分,进行乳酸菌发酵。青贮专用玉米可采用全株青贮,方法类同,其干物质的营养价值比单纯玉米秸秆青贮高出3倍左右,且适口性更好,消化率高达73%以上,特别适喂草食家畜。

3. 秸秆气化技术 也称为秸秆热解气化工程技术,是将玉米秸、玉米芯、棉柴、麦秸等干秸秆粉碎后作为原料,经过气化设备(气化炉)热解、氧化和还原反应转换成可燃气体,经净化、除尘、冷却和储存加压,再通过输配系统送往一家一户,用作燃料或生产动力。秸秆气化的过程是秸秆在气化炉进行不完全燃烧,实际上是缺氧的状态下加热反应的过程,其中的碳、氢元素就会变成含一氧化碳、氢气、甲烷等可燃气,秸秆转化形成的可燃气体像天然气一样,燃烧后无尘、无烟、无污染,为农村清洁能源。

4. 秸秆颗粒饲料加工技术 在秸秆晒干粉碎后,加入其他饲料添加剂拌匀,倒入颗粒饲料机,挤压加工成颗粒饲料。由于在加工过程中摩擦加温,秸秆内部熟化程度深透,加工的饲料颗粒表面光洁,硬度适中,大小一致,为动物养殖提供良好的能量饲料。颗粒饲料的添加剂和粒径根据养殖不同动物的种类和畜龄进行调整。

5. 秸秆有机肥生产技术 利用高温型菌种制剂将小麦、玉米、水稻等作物秸秆快速堆沤成高效、优质有机肥。主要是利用速腐剂中菌种制剂和各种酶类在一定湿度(秸秆持水量65%左右)和一定温度下(50~70℃)将秸秆进行快速腐解,一方面将秸秆的纤维素很快分解;另一方面形成大量菌体蛋白,为植物直接吸收或转化为腐殖质。秸秆有机肥可以进行工厂化生产。

6. 秸秆栽培食用菌技术 选用小麦秸秆、大豆秸秆、玉米秸秆等多种农作物秸秆,粉碎成小段碾碎,作为食用菌栽培基料。食用菌栽培流程包括原料准备、辅料添加、拌料、装袋、灭菌、接种、发菌和出菇管理等。秸秆栽培食用菌,投资小,见效快,技术要求不高,能大量处理剩余秸秆,深受农民欢迎,并可有效地减轻焚烧秸秆对环境的污染。

7. 秸秆工业品加工技术 以玉米秸、麦秸、棉花秆等为原材料,综合物理、化学、电气、机械及液压等加工技术,利用高压模压机械设备,经碾磨处理后的秸秆纤维与树脂混合物经加压成型,制成低密度、中密度和高密度各种高质量纤维板材,再经过表面加压和化学处理,可制作装饰板材和一次成型家具。秸秆板材制品具有强度高、耐腐蚀、防火阻燃、不变形、不开裂、美观大方及价格低廉等特点。

十、水稻抛秧栽培技术

水稻抛秧栽培技术是采用钵体育苗盘或纸筒育出根部带有营养土块的、相互易于分散的水稻秧苗,或采用常规育秧方法育出秧苗后手工掰块分秧,然后将秧苗连同营养土一起均匀撒抛在空中,使其根部随重力落入田间定植的一种栽培法。抛秧栽培技术具有节省劳力、减轻劳动强度,有利于稳产、高产,省种、省专用种田,且有利于集约化育秧,节省成本、提高经济效益等特点。

抛秧栽培应掌握以下技术:

1. 选择适宜组合 根据不同生态区域、熟制和茬口选择生育期适宜、耐肥抗倒、分蘖力较强及穗型较大的高产品种。杂交早稻抛栽,宜选用早、中熟组合,或者秧龄弹性大的迟熟组合,早播、早抛、早熟,实现早稻高产;晚稻宜选择中熟组合为主,还可根据各地情况适当搭配早、迟熟组合。

2. 软盘湿润育秧,培育适龄壮秧 选择地势平坦、春季播种背风向阳、排灌方便的田块作秧田,摆秧盘前施好基肥,每亩[①]用复合肥 40~50 kg;种子催芽前需经晒种,提高发芽率和发芽势;种子经过风筛、水选等措施,以提高种子净度;用强氯精等浸种消毒;高温催芽,低温练芽;播种时以短芽和露白谷种为好。秧苗 1 叶 1 心时上水,施好断奶肥;秧田期水分管理要坚持湿润灌溉,一般出苗前水沟不能灌满,保持秧床(盘)湿润和良好的通气性,气温较高的季节,每隔 2~3 天灌一次水,保持盘土湿润;移栽前 3~4 天,每亩施尿素 7 kg 作送嫁肥。

3. 本田整地 抛秧大田一般要有水源保证,能灌能排,有利于调节水层和润湿状态,确保抛秧后立苗;整地要平,水层 2~3 cm,不露泥,不积水,有利于均衡生长;本田整地后地表软硬适宜,田面呈水浆糊状,无杂质,有利于抛秧时秧根入土和立苗活苗。在抛栽前,肥料施用每亩大田用尿素 15 kg,过磷酸钙 30 kg。

4. 合理密植,确保抛栽质量 抛秧成败的关键是抛秧后立苗时间的长短。抛秧最好是在阴天或晴天傍晚进行,这样可使抛后秧苗快速立苗。抛秧时应尽量抛高、抛远,先撒后点。抛秧基本苗多少,对成穗数和产量影响较大。一般情况下抛栽稻比同类型移栽稻高产田基本苗增加 5%~10%为宜。

5. 合理运筹肥料 抛秧稻的总施肥量与普通栽培法大体相似,由于抛秧栽培本田群体密度大,又属带土浅栽,根系分布浅,基本无返青期,前期长势快,分蘖肥不能过多。高产田施肥原则是"均衡施肥、前轻后重",穗粒肥用量比普通栽插稻增加。氮肥 50%作底肥,20%作分蘖肥,20%作穗肥,10%作粒肥,即分蘖肥与穗粒肥比例为 4∶6。增施磷钾肥和有机肥。

6. 科学管水 由于抛栽稻分蘖多,扎根浅,在水层管理上应以防倒

---

① 1 亩=666.7 m²;1 hm²=15 亩;下同。

为重点。应坚持薄水层抛栽，秧苗带土高抛，抛秧后立即做平口缺，防止大雨积水，防止倒苗。另外，晒田时间应适当提早，一般在每亩茎数达预定茎数的80％时，通过适度晒田控苗抑制分蘖，控制群体。晒田不可一次晒得过重，宜多次轻晒，逐步加强，到泥面不下陷时为止。抽穗后坚持干湿交替，保持土壤硬板湿润，防止灌水时间过长，土壤软烂，引起根倒。后期断水不宜过早。

7. 防治病虫草害 抛秧稻病虫害发生基本与常规栽秧方法相同。但由于抛秧稻基本苗多，分蘖快，繁茂性好，更易招致病虫危害。病虫害要早防、早治。主要病虫害有稻瘟病、白叶枯病等，中后期要特别重视纹枯病、稻飞虱的防治。抛秧稻田间植株分布不规则，通过农业措施和化学除草效果好。化学除草应在抛后4～5天，当绝大部分苗已立稳时灌水5～7 cm，施除草剂丁草胺等。

十一、再生稻高产栽培技术

再生稻，是利用水稻收割后稻茬上存活的休眠芽，在适宜的水肥管理、温光等条件下，加以培育使之萌发再生芽，进而抽穗成熟的一季稻子。它是一项省秧田、省种、省工、省肥、省水及省农药的高产轻型农业栽培新技术。这项技术主要适合南方中稻地区推广，尤其适合于种一季稻季节有余，而两季不足的地区。这项技术已在我国的四川、云南、福建、湖南及湖北等12个省、自治区推广。再生稻产量的高低主要取决于母株生长的好坏。因此，加强头季稻中后期管理，保持母体健壮至关重要，特别是要以强根、健秆、保叶为重点，抓好晒田、补钾和防病治虫三项工作。

再生稻高产栽培关键技术：

1. 头季稻管理 主要包括：① 选用品质好、产量高的杂交稻品种，确定适宜的种植区域；② 适时早播，培育适龄带蘖壮秧；③ 插足基本苗，实行垅畦栽植；④ 合理施肥，早管促早发，插后7～10天结合中耕追蘖肥，抽穗时，进行根外追肥；⑤ 科学管水，改大淹灌溉为湿润灌溉，移栽后保持浅水促蘖，及时清沟排水；⑥ 适时收割，头季稻以黄熟期收获为宜，留桩高度20～40 cm比较适宜。早收割的稻桩适当低留，迟收稻则可适当留高桩。

2. 再生稻管理

（1）适时施肥 头季稻齐穗后15～20天，再生芽开始萌发，并开始幼穗分化,需要大量养分。为促进芽的萌动,延长老根寿命,此期就要施促芽肥,主要是氮肥。头季稻收割以后,及时清除杂草,扶正稻桩,施用尿素促进早生快发,保证有足够的苗数,争取苗齐、苗匀。在孕穗至抽穗期,采用根外施肥,促进抽穗整齐,提高结实率,增加实粒数和千粒重,提高产量。

(2) 合理灌溉 头季稻收获后10天内,是再生蘖生长时期,应保持田间湿润,此期田间干燥和积水都会影响稻桩的发芽力。收割后24~30天,再生稻进入抽穗扬花期,田面应保持浅水。灌浆期间,田面保持干干湿湿,以利养根保叶,籽粒充实饱满,增加产量。

(3) 及时防治病虫害 再生稻在齐苗以后,要注意及时防治二化螟、三化螟、稻飞虱等害虫和稻穗颈瘟病为害。

十二、稻鸭共生高效无公害生产技术

稻鸭共生技术是一项以水田为基础、种优质稻为中心、家鸭野养为特点,以生产无公害高效益稻鸭产品为目标的稻鸭共育、生态种养结合的新技术模式。采用"稻鸭共生"模式,在秧苗返青后,将雏鸭放入稻田,让鸭子白天和夜晚一直生活在稻田里,水稻和鸭子形成了相互依赖、共生共建生长的复合生态农业体系。家鸭在稻间放养,稻田为鸭子提供活动、生长、休息的场所,以及充足的水分和丰富的食物,鸭子在稻田捕食害虫,吃(踩)杂草,耕耘和刺激水稻生长,既能减轻虫、草、病对水稻的危害,减少稻田农药施用量,又可起到鸭粪肥田和鸭子耘田促进水稻健壮生长的作用,有效防除病虫害,中耕除草,培肥地力,降低农药残留,提高稻米品质,确保稻米品质卫生安全。此种模式在保证水稻生产的同时,开辟了水产养殖新途径,具有明显的省肥、省药、省饲料、省工、节本、增收和保护环境的多重功效,生产出的稻米和鸭肉产品优质、无公害,每亩增加效益200元以上。

其技术要点包括:

1. 选择生长期适宜的高产优质水稻品种 因地制宜选择株高适宜、株型集散适中,茎粗叶挺,分蘖性较强,抗逆性好的优质高产水稻品种作为稻鸭共生的水稻品种,从而有利于鸭在稻间活动。

2. 稀播干旱育秧、培育壮秧 稀播育壮秧,根据品种特性和生育期长短,确定育秧床播量,培育秧龄50天左右,带蘖移栽,其外观形态为敦实矮壮、整齐多蘖、叶片挺举、植株富有弹力。直播稻播后保持土壤湿润,

有利于扎根立苗,以后干干湿湿至二叶一心再灌浅水层促分蘖。

3. 宽行稀植,为鸭活动留好空间 为了有利于鸭在稻间活动,行株距以 36 cm×16 cm 为宜,穴距 15～20 cm,每穴插 1～2 棵。同时应在稻田四周用 0.7～0.8 m 高、孔径 2 cm 聚乙烯塑料网围网,田边搭小型简易避风雨棚,便于小鸭躲风雨和喂饲,提高成活率。

4. 培育适合稻田养殖的雏鸭 选用中等个体、放养稻间穿行活动灵活、食量较小、成本较低、露宿抗逆性强、适应性较广、成活率高的适于稻间放养的鸭品种。一般在水稻育秧开始时就开始孵蛋,以便于水稻移栽返青后或直播后 3 叶期能及时把雏鸭放入稻间共育。

5. 适时放养,合理密度 鸭在稻丛间的放养密度,既要考虑稻间饲料能保证鸭的生育需要,又要考虑能取得较好的经济效益。一般雏鸭 10～12 日龄时放养,每亩放养 12～15 只,最好以 100～120 只为一群,既有利于避免过于群集而踩伤前期稻苗,又能分布到圈定范围稻间各个角落去寻找食物,达到较均匀地控制田间害虫和杂草的目的。鸭放养初期,早、晚适当添加一些碎米(麦)或小鸡鸭专用饲料。

6. 科学水肥管理 稻鸭共生头一年,水稻移栽前一次性施足肥料,以长效有机肥、复合肥为主,施肥量视土质优劣而定;第二年,追施少量化肥,以鸭子排泄物还田肥土为主。鸭属水禽,在稻间觅食活动期间,田面要有浅水层,使鸭脚能踩到表土的水层,以利于鸭脚踩泥搅混田水,起到中耕松土,促进根、蘖生长发育的作用。

7. 做好病虫草害的无公害治理 稻鸭共生期间稻田害虫主要靠鸭捕食为主,一般不用药剂防治,如危害严重则辅以高效、低毒、低残留的农药予以防治;如遇螟虫和纵卷叶螟危害严重,可用杀虫双、锐劲特等无公害生产允许使用的农药进行防治。防治时要注意将鸭子撤到安全地区。

8. 适时收鸭 在水稻进行灌浆充实的时候,要收回鸭子,出田。及时排水搁田,将鸭赶出稻田后,立即清沟、排水,并经常采取湿润灌溉方法,以增强稻根活力,防止稻体发生倒伏。捕鸭后稻田没鸭保护,有可能再发生病虫危害,在水稻农药使用安全间隔期内,喷一次高效低毒无公害生产许可使用的农药,实现高产目标。

十三、冬小麦节水省肥简化高产栽培技术

冬小麦节水高产栽培技术体系,是以充分利用自然降水和土壤贮水,

减少灌溉次数和水量,在非充分灌溉条件下实现高产与高水分利用效率相统一的综合栽培技术体系。运用这套技术,在年降水量 500～700 mm 地区中、上肥力的壤质土壤上,通过浇足底墒水和在小麦生育期间浇 1～2 水(50～100 m³/亩),产量达到 500～600 kg/亩,水分生产效率达到 1.7～2.0 kg/m³,每亩节本增效 150 元以上。这是一项实现小麦生产低投入、高产出、高效益的综合栽培技术。

主要技术措施概括为土、肥、墒、种、质、密、水和暄八个字:

1. 选择适宜的土壤 适宜的土壤为砂壤、轻壤和中壤,地力中等以上。砂土、黏土不适宜。

2. 全部肥料基施 亩施有机肥 1.5～2.0 m³,磷酸二铵 15～20 kg,尿素 15 kg,硫酸钾 15 kg,硫酸锌 1～2 kg。结合整地,全部底施,小麦生育期不再追肥。

3. 底墒水调整土壤贮水,足墒播种 小麦播种前,9 月份正常降水年份,每亩浇底墒水 50 m³,降水少于常年应多于 50 m³,降水多于常年应少于 50 m³,使 2 m 土体的含水量达到田间持水量的 90% 以上。如果播种期没浇底墒,必须浇冬水。

4. 选择适宜的品种 生产上正在应用的高产品种大都可用,选择品种遵循三条原则:早熟高产;容穗量大;多花,中粒,灌浆强度大。如:石家庄 8 号、15 号,鲁麦 22,济南 21 等。

5. 确保整地和播种质量 确保整地和播种质量是应用该项栽培技术成败的关键。推行机耕、多耙,达到地面平整,上虚下实。推行机播,棉麦畜力播种机重播或三重播,播深 3～4 cm,深浅要一致,下籽要均匀。

6. 适当晚播,增加密度,以苗保穗 适当晚播,能够节水、省肥,还可给夏玉米让出 10～15 天的时间,使之充分成熟,发挥玉米后期的增产潜力,利于全年高产。10 月 10 日播种,亩基本苗 35 万,晚播一天增加 1.5 万,最多增至 50 万,再晚播不再增加播量,早播一天,减少 1.5 万。

7. 拔节期前控水,适时适量 小麦生育期浇两次水,拔节期(春 5 叶露尖,药隔期,4 月中旬)+齐穗扬花期(5 月 10 日前后)。

8. 暄土保墒 小麦播种后,垄沟镇压,垄背保持暄土,春季灌水或降水后,地表板结及时松土。

十四、夏玉米节水省肥高产栽培技术

冬小麦-夏玉米一年两茬种植体系看做一个整体,进行光热资源及水肥的周年优化分配与管理;冬小麦季采用节水栽培,通过控制灌水塑造合理的株型和群体,促进小麦对土壤水分的吸收利用,为小麦收获后提供一个较大的土壤水分贮藏空间,在夏玉米季充分接纳自然降水,使更多的汛期降雨保存在土壤中,减少/减弱径流对农田的冲刷,控制养分(氮素)向土壤深层的淋洗,提高养分利用效率。在肥料管理上,全年有机肥、大部分磷肥施入小麦,玉米用后效,钾肥重点补给玉米;减氮稳磷补锌钾,利用夏季高温多湿季节土壤氮矿化量大的特点,根据玉米需氮规律和土壤供氮状况进行氮肥优化调控,实施前控中促后补的氮肥运筹方式,建立小株型大群体的冠层结构,实现玉米产量与水肥利用效率的协同提高——节水、省肥、高产、高效。在夏玉米生育期间不浇水条件下亩产600~700 kg,施肥量降低30%~50%。

主要技术要点:

1. 选好良种,种法配套 选择适合当地生态条件的高产、优质、耐密、抗逆及水肥高效品种。如郑单958、农大108、浚单20等。

2. 精选种子,免耕覆盖早播种 种子包衣,使用精量或半精量播种机在麦收后立即播种;小麦割茬不高于20 cm,秸秆粉碎均匀覆盖还田;播前仔细调节播种机具,确保播种质量。

3. 造墒播种,遇旱补水灌溉 正常年份小麦收获后土壤处于最干旱的时期,需造墒播种,灌水量不要太大,以保证出苗为宜;雨季早的年份,不需造墒。如果遇干旱年份,在关键生长时期补水灌溉。

4. 适度增密,晚定苗确保留苗均匀度 每亩增加密度500~1 000株,采取大小行或等行距种植;晚定苗(5~7叶展),定苗时不要求株距均匀,力求留苗均匀一致。

5. 减氮增钾,前控中促 根据产量目标和土壤供肥确定施肥量,中等肥力土壤播种后每亩行侧施磷酸二铵10 kg、硫酸钾15 kg和硫酸锌1.5 kg,10叶展到大喇叭口期追施尿素17.5 kg。使用缓释性长效玉米专用复合肥可在播种时一次深施。

6. 病虫草害综合管理,以防为主 播种后出苗前喷一次封闭型除草剂,控制杂草。玉米生育期间,注意玉米病虫草害的监测与防治,做到早发现、早预防、不蔓延。

7. 适当晚收,增产增效 在玉米充分成熟后再进行收获,增加玉米粒重和产量。在黄淮海中北部,将玉米收获期推迟到10月上旬,使之充分成熟,即乳线消失,黑层出现,实现高产优质。

十五、普通玉米高油化栽培技术

普通玉米含油量低,产量潜力大,高油玉米含油量高,但产量性状不如普通玉米。利用高油玉米品种为普通玉米品种或雄性不育单交种玉米授粉,发挥高油玉米的花粉直感效应、单交种再杂交的杂种优势,可以使玉米产量和含油量同时改善,玉米产量增加 5%~7%,籽粒含油量得到显著提高。含油量为 3%~4% 的普通玉米与含油量为 7.2%~8.7% 的高油玉米品种杂交后,籽粒含油量可达 5%~6.5%,增幅为 26%~67%。以含油量为 10%~15.74% 的超高油玉米品种作父本与普通玉米杂交,杂交当代籽粒含油量增幅可达 1 倍以上。高产普通玉米高油化可以解决当前玉米生产中存在的普通玉米高产不优质与高油玉米优质难高产的矛盾。普通玉米高油化的关键是选用杂交当代籽粒产量和含油量高、父母本的花期同步性好、植株性状优良的品种组合。

普通玉米高油化栽培管理技术:

1. 选用适合当地种植的产量高、抗逆性强的品种作母本,含油量高抗逆性强的品种作父本 父本也称为授粉者。授粉者(父本)如高油 647、高油 115、普油 1~3 号,母本用农大 108、郑单 958 等或高产品种的雄性不育系。

2. 播种时按 1 行父本,3 或 4 行母本相间种植 如用雄性不育系品种作母本,播种时可按 1:(3~4)的父母本比例混合种植,在精量播种不间苗情况下混合播种,效果更好。

3. 适墒播种,提高播种质量 通过调整底墒水或灌出苗水,保证玉米出苗与苗期生长需水;通过提高播种均匀度,增加出苗整齐度和幼苗素质。播种不宜太深,一般 3~5 cm。

4. 减氮、增磷、补钾,提高产量和品质 每亩施纯氮 8~12 kg,P_2O_5 8~10 kg,K_2O 10~12 kg,缺锌的地区补施 $ZnSO_4$ 1 kg。磷、钾、锌肥做基肥一次施入,氮肥分期施,分配比例前轻后重,利于籽粒产量和油产量同步提高。施肥深度一定要超过 5 cm。

5. 及时去雄,人工辅助授粉 普通玉米母本在抽雄后散粉前进行人工去雄,去雄时用手抓住雄穗从玉米顶部叶中抽出。人工辅助授粉最好在上午进行,因为上午是玉米开花散粉高峰期。

6. 预防倒伏　高油玉米植株偏高,根系相对不发达,控高防倒是高产的重要措施。苗期进行适当蹲苗,播种前用植物生长调节剂拌种,或在拔节期前喷施乙烯利、健壮素等,可有效降低株高,创造合理的群体而增产。也可以在大口期前配合施肥进行根部培土防根倒。

7. 适时收获,提高籽粒产量和品质　收获早晚直接影响夏播高油玉米的产量和品质。在生理成熟时收获(籽粒乳线消失,黑层出现),可提高产量和品质。

十六、利用赤眼蜂防治玉米螟技术

玉米螟俗称钻心虫,分布广,食性杂,为害大,是为害我国玉米生产最重要的害虫,凡有玉米栽培的地区均有发生。玉米螟一般发生年份,玉米减产5%～7%;中等发生年份,玉米减产10%左右;大发生年份,玉米减产可达13%～15%。不仅如此,玉米螟为害籽粒后,还易引起有害物质黄曲霉素超标。

我国玉米生产上防治玉米螟通常采用的方法包括农业措施防治、物理防治、生物防治和化学防治。农业措施防治包括对整个农田生态系统进行综合协调管理,即选用抗虫品种作物,处理越冬寄主(秸秆),合理耕作改制,早播诱灭虫,结合农事操作等对作物、害虫及其环境因素进行调控,减少玉米螟为害;物理防治主要是利用各种物理因素杀灭害虫,比如灯光诱杀、辐射不育等;生物防治是利用寄生性、捕食性生物和病原微生物来防治害虫的一种方法,也就是通常所说的"以虫治虫"、"以菌治虫",常用的有赤眼蜂、白僵菌、苏云金杆菌等;化学防治也就是农药防治,在害虫大发生时,化学防治是重要应急措施。化学防治见效快,但使用不当会产生药害,害虫抗药性增强,天敌数量减少,污染环境,农田生态系统遭到破坏,农药残留还会对人、畜安全构成威胁。

在农业措施防治的基础上,采用生物防治是减少玉米螟为害造成的产量损失,提高农产品品质,保护环境最有效的途径。目前生产上应用面积最大的是利用赤眼蜂来防治玉米螟。赤眼蜂防治玉米螟省工省力,成本低,防治效果好。赤眼蜂是一类微小的卵寄生蜂,赤眼蜂卵被释放到田间羽化后,雌蜂将卵产在新鲜的玉米螟卵内,幼蜂取玉米螟卵内营养物质发育成长、破卵而出,玉米螟卵遭到破坏而不能正常发育为玉米螟幼虫。赤眼蜂卵在玉米螟卵内经生长发育,最后咬破玉米螟卵壳飞出,雌雄交配后,雌蜂又去寻找新的玉米螟卵,赤眼蜂就是这样在田间循环往复、在不断繁殖后代的过程中,将大量玉米螟消灭在卵阶段,从而达到控制目的。因此,放蜂时间是影响防治效果的关键因素。

利用赤眼蜂防治玉米螟技术措施如下:

1. 做好害虫预测预报,制订详细的放蜂计划 赤眼蜂是一种活的生物,储存、运输及释放等技术要求也比施用化学农药严格。田间释放赤眼蜂必须协同当地的植保部门搞好玉米螟的预测预报工作,在确切掌握害虫卵发生规律的基础上,制订详细的生产计划以及放蜂计划。

2. 掌握好赤眼蜂放蜂时间 赤眼蜂是把玉米螟消灭在卵初期。第一次放蜂在田间玉米螟初卵期,当玉米螟越冬代幼虫的化蛹率达15%左右,再往后延10天。我国北方地区约在玉米喇叭筒期(6月末及7月初),此时玉米螟卵约占全年总卵量的20%,孵化后的螟虫主要为害雄穗,随即蛀茎为害,对玉米的生长发育危害极大,控制住这阶段的螟卵至关重要。第二次放蜂再往后推5~7天,是在玉米螟卵发生的盛前期,此时虫卵约占全年总量的45%,孵化后螟虫大部分集中在雌穗顶部为害。

3. 控制放蜂数量 根据赤眼蜂田间的扩散能力和田间分布规律以及赤眼蜂对害虫卵的搜索能力,一般每公顷释放量为22.5万头。

4. 放蜂方法要恰当 赤眼蜂的田间释放方法以释放即将羽化出蜂的蜂卡为主。每亩地放2~3点,将赤眼蜂卡均匀布置在玉米田中,选玉米植株中部叶片,将蜂卡固定在叶片的背面,做到防晒、挡雨。要求在上午放蜂。

5. 注意放蜂环境条件 降雨天及中午高温期间避免放蜂。

十七、玉米粗缩病的发生及防治措施

玉米粗缩病是由玉米粗缩病毒引起的病毒病,严重时可造成大幅度减产甚至绝收,是一种毁灭性病害,对玉米生长发育和产量影响最大。粗缩病发生初期在心叶基部的中脉两侧出现透明的虚线斑点,后逐渐扩展到整个叶片。典型症状是在病株的叶片背面、叶鞘及苞叶的叶脉上具有粗细不一的蜡白色条状突起,用手触摸有明显的粗糙不平感。叶片宽短,厚硬僵直,叶色浓绿,叶短小、硬脆并上冲,顶部叶片簇生。节间明显缩短粗肿,病株矮化,高度常不及健株的一半,重病株雄穗不抽出或无花粉,雌穗畸形不实或籽粒减少,病株根系少而短。玉米粗缩病由灰飞虱以持久性带毒方式传播。玉米幼苗期抗病力较弱,在2叶1心时最易感病,7叶以前是发病的敏感生育期。拔节后抗病力增强。田间小麦丛矮病和绿矮病病重的地块,后茬玉米粗缩病发病程度往往也较重。在北方玉米区,春玉米以4月中旬以后播种的发病重,播期越晚,感病越重。6月播种,发病轻,一般麦套玉米感病重,夏直播玉米感病轻,且早播的重,晚播的轻。

玉米粗缩病防治应以预防为主、适期早防为原则,应突出以农业防治为主,辅以关键期的药剂防治措施。玉米粗缩病的发生完全是由带毒的灰飞虱的传毒所致,因此,消灭或避开灰飞虱的传播侵染是预防粗缩病发生的重要途径。主要措施有:

1. 农业综合防治措施

(1) 清除田间杂草 秋收之后及时灭茬,清除田间杂草,以减少灰飞虱和病毒的越冬越夏寄主,从而减轻玉米粗缩病的危害。

(2) 防治麦田灰飞虱,减少传毒媒介 用除草剂冬前化学防除麦田杂草,早春小麦拔节期结合防治小麦红蜘蛛喷药防治越冬代成虫;小麦抽穗后,结合防病治虫进行"一喷三防",兼防一代灰飞虱。

(3) 调整玉米播期 避开灰飞虱迁飞高峰并利于化学防治,避开越冬代成虫发生高峰期。

(4) 加强田间管理 结合间苗定苗,及时拔除田间病株,减少传毒机会。加强田间管理,合理施肥浇水,增强玉米植株的抗耐病能力,减轻病害的发生程度。

2. 药剂防治措施

(1) 药剂拌种。同时提倡连片种植,做到播种期基本一致。

(2) 玉米播种前后及苗期,对玉米田及附近杂草喷杀虫剂防治灰飞虱。

(3) 苗期发病,应及时拔除病株,并适当推迟定苗时间,并用抗病毒药剂喷雾,抑制病毒的增殖,加快叶绿素合成,从而减轻病害发生与危害,提高产量。

十八、大豆窄行密植高产栽培技术

增加密度是作物高产的重要途径。作物产量与单位面积上截获的光能关系极大,大豆获得高产的理想种植方式是株行距相等,在这种方式下,植株间竞争最小。因此,高产的田间分布是行与行之间的距离应当缩小,行内之间的距离应当加大。大豆窄行密植的理论基础即是:通过缩小行距、增大株距、增加单位面积上的株数,从而实现个体与群体的合理配置,增加绿色面积,改善植株的受光条件,充分利用阳光和地力,提高光能利用率,从而增加了干物质质量,保证高产的实现。

主要技术要点:

1. 选择适宜的矮秆、半矮秆抗倒伏的品种 "深窄密"、"大垄密"栽培方式选择品种必须以"不产生严重的倒伏"为前提,否则不仅不增产,反而要减产。因此,"深窄密"、"大垄密"必须选择抗倒伏的增产潜力大的矮秆、半矮秆品种。选择的品种在当地熟期不宜过早,否则浪费积温影响产量。

2. 耕作以深松为主 窄行密植栽培对土壤耕层要求更加严格,要耕层深厚,地表平整,土壤细碎。采用全方位深松机或用大犁改装的深松机。要求打破犁底层,深松深度达到耕层以下 6~15 cm,要求深浅一致,不得漏松。进行秋耙茬,耙深 12~15 cm,耙平耙细。

3. 增施肥料 窄行密植要实现高产,必须合理增加肥料投入。中等肥力地块施用有机肥 22.5 t/hm^2 以上,化肥用量要比常规垄作增加 10% 以上,要氮、磷、钾搭配施用,有条件的地区进行测土配方施肥,因地施用微量元素肥料。种肥深施或采用叶面肥满足大豆花荚期对营养的需求。

4. 适期播种 以当地日平均气温稳定通过 5 ℃ 的 80% 保证率之日期作为当地始播期。早播大豆要适当增加钾肥的用量;适期早播有利于充分利用土壤中水分资源,但早播要注意花荚期与降雨相遇的问题。

5. 种子处理 由于机械精播对种子要求严格,所以种子在播种前要进行机械精选。种子质量标准,要求纯度大于 99%,净度大于 98%;出芽率大于 95%,水分小于 13.5%,粒型均匀一致,精选后的种子要进行包衣。

6. 播种方式 可分为两种,一是土壤条件较好,可采取平播"深窄密"种植模式。二是在低洼地可采取"大垄密"种植模式。"深窄密"播种行距 30~35 cm,双条精量点播,即行距平均为 15~17.5 cm,株距为 11 cm;播深 3~5 cm;以气吸式播种机,一次完成作业为最理想。"大垄密"目前一般采用把原先 70 cm 或 65 cm 的大垄,二垄合一垄,成为 140 cm 或 130 cm 的大垄,在垄上种植 3 行的双条播,即 6 行。同样可依据当地实际情况，采取 20 cm、30 cm 的单条播，45 cm 的双条播等，形式可以多种多样。

7. 播种密度 要依据土壤、品种、行距等情况确定。一般每公顷播种密度可在 45 万株。以 45 万/公顷为基础，各方面条件优越，肥力水平高的，要降低播量的 10%；整地质量差的，肥力水平低的，要增加播量的 10%。

第三节 蔬菜生产管理基本知识与新技术

一、蔬菜生产优势区域及市场定位

我国幅员辽阔，气候条件复杂，栽培条件各异。农业部按照保障市场供应、增加农民收入、扩大劳动力就业、拓展出口贸易为目标，按功能划区，调剂全国市场供应和出口贸易的原则，以资源、区位和成本优势、特色和潜力为依据划分了以下优势区域：

1. 华南冬春蔬菜重点区域 华南地处北纬 26°以南的东南沿海，包括粤、桂、琼和闽 4 省区。气候温暖，有"天然温室"之称，1 月份平均气温 ≥10 ℃，喜温蔬菜可露地栽培。主栽品种有瓜类、豆类、茄果类、西甜瓜等喜温瓜菜，多在 12 月—翌年 2 月上市，主要供应"三北"、长江流域、港澳等地区。

2. 长江上中游冬春蔬菜重点区域 地处北纬 25°~32°的长江上中游，包括川、渝、滇、湘、鄂、赣 6 省市。冬春季节气候温和，1 月份平均气温 ≥4 ℃，喜凉蔬菜可露地栽培，低海拔河谷地区还可进行喜温蔬菜露地生产，是全国最大的喜凉蔬菜冬春生产基地。主栽品种有花椰菜、结球甘蓝、莴笋、芹菜和蒜薹等喜凉蔬菜，11 月—翌年 5 月上市，主要供应"三北"地区和珠江三角洲地区冬春淡季市场。

3. 黄土高原夏秋蔬菜重点区域 地处北纬 32°~44°的黄土高原及周边地区，包括甘、宁、陕、青、蒙、晋 6 省区。夏季凉爽，有"北方天然凉棚"之称，适宜喜温蔬菜和喜凉蔬菜生长。主栽品种有洋葱、萝卜、胡萝卜、花椰菜、白菜及芹菜等喜凉蔬菜以及瓜类、豆类、茄果类及西甜瓜等喜温瓜菜，7—9 月上市。目标市场为华北地区、长江中下游、华南夏秋淡季市场。

4. 云贵高原夏秋蔬菜重点区域 地处北纬 23°~33°，包括滇、贵、渝、湘、鄂 5 省市，夏季凉爽，有"南方天然凉棚"之称，7 月平均气温 ≤25 ℃，海拔高度 800~2 200 m，适宜喜温蔬菜和喜凉蔬菜生长。主栽品种有白菜、结球甘蓝、花椰菜、胡萝卜、萝卜、芹菜及莴笋等喜凉蔬菜以及瓜类、豆类、茄果类及西甜瓜等喜温瓜菜,7—9月上市,主要供应珠江中下游、长江中下游夏秋淡季。

5. 黄淮海与环渤海湾设施蔬菜重点区域 地处北纬32°~42°的黄淮海及环渤海地区,包括辽、京、津、冀、鲁、豫、苏北和皖北等区域。1月份平均气温>－16 ℃,冬季日照时数>430 h,适合发展设施蔬菜。此区域北部以日光温室为主,中部日光温室和塑料拱棚并举,南部则以塑料拱棚为主。主栽品种有茄果类、瓜类、豆类及西甜瓜等喜温瓜菜以及芹菜、韭菜等喜凉蔬菜和部分叶菜。日光温室每年11月到来年6月上市,大中棚4月中旬至6月上市。

6. 东南沿海出口蔬菜重点区域 包括鲁、闽、浙、粤、苏、辽、冀、津和沪9省市沿海区域。主要品种有大蒜、生姜、大葱、蘑菇、香菇、牛蒡、山药、芦笋、花椰菜和刀豆等新鲜、速冻蔬菜和特色加工蔬菜,主要供应亚洲、欧洲和北美市场。

7. 西北内陆出口蔬菜重点区域 包括新、甘、宁、晋、蒙和陕6省区,热量充足,光照好,空气干燥,昼夜温差大,原料质量好,生产成本低,优势明显。主要品种有番茄酱、番茄汁、胡萝卜汁、芦笋罐头和脱水菜等精(深)加工产品,主要供应亚洲、欧洲和北美市场。

8. 东北沿边出口蔬菜重点区域 包括黑、吉、蒙3省区,区位、技术、信息优势明显。主要品种有番茄、洋葱、黄瓜、西兰花、结球甘蓝、胡萝卜和甜椒等保鲜蔬菜,主要市场为俄罗斯等国家。

二、蔬菜引种原则及其注意事项

引种是蔬菜生产中快速、有效获得优良品种的重要途径。通过国际、国内蔬菜种质资源的交流和驯化作用,极大地促进了蔬菜的高产、优质栽培,丰富了消费者的菜篮子。但在生产实践中异地引种失败的教训也常有发生。因此,蔬菜引种过程中应注意以下基本原则及其事项:

1. 品种外观性状与当地消费习惯的一致性 消费习惯是人们长期以来对食物特征的习惯性认同,即各地对蔬菜产品的形状、颜色有传统的习惯要求,所引进的品种其外观特征应符合当地的消费习惯。如番茄的果实颜色(大红、粉红),辣椒的辣味轻重和果形(灯笼形、牛角形、羊角形),茄子的形状(圆形、卵圆形、长条形)和颜色(紫黑、紫红、青绿色、白色),黄瓜果实的颜色和表面刺瘤的多少,大白菜的包心类型和大小等。

2. 品种的生态型与当地生态条件的一致性 品种原产地的特定环境条件使其形成了一定的特性和对环境条件的特定要求,这就构建了品种的生态型。引种时要引进能适应当地气候条件的生态型品种。例如海洋气候生态型的大白菜品种(卵圆型叶球)引入我国中西部地区较难栽培,而海洋性与大陆性交叉气候生态型的大白菜品种(直筒型叶球),对环境条件的适应性和抗病性较强,全国各地均易栽培。一般情况下,要求对所引品种全生育期的温度、降水、日照时数、光照度以及各生育阶段所需条件和相关气候适应性进行科学系统分析,同时也应注意气候因子及其变化对产量、品质、成熟期等方面的可能影响,利用农业气候相似原理,对所引品种在本地区种植的气候适应性作出科学评价。

3. 了解引进品种对光照的要求 不同作物,甚至同一种类作物不同品种对光照的要求各不相同,尤其要注意有些作物对日照长短(光周期)非常敏感。有些果菜类品种对短日照有严格要求,如一些豇豆品种、华南型黄瓜品种等。如果将南方的短日照品种引入北方地区春季种植,往往会出现植株营养生长旺盛,开花推迟、数量减少,最终产量下降。同样,洋葱、大蒜产品器官(鳞茎)的形成需要长日照条件,引种以在相近纬度间进行较为适宜。如果将高纬度地区(日照时间长)的北方品种引入低纬度的南方地区(日照时间短)种植,则可能造成植株迟熟及减产。

4. 考虑品种对当地环境条件(尤其是温度)的适应性 不同蔬菜对温度要求不同,如大白菜高于 30 ℃就不能正常包心结球,而蕹菜(空心菜)在 35~40 ℃还能正常生长。一般来说,原产南方的品种耐热性强,适宜我国大部分地区夏播。而春季北方地区从南方引种蔬菜(如甘蓝、萝卜等),除了考虑其耐寒性外,还需注意防止发生提早开花抽薹现象(春化作用),从而影响植株产品器官的形成。相对的,原产北方的品种一般较耐寒、抽薹晚,因此,长江流域种植越冬菠菜宜引进东北地区的品种,早春萝卜种植可选用韩国"白玉春"等北方品种。

5. 从正规渠道引进已经审定和检疫的品种 要从信誉好的正规种业(集团)公司和科研单位引进已审定和检疫的蔬菜品种,种子外包装规范,包装上有切合实际的品种特征特性和栽培要点说明,以供引种时参考。此外,购种时要向经销商索取发票或收据。也可保留部分种子样品及其种子包装袋,以待查证。

6. 坚持先少量引种试验再示范推广 由于年度间气候有差异,最好将引进的品种进行2年以上的栽培试验,以正确判断该品种对本地气候的适应性和市场销售的可行性,然后再逐步示范推广。

三、大白菜周年栽培关键技术

大白菜是我国最重要的蔬菜,无论是栽培面积还是总产量,都居蔬菜首位,每年的播种面积均维持在215万公顷左右,可四季栽培,周年供应。

1. 秋大白菜栽培 秋大白菜一般选用抗病、高产、品质好、耐贮藏的中晚熟品种,如中熟品种北京68号、北京大牛心等,晚熟耐贮藏品种北京新一号、北京新三号、鲁白8号、中白85等。

选择前茬没种十字花科蔬菜的地块,施足底肥,起垄栽培,垄宽55~60 cm,华北地区一般在立秋后播种,可直播,也可以育苗移栽。华北地区直播可在立秋后播种,出苗后注意间苗,5~6叶时定苗。密度一般掌握在27 000~33 000株/公顷,中熟品种密些,晚熟品种稀些。水肥管理是高产的关键,幼苗期虽然需水不多,但天气热,应保证水分供应,土壤相对湿度应保持在80%~90%为宜;莲座期土壤相对湿度以75%~85%为宜,如植株生长较旺,可考虑适当蹲苗10~15天。结球期需水量最大,应始终保持土壤相对湿度为85%左右。

大白菜产量高,需肥量较大,在施足底肥的前提下,仍应重视追肥。幼苗期长势弱时可考虑每公顷追施提苗肥75~112.5 kg;莲座期应及时追"发棵肥",每公顷可施18 000~22 500 kg有机肥,225 kg的速效化肥;结球期快速形成产品器官,需肥量加大,所以在蹲苗结束时要重施一次"关键肥",每公顷可追施碳铵或硫铵300~375 kg或人粪尿37 500 kg,在间隔一水后再追施第二次肥,每公顷施碳铵或硫铵300~375 kg或人粪尿22 500 kg;在结球中期末,每公顷施碳铵或硫铵225~300 kg。

根据市场和商品质量要求及时进行砍收、整修、上市。准备就地储存的大白菜,在11月初立冬前进行收获。

2. 早春大白菜栽培 早春大白菜应选用耐低温、耐抽薹的品种,如京春白、京春绿、京春99等春季专用品种。在华北地区,直播进行地膜覆盖的,播种期一般在4月中旬前后;育苗移栽的一般在3月上旬温室播种育苗,4月初定植,采用平畦,定植后盖膜;5月底到6月初收获。春白菜生长期较短,适当密植,有利于高产。株行距为33 cm×50 cm,密度为每公顷52 500～60 000株。

3. 夏季大白菜栽培 夏季栽培宜选用耐热、抗病品种,如京夏王,京夏1、2、3、4号,以及各地培育出的夏季专用品种等,华北地区的播种期一般掌握在6月下旬—7月上旬,8月中下旬—9月初收获。网棚栽培提早到6月上中旬播种,密度为67 500株/公顷。

四、萝卜冬春季高效栽培关键技术

萝卜为十字花科二年生草本植物,以肥大的肉质根供食用,属半耐寒性蔬菜。在我国萝卜种质资源丰富,传统的露地栽培方式是立秋前后播种,秋冬之交收获,主要通过贮藏的方式供应冬、春季市场。如果萝卜贮藏期温度偏高,极易造成肉质根糠心,品质下降而失去商品价值。通过冬季或早春设施栽培,则可满足春节前后至春季的市场需求,新鲜萝卜较贮藏萝卜价格高,效益好。

1. 萝卜春早熟设施栽培技术 春早熟栽培是冬季或早春播种,于早春收获上市的栽培方式。采用的设施类型主要是日光温室、塑料大棚或中小棚等,所用品种多为品质较好的白萝卜和心里美类型萝卜。

华北地区进行日光温室萝卜栽培,结合前茬作物的收获时间,可于1月中旬至2月中旬播种;塑料大棚栽培一般于3月下旬至4月上旬播种。播种前撒施优质有机肥75 000 kg/hm²,整地做垄,行距45～55 cm。按25～30 cm株距开穴,按穴浇水,待水渗下后播种,每穴6～7粒。播后覆细土1～1.5 cm,覆土要压实。

播种后的管理:

(1) 间苗 第一次间苗一般在2片真叶展开时进行,每穴留2株。第二次为定苗,在5～6片叶时进行,每穴留1株。每次间苗后都要打碎幼苗周围的土块并进行培土。

(2) 温度管理 播种后出苗前,应密闭棚膜,尽量提高棚内温度,促进出苗。出苗后白天保持20 ℃左右,夜间保持10 ℃左右,如果温度过高时应适当通风。当在地上部明显看到肉质根膨大时,称为"露肩"。进入露肩期以后,应适当降低棚内温度,白天以13～18 ℃为宜,夜间以8～10 ℃为宜。

(3) 水肥管理 幼苗期要保证水分供应,以保证幼苗的正常生长。第一次追肥一般在团棵期进行,追施尿素等速效肥150 kg/hm²;第二次追肥在露肩期进行,追施尿素 225 kg/hm², 或复合肥 225~300 kg/hm², 此后一般不再追肥。肉质根开始膨大后,应及时浇水,并始终保持土壤湿润。收获前 1 周停止浇水。

春早熟栽培萝卜生长期较短,一般播后 50~60 天即可收获。这茬萝卜的成熟期没有固定标准,只要长到一定大小、具有食用价值时,即可根据市场需求采收上市。

2. 萝卜日光温室越冬栽培技术 华北地区萝卜越冬栽培一般于日光温室内 10—12 月播种,元旦或春节前后上市供应市场,经济效益较高。

播种前撒施优质有机肥 45 000~60 000 kg/hm², 整地后做成行距 45~55 cm 的垄或平畦,双行种植,株距 10~15 cm,按穴浇水,待水渗下后播种,每穴 6~7 粒。播后覆细土 1 cm,覆土后轻轻镇压一下。

播种后的管理:

(1) 间苗 第一次间苗一般在 2~3 片真叶展开时进行,每穴留 2 株。第二次为定苗,在 4~5 片叶时进行,每穴留 1 株。

(2) 温度管理 播种后出苗前,应保持棚内温度 25 ℃左右,夜间不低于 8 ℃,促进出苗。出苗后白天保持 18~20 ℃,夜间保持 8~12 ℃,如果温度过高时应及时通风。当在地上部明显看到肉质根膨大,即进入露肩期以后,应适当降低棚内温度,白天 18 ℃左右,夜间 10 ℃左右。

(3) 水肥管理 播种至幼苗 4~5 片叶时尽量不浇水,可及时中耕 1~2 次。在直根"破肚"时,浇一次水。当肉质根开始膨大时,要适当多浇水,保持土壤湿润,促进肉质根生长。在破肚和露肩期要各追肥一次,每次追施尿素或复合肥 150~225 kg/hm²。

如果设施保温条件较好,在播种后 50 天左右即可收获;如果温度条件较差,则需 60~80 天才能收获。先收获充分长大的植株,留下较小的和未长成的植株让其继续生长。由于在萝卜收获期间,设施内的温度较低,湿度一般也较大,萝卜不易出现糠心现象,因此可以根据市场情况适当晚收,以利于提高产量。

五、黄瓜栽培关键技术

1. 品种选用 黄瓜栽培应根据不同栽培季及茬口的环境特点合理选用品种。如塑料大棚春早熟栽培应选用瓜条短、发育速度快的品种;而秋延后栽培应选用耐热、瓜码密、抗病性强的品种。此外,我国有很多黄瓜类型,如何根据各地市场消费习惯选择品种也是应该考虑的问题之一。

2. 育苗 根据栽培季节的需要,黄瓜育苗通常分冬春季育苗和夏秋季育苗,不同季节育苗其技术要求有所不同。冬春季育苗要求苗龄较大,定植前幼苗应具有3~4片展开叶,育苗时间需要35~40天。冬春季育苗需要在日光温室或塑料大棚等保护设施内进行。夏秋季育苗对苗龄要求较小,定植前应具有展开叶1~2片,育苗时间需要20天左右,育苗时需配备防雨、遮阴、通风良好的保护设施。无论冬春季育苗还是夏秋季育苗都要求幼苗节间短,生长健壮,无病虫危害。为提高黄瓜连续结瓜能力,保证生长势不早衰,提高其抗土传性病害的能力,黄瓜还通常需要采取嫁接。嫁接常用砧木为黑籽南瓜或白籽南瓜,嫁接方法通常为靠接法或插接法。

3. 定植前准备

(1) 土壤准备 黄瓜定植前应做好施肥、整地、作畦等田间准备工作。定植前对土壤充分翻耕,保证土壤细碎、透气性好,并施足底肥。底肥通常需要腐熟农家肥150 m^3/hm^2左右及氮磷钾复合肥275 kg/hm^2左右。将肥料在土壤中充分翻耕后作畦。设施栽培畦形常为垄畦,露地栽培常为平畦,畦宽1.3~1.4 m,双行定植。

(2) 设施准备 用于黄瓜生产的温室应在定植前至少2~3天进行覆盖,以便于充分做好定植前准备工作。如为非当年新建温室或塑料大棚,还应用锯末500 g、硫磺粉50 g及敌敌畏100 mL进行混拌后,于定植前2~3天在室内密闭后点燃熏烟进行室内消毒。用于春季生产的温室大棚,为便于提高室内土壤温度,应至少提前20天将设施进行覆盖。

4. 定植 当10 cm土层深处土壤温度达12 ℃、夜间最低气温稳定在5 ℃以上时,黄瓜才能定植于栽培田。在外界温度达到相应要求的前提下应尽可能提早定植。不同栽培季节与栽培方式下的定植密度是:塑料大棚栽培67 500~75 000株/公顷,日光温室冬春茬栽培60 000株/公顷、秋冬茬栽培52 500株/公顷、越冬茬栽培42 000~45 000株/公顷,露地栽培常在60 000株/公顷左右。黄瓜根系对土壤温度敏感,冬季及早春定植时,栽苗不宜过深。

5. 田间管理

(1) 水肥管理 根瓜坐瓜前,田间水肥以控为主,防止植株徒长。根瓜坐瓜是加强水肥管理的标志,一般每7~10天浇水一次,浇水的原则是保持土壤"见干见湿",田间土壤相对湿度经常控制在 70%～90%。

(2) 支架与吊蔓 黄瓜定植后,当 4～5 片叶展开后,茎节开始明显变长,茎蔓不再保持直立,需及时支架或吊蔓。支架可用竹竿等做架材,每株一竿,然后每 3～4 节绑蔓一次;如采用吊蔓则用塑料绳或纤维绳等,将绳的一端直接绑在植株基部,然后将植株顺绳爬上。

(3) 打杈与留瓜 于主蔓 4～5 叶节开始选留雌花进行结瓜,此瓜为植株第一根瓜,故被称为根瓜。根瓜留瓜部位过低,易于导致坠秧,生育迟缓;留瓜部位过高,又易于造成植株徒长,影响早期产量。如植株上瓜码较密,可将植株上形成的侧枝全部摘除;但个别品种瓜码稀疏时,也可以在侧枝结 1 个瓜后,将侧枝打顶。

(4) 摘叶 摘叶是指摘除植株上的病、老、黄叶。植株生长的中后期,基部叶片开始老化、变黄时,应及时摘除,既可以节省养分,又可以改善通风透光条件。

(5) 摘心与落蔓 露地或塑料大棚栽培时,除需要侧枝摘心外,当主蔓生长达到架顶或接近棚膜时,也应及时摘心,去除其顶端优势,促进瓜秧下部茎节处形成回头瓜。日光温室栽培时,则当生长点接近棚膜时,可将植株整体下落,将基部茎蔓盘放在地上。

6. 采收 黄瓜果实发育速度较快,早熟品种定植后 25 天、中晚熟品种定植后 30 天左右即可开始采收。黄瓜商品果实采收期并无严格要求,当瓜条长度和横径达到一定大小,果面逐渐平滑、刺瘤逐渐稀疏,而种子和瓜皮尚未硬化前,均可采收。应注意不同结瓜部位的果实采收标准不同:根瓜应适当早收,以防止坠秧;瓜秧中部的瓜条则应在符合市场消费要求的前提下适当晚收,尽量结大瓜;上部所结的瓜条则也应当早收,以保持后期植株长势,防止早衰。不同植株长相在掌握瓜条采收标准时也有所不同:长势较弱的植株上所结的果实应适当早收,以促进植株茎叶生长,而长势旺盛的植株的瓜条则应当适当晚收。不同长相的瓜条采收标准也不同:对于瓜形顺直的瓜条应适当晚收,而畸形瓜则应适当早收,必要时甚至可以在瓜条膨大前就及时摘除。

六、番茄栽培关键技术

1. 品种选用 首先,应根据不同栽培方式、栽培季节选择具有相应适应性的品种。其次,要根据病虫害发生状况选择具有相应抗病性的品种,如个别地区根结线虫病发生严重,应注意选择对根结线虫病具有抗性的品种。再次,是要考虑不同地区的消费习惯,如我国华北地区大多数地区市场喜粉红色果型的品种,而长江以南多数地区则喜红色果型的品种。

2. 育苗 根据栽培季节的需要,番茄育苗通常分冬春季育苗和夏秋季育苗。不同季节育苗其技术要求有所不同。冬春季育苗要求苗龄较大,定植前幼苗应具有7~8片展开叶,育苗时间需要65~70天。冬春季育苗需要在日光温室或塑料大棚等保护设施内进行。夏秋季育苗对苗龄要求较小,定植前应具有展开叶2~3片,育苗时间需要25~30天。夏秋季育苗时需要配备防雨、遮阴、通风良好的保护设施。冬春季育苗或夏秋季育苗均要求幼苗节间短,生长健壮,无病虫危害。

3. 整地、施肥、作畦 对土壤充分翻耕,保证土壤细碎、透气性好,并施足底肥。底肥可用农家肥75~120 m^3/hm^2 及氮磷钾复合肥750 kg/hm^2 左右。设施栽培畦型常为垄畦,露地则为平畦,畦宽1.3~1.4 m,双行定植。

4. 定植 当10 cm土层深处土壤温度达10 ℃、夜间最低气温稳定在5 ℃以上时,番茄即可定植。定植密度与整枝方式、栽培季节、留果穗数等有关。露地栽培常单干整枝,留3穗果摘心,定植密度控制在52 500~57 000株/亩;塑料大棚栽培,常留3穗果摘心,如采用单干整枝时,定植密度控制在3 000株/公顷左右,双干整枝则定植密度控制18 000~22 500株/公顷;日光温室栽培常留5~6穗果摘心,定植密度控制在33 000~37 500株/公顷。番茄定植时,栽苗深度以子叶以下全部栽入土中为宜。

5. 田间管理

(1) 水肥管理 番茄第一穗果坐果前,田间水、肥管理以控为主,防止植株徒长。第一穗果开始膨大是加强水肥管理的标志,之后一般每10天浇水一次,浇水的原则是保持土壤"见干见湿",田间土壤相对湿度控制在60%~70%。

(2) 支架与吊蔓 为保证植株保持直立,可对番茄进行支架或吊蔓。支架可用竹竿,每株一竿,每花穗用绳或稻草等绑蔓一次;也可采用塑料绳或纤维绳等进行吊蔓,吊蔓时,将绳的一端直接绑在植株基部,使植株顺绳爬上。

(3) 整枝与打顶 番茄整枝方式可分为单干整枝、双干整枝和改良单干整枝等。单干整枝即每株保留一条主干生长,而将多余的侧枝全部摘除；改良单干整枝是指每株保留两条主干生长，其余侧枝全部摘除；改良双干整枝是指除保留一条单干外，在其基部可选留一条侧枝，待该侧枝形成 1～2 个果穗后打顶。当每株形成预定数量的果穗后，即可将植株顶部生长点去除（打顶）。打顶时，要求在最后一个花序的上面保留两片叶，以便于为该果穗提供营养和防止发生日烧病等。

（4）疏花疏果与保花保果 通常番茄每花序保留 4 个花芽进行结果，而对于花序中过多的花芽及幼果应及早摘除。为保证每花序的结果数量，常需要采取授粉或生长调节剂进行花芽处理等措施，提高花芽坐果率。

（5）摘叶 生长的中后期，应及时摘除植株基部的病、老、黄叶。

6. 采收 番茄以充分红熟的果实供食用，果实采收期要求严格，且开花至采收所需常为 50～60 天。当果实表面 70% 的部位变红转色时，即可采收。采收过晚，则果实易变软，不耐储运；采收过早，则果实风味差。

七、辣椒栽培关键技术

1. 品种选用 辣椒类型与品种很多，不同类型的辣椒其适应性有很大差异，生产上应注意根据不同栽培方式、栽培季节选择具有相应适应性的品种。

2. 育苗 辣椒育苗的总体要求是幼苗节间短，生长健壮，无病虫危害。根据生产需要，常分为冬春季育苗和夏秋季育苗。冬春季育苗要求苗龄较大，定植前幼苗应具有 7～8 片展开叶，育苗时间需要 70 天左右，常需要在日光温室或塑料大棚等保护设施内进行。夏秋季育苗对苗龄要求较小，定植前应具有展开叶 3～4 片，育苗时间需要 35～40 天。夏秋季育苗时需要配备防雨、遮阴、通风良好的保护设施。

3. 整地、施肥、作畦 定植前对土壤充分翻耕，保证土壤细碎、透气性好，并施足底肥。底肥可用农家肥 75～120 m^3/hm^2 及氮磷钾复合肥 375 kg/hm^2 左右。设施栽培畦型常为垄畦，露地则为平畦，畦宽 1.2～1.3 m，双行定植。

4. 定植 当 10 cm 土层深处土壤温度达 12 ℃、夜间最低气温稳定在 5 ℃以上时，辣椒即可定植。辣椒可以单株定植，也可以双株定植，定植密度与整枝方式、栽培季节等有关。露地栽培常双株定植、放任生长，定植密度 60 000 穴/公顷；塑料大棚栽培常单株定植、放任生长，定植密度 90 000 株/公顷左右；日光温室则单株定植，常双干整枝，定植密度控制在 33 000～37 500 株/公顷。辣椒定植宜适度深栽，子叶以下可全部栽入土中。

5. 田间管理

(1) 水肥管理 辣椒门椒坐果前，田间水、肥管理以控为主，防止植株徒长。门椒开始膨大是加强水肥管理的标志，之后一般每 10 天浇水一次，浇水的原则是保持土壤"见干见湿"，田间土壤相对湿度控制在 60%～70%。

(2) 整枝 辣椒露地及塑料大棚栽培可不行整枝，但日光温室长季节栽培多行双干整枝，即每株自一级分枝开始后，始终保持 2～3 条一级分枝进行开花结果，其他侧枝全部摘除。

(3) 支架与吊蔓 塑料大棚栽培尽管不需要整枝，但如果生长期较长，为保证植株后期不倒伏，一般可于栽培畦两侧架设竹竿进行扶持。日光温室长季节栽培则利用塑料绳等对每一枝条进行吊蔓。

(4) 疏花疏果与保花保果 辣椒每一叶节只能留一个花芽结果，其他多余花芽及幼果应全部摘除。此外，为提高坐果率，可在开花时进行人工授粉或采用生长调节剂对花芽进行处理。

(5) 摘叶 生长的中后期，应及时摘除植株基部的病、老、黄叶。

6. 采收 辣椒既可以采收嫩熟期的果实，也可以待果实转入生理成熟期进行采收。当果实果皮变硬、色泽较亮时，即可作为商品果实采收。采收生理成熟的果实则需要等果实充分转色后才能采收。

八、菜豆栽培关键技术

1. 品种选择 菜豆分矮生型和蔓生型两种类型。蔓生型宜支架或吊蔓栽培，矮生型则适宜露地或利用设施边角地带栽培。无论选用何种类型的品种都要求品种的丰产性、品质及抗逆性较好。

2. 播前准备

(1) 土地准备 菜豆多行直播，播种前对栽培地块要精耕细作，确保畦面平整，土壤细碎，底肥充足。菜豆栽培畦型常为平畦或垄畦，畦宽 1.2～1.3 m。菜豆适宜播种的土壤相对湿度为 60%～70%，即"手握成团，落地即散"，为此，可在播种前 4～5 天先行田间浇水。或在播种当天，于播种沟或播种穴内浇水，确保土壤湿度适宜。

(2) 种子处理 播种前应先行种子清选,选择籽粒较大、饱满、无虫咬、无霉变的种子进行播种。同时,播种前可对种子进行药剂拌种,以提高田间出苗率。

3. 播种

(1) 播种期 当土壤温度在 12 ℃、夜间温度 8 ℃以上时才能播种。在温度条件符合要求的前提下,应力争早播。

(2) 播种密度与播种量 矮生型品种多采用平畦或高畦穴播,穴行距(10~12)cm×(30~33)cm,播种量 112.5 kg/hm²;蔓生型多采用垄畦或平畦,穴播或条播,每畦 2 行,穴行距(10~12)cm×(60~65)cm,播种量 75 kg/hm²。

(3) 播种方法 每穴播种 3~4 粒,播种深度为 2.5~3 cm。播种后用细碎土对播种穴进行覆盖,并进行畦面镇压。在条件允许的情况下最好用地膜进行畦面覆盖。菜豆如采用育苗栽培则要求苗龄宜小,当基生叶展开时应及时定植,或当幼芽出现时应及时定植。

4. 田间管理

(1) 防止虫害 播种后畦面应撒毒土(麦麸 500 g、敌敌畏 100 mL 混拌),以防止田间害虫咬食豆种。

(2) 查苗补苗 当开始出苗时,应及时划破地膜并将幼芽及时露出,田间出苗后应及时间苗,确保每穴成苗 2 株,至 2~3 叶展开时定苗。

(3) 浇水与中耕 幼苗出土前,田间禁止浇水,有利于出苗及防止烂种。出苗后当基生叶展开时,可浇小水一次。之后直至开花前,宜控水蹲苗,加强中耕。当第一花序荚长 3~4 cm 时,是加强水肥管理的标志时期,水肥管理应及时,并掌握"见干见湿、小水勤浇"的原则。

(4) 支架与引蔓 对蔓生型菜豆而言,当茎蔓开始明显延长时,应及时进行支架与引蔓。支架可用竹竿或塑料绳等。

5. 采收 当第一花序开花后 10~15 天时,菜豆即可进入采收期。当豆荚充分发育、荚内豆粒尚未膨大时,应及时采收。采收过晚易导致纤维增多,影响豆荚品质,且易导致坐荚率低;采收过早则产量较低。

九、西瓜双膜覆盖早熟栽培技术

西瓜地膜加小拱棚双膜覆盖栽培既可利用地膜保墒和增温,以保护和促进根系的发育,又可利用棚膜保护瓜苗地上部,防低温、寒风和轻霜冻,使幼苗在外界气温稍低的季节仍能在棚内正常生长。一般幼苗可在终霜前 30 天定植,5 月下旬至 6 月上旬成熟,比地膜覆盖栽培西瓜提早 15～20 天上市,产量高,经济效益显著。目前双膜覆盖已成为我国西瓜早熟、高产、稳产的重要栽培形式。

1. 品种选择 为了充分发挥双膜覆盖栽培早熟效应,应选择雌花出现早、雌花间隔距离短、果实发育快、较耐低温、成熟度要求不严、适当提早采收仍具有较好商品质量的早熟优质品种,在西瓜季节性差价不大的地区,也可选用中熟品种,以提高产量。

2. 整地、作畦、搭棚架 选背风向阳、地势高燥、排灌便利、土层深厚的砂壤土,冬前深耕晒垡,春季施肥作畦。基肥以腐熟有机肥为主,每公顷 75 000～90 000 kg、豆饼 1 500～3 000 kg、过磷酸钙 1 200 kg。1/3 全田撒施翻入土中,2/3 沟施,在沟上作定植畦。瓜畦宽 1.8～2 m,定植畦为高 0.1～0.15 m、宽 0.6～0.8 m 的高畦或宽 0.5～0.6 m 的垄。定植前 5～7 天,用竹竿、竹签或树枝,做成南北延长、宽 1.2～1.3 m、高 0.5～0.6 m、长 20～30 m 的小拱棚,棚膜要拉紧、扣好、封严,保持膜面清洁,以利于增温保温。

3. 育苗移栽 双膜覆盖栽培采用育苗移栽,以 30～35 天、3～4 片叶的大苗移栽为宜。当 10 cm 地温稳定通过 13 ℃、旬平均气温 8 ℃以上即可定植。定植密度 12 000～13 500 株/公顷。单行双株栽培,瓜蔓一侧一株;双行单株栽培,瓜蔓对爬。

4. 拱棚管理 小拱棚温度应控制在初期 35 ℃,中期 30 ℃,后期 25 ℃。初期增温保温,促进缓苗和幼苗生长,中后期注意通风降温,防止高温烤苗。当夜间最低气温稳定在 12 ℃以上可撤除棚膜,撤棚前 5～6 天低温炼苗。为了提早成熟,也可以延迟到坐果后再撤。也可以将两侧棚膜卷起成为遮雨棚,确保正常的授粉与坐果,这在南方地区尤为重要。

5. 整枝压蔓 西瓜双膜覆盖栽培采用保留主蔓和一个侧蔓的双蔓整枝方式。小拱棚撤除后,将瓜蔓引入坐瓜畦。当瓜蔓长至 60 cm 时开始压蔓,以后每隔 4 节压一道。坐瓜节前后两节各压一道,以防大风磨坏幼果。

6. 留瓜与人工授粉 双膜覆盖栽培的西瓜,选留主蔓第二雌花或侧蔓第一雌花坐果。由于栽培前期温度低,昆虫活动少,为提高坐果,需进行人工辅助授粉,并在茎蔓上挂牌标记或在雌花旁插标志杆。幼瓜坐住后,采用主蔓优先的原则选留一个发育正常的幼果。若主侧蔓上的果发育均不正常,应全部摘除重新留果。

7. 追肥浇水 双膜覆盖西瓜苗期不浇水,伸蔓期浇催蔓水,幼果坐住后,经常保持土壤湿润。结合浇水分别在植株伸蔓、幼果坐住和果实直径 13~15 cm 时进行三次追肥,前两次以有机肥为主,开沟追施,第三次随水追施复合肥 375~525 kg/hm²。

8. 适时采收 西瓜双膜覆盖栽培提早收获,季节差价大,经济效益显著。因此,根据茎蔓上悬挂的标记或插的标杆,适时采收成熟的西瓜。由于生长期较长,第一茬瓜收获期较早,外界环境适宜,应加强管理,争结二茬瓜。在主蔓上头茬瓜定个后,可在侧蔓上选留二茬瓜。或将主蔓保留 30~50 cm,摘除所有侧蔓,促其萌发新的侧蔓,进行二次结瓜。

十、甜瓜日光温室高效栽培技术

利用高效节能型日光温室种植厚皮甜瓜,商品瓜上市早,季节性差价大,节约能源,经济效益显著,是近年来甜瓜保护地生产的发展重点,尤其在华北、东北地区有很大发展潜力。

1. 栽培季节 日光温室厚皮甜瓜栽培有两茬:冬春茬,11 月上旬至 12 月中旬播种,12 月上旬至 2 月上旬定植,2 月底 3 月初至 4 月下旬开始采收;秋冬茬,7 月上旬至 9 月中旬播种,7 月中下旬至 10 月上旬定植,8 月底 9 月初至 12 月上中旬采收。

2. 整地施肥 前茬作物收获后,深翻土地施足基肥,耙平后做成南北延长、畦面宽 0.7~1.2 m、沟宽 0.5 m、沟深 0.2 m 的高畦,覆盖地膜。基肥每公顷优质农家肥 60 000~75 000 kg,三元复合肥 900 kg,一半撒施,一半条施。

3. 育苗移栽 厚皮甜瓜不耐湿,冬春茬栽培必须保证在雨季到来之前采收,因此应选择早熟或中早熟品种,采用有加温设备的温床或温室进行育苗,以培育 30~35 天、3~4 片真叶的大苗为好。为防治土传病害和提高幼苗耐低温能力,可进行嫁接育苗。当日光温室 10 cm 深处地温稳定在 15 ℃ 以上时即可定植,定植密度 22 500~42 000 株/公顷。

秋冬茬甜瓜应选择耐热、抗病性强的品种,以 10~15 天、二叶一心的小苗定植为宜。防雨、防治蚜虫、降低苗床温度、防止幼苗徒长,是秋季育苗的关键。

4. 温室环境调控　冬春茬定植后7～10天,日光温室密闭保温促进缓苗,温度控制在白天25～35 ℃,夜间15～20 ℃,清晨短时间不低于5 ℃;缓苗后白天28～30 ℃,夜间15 ℃以上;授粉时白天25～28 ℃,昼夜温差10 ℃为宜;果实膨大期白天增至30～35 ℃,夜间15～18 ℃,昼夜温差13 ℃以上,以利于果实膨大、糖分积累和充分成熟。当室内较长时间温度低于5 ℃时,则要采取临时加温的办法,以防发生冻害;白天温度超过35 ℃,则果实易产生苦味而影响商品质量。

日光温室室内的光照条件较差,则可采取选用无滴膜、保持膜面清洁,增加室内光照度。在不降低温度的前提下,草苫应早揭晚盖,延长室内光照时间。

5. 追肥浇水　定植初期要求较高的土壤湿度,促进缓苗为主。伸蔓期、开花坐果期一般不浇水,以防植株徒长,落花落果。果实膨大期要求有足够的水分,以促进果实的膨大。果实采收前7～10天停止浇水,防止裂瓜,提高果实品质和储运性。施足基肥一般不进行追肥,如需追肥可在伸蔓期和膨瓜期进行两次,每次复合肥300 kg/hm^2。日光温室冬季常处于密闭状态,室内湿度高,CO_2浓度低,应采取滴灌、膜下暗灌、加强通风等措施降低湿度和进行CO_2施肥。

6. 整枝绑蔓　采用单蔓整枝、吊蔓栽培,选留第12～15节上的子蔓坐果,人工授粉或涂抹植株生长调节剂。每株选留1～2个子房肥大、瓜柄粗壮、椭圆形幼果,当果实长到0.5 kg时,用网袋进行吊瓜。第一茬瓜采收前7～10天,从植株上萌发的新蔓中选留中上部、生长势强的两条侧蔓作为二茬瓜的结果预备蔓,疏去多余的枝蔓和下部的黄叶、老叶及病叶。

7. 适时采收　厚皮甜瓜以保证果实成熟、不影响植株再生和下茬瓜生产为原则适时采收。冬春茬注重提早上市,增加经济效益;秋冬茬果实成熟速度缓慢,适当延迟采收,推迟上市,供应元旦或春节市场,以获得较高的经济效益。采收时用剪刀将果柄两侧分别留5 cm左右的子蔓剪切,剪下的果柄和子蔓呈"T"字形,使果实外形美观。

十一、马铃薯早春高产高效栽培技术

马铃薯早春采用地膜覆盖栽培,可提高地温,防御春寒低温,有利于提早播种,促使早出苗、出齐苗,达到早熟高产的目的。为提早上市,还可采用塑料小拱棚、塑料大棚等设施栽培,经济效益更为显著。

1. 品种选择 选用适宜品种的脱毒种薯是获得春季马铃薯高产的关键。通常选择前期生长快、结薯早、产量高、品质优良的中早熟品种,如鲁马铃薯3号、鲁引1号、中薯3号、东农303和早大白等。

2. 种薯处理 精选种薯,剔除畸形、尖头、芽眼坏死、病斑及脐部腐烂的块茎。然后将种薯平摊2～3层,于室温15～20℃条件下增温催芽。催芽一般在播种前20～30天进行,芽长0.5 cm左右时切块。马铃薯切块要求大小均匀一致,质量以25～50 g为宜,每个切块上需带1～2个芽眼。切块刀具可用75%乙醇或0.1%的高锰酸钾溶液消毒,并用草木灰或甲霜灵拌种,晾干切口即可播种。

3. 整地施肥 种植马铃薯宜选择地势平坦、排灌方便、土层深厚疏松的沙壤土或壤土地块。深耕时(耕深30 cm左右)结合整地施入基肥,一般每公顷施入腐熟优质农家肥30 000～45 000 kg,磷酸二铵300 kg,硫酸钾300 kg。土壤与肥料充分混匀。

4. 适时播种 露地栽培马铃薯以当地晚霜前20～25天播种为宜,此期土壤10 cm深处温度可达到7～8℃。如华北地区在3月中下旬、长江中下游地区在2月下旬可露地播种。若采用地膜覆盖,可提高地温3～5℃,根据天气情况能提早播期5～10天;地膜覆盖后上面可以加盖小拱棚,或者在塑料大棚中栽培,均可以将相应播期再提前若干天,以提早上市。

播前开沟、起垄、作畦,垄(畦)宽60 cm,垄高20 cm,垄沟宽30 cm,株距25 cm。将催好芽的马铃薯种块种植于两垄的内侧,用一幅地膜将两垄同时覆盖,使两垄间形成一微棚,即改良地膜覆盖栽培,利于地温的升高。同时在覆盖的地膜上架设小拱棚,加盖棚膜,薄膜两边用土压实。

5. 田间管理 幼苗出土后生长至顶端接近地膜时,注意及时破膜,以防膜下高温灼伤幼苗。随外界气温升高逐渐撤掉小拱棚的棚膜。苗出齐后,结合浇水进行第一次追肥,每公顷追施尿素300 kg,以促进幼苗生长,早发棵。植株孕蕾期结合浇水进行第二次追肥,每公顷追施磷酸二铵375～450 kg,以促进块茎迅速膨大。从展叶期起,每10天喷施1次0.1%硫酸镁加0.3%磷酸二氢钾混合液(根外追肥),连喷3次,可显著提高产量。开花期叶面喷施0.1%硼酸,以减缓茎叶衰老,提高光合性能。地膜覆盖马铃薯生长势较强,茎叶茂盛,要及时控上促下。若发生徒长,在封垄前可通过深耕、控水等方式来调控,也可以使用 0.05%~0.10% 矮壮素或 100 mg/kg 多效唑叶面喷洒;或者采取摘心、摘花蕾的措施减少养分消耗,促进薯块膨大,结薯集中。马铃薯的主要病害是早疫病和晚疫病,应及早防治。若发现病株,应尽早拔除深埋,并用 70% 的代森锰锌 800 倍液或 75% 的百菌清 600 倍液叶面喷雾,隔 7 天 1 次,连喷 2~3 次。

塑料大棚早春种植马铃薯,必须严格控制棚内气温,防止植株徒长,否则很容易造成种植失败。一般出苗后,控制棚内气温白天 25 ℃,夜间 10 ℃左右。块茎膨大期,及时揭膜放风,保持白天气温 25 ℃,夜间 12~14 ℃。马铃薯喜冷凉气候,高温对块茎形成十分不利,且造成块茎食用品质下降。进入块茎膨大与开花期,应及时摘心打顶,控制地上部生长,促进光合产物向块茎转移。也可以叶面喷洒多效唑,能有效控制旺长。

6. 收获 春季马铃薯种植没有明显的收获期,达到需要大小即可收获,以经济效益为主。运输要轻拿轻放,避免碰伤薯皮。

十二、脱毒马铃薯种薯的生产繁育技术

马铃薯是世界上四大粮食作物之一,产量高,适应性强,营养丰富,粮、菜、综合加工兼用,用途广泛。我国是世界上种植马铃薯面积最大的国家,但单产不及世界发达国家单产的 1/3,其主要原因包括种薯质量差,病毒病发生以及种薯退化严重。马铃薯种薯是靠块茎无性繁殖进行生产的作物,发达国家普遍采用茎尖组织培养无病毒植株技术生产脱毒种薯,建立严格的种薯标准化生产繁育和质量检验体系。通常情况下,利用脱毒种薯进行生产产量可提高 30% 甚至 50% 以上,显著提高种植户的产量和经济效益。脱毒马铃薯种薯标准化生产及繁育技术,对长期保持优良品种的生产潜力,生产无病基础种薯,并通过一定的良种繁育体系,源源不断地为生产提供优质种薯,实现马铃薯的高产、优质、高效生产具有重要意义。

脱毒苗的生产一般由科研单位或专门的有一定技术的公司来完成,主要生产步骤如下:

1. 选择脱毒用薯块 首先,在田间选择植株生长健壮,无明显的病害症状,符合品种典型特征的植株;其次,适时早收,进一步选出单株产量及大薯率相对高的单株;最后,在此基础上,选择符合品种特征(皮色、肉色、薯型、芽眼等),且无病斑、虫蛀、机械创伤的大薯块作脱毒材料,并进

行病毒检测。

2. 茎尖脱毒　将入选的单株薯块,用1%硫脲+$5×10^{-6}$赤霉素(GA_3)浸泡5 min以打破休眠,再用湿润沙覆埋,置于25 ℃黑暗条件下催芽,待芽长至2 cm时,进行第一次茎尖剖取。将芽剪取后,剥去外面几层叶片,放于烧杯中,用纱布封口,放在自来水下冲洗0.5 h,然后于无菌室严格消毒。消毒时先在95%乙醇中迅速浸蘸一下,然后放在5%～7%次氯酸钠溶液中浸泡10 min,再用无菌水冲洗3～5次。

3. 茎尖培养　在无菌条件下,将消毒过的芽置于40×的立体解剖镜下,进行第一次剖取茎尖,剖取1 mm以上的大茎尖,进行离体培养。培养基为MS固体培养基,其中蔗糖3%,琼脂0.7%,pH 5.8。待茎尖长至1 cm时,转入光照培养箱,以每天16 h光照(36±1)℃的高温处理茎尖6～8周。高温处理有利于抑制病毒,可明显提高脱毒效果。

4. 病毒检测　由茎尖分生组织培养获得的脱毒种苗,经第一次扩繁后,必须对脱毒种苗进行病毒检测,只有确认是无毒植株,才能进一步利用;对带有病毒的株系,进行淘汰或再次脱毒。在脱毒种苗的快繁过程中,必须进行多次病毒检测,才能确定有无病毒。常用的病毒鉴定方法有酶联免疫法、指示植物鉴定法和电镜观察法。

5. 脱毒种苗的繁殖　在无菌条件下,将试管或三角瓶中的脱毒种苗按单节切段,每节带1个叶片,放于试管或三角瓶中固体培养基上,进行培养,2～3天后茎段就能从叶腋处长出新芽和根。无毒种苗在白天23～25 ℃,夜间16～20 ℃,光照16 h,光照度2 000～3 000 lx条件下生长快速健壮。脱毒种苗一般每间隔20～25天切转一次,扩繁倍数一般为3～6倍。对于要进行大量扩繁的脱毒种苗,在扩繁以前,都必须经过田间试种,检测其所有性状,淘汰变异株系,将符合原品种特征、特性的株系,进一步扩繁利用。

6. 脱毒原原种生产　利用脱毒苗在容器内或在防蚜温室或网棚内繁育出的微型薯或小薯称为脱毒原原种,脱毒原原种是种薯繁育中的核心种薯。微型薯原原种不适于直接种植在土壤中进行原种的生产,需要在纸筒中育成壮苗,然后坐水栽于大田中生产原种;小薯原原种可直接应用于大田栽培进行原种的生产。马铃薯脱毒原原种标准化生产主要包括微型薯的诱导和脱毒小薯的生产。

7. 种薯生产　一级原种在隔离条件下生产出的符合质量标准的种

薯称为二级原种；用二级原种作种薯，在隔离条件下生产出的符合质量标准的种薯称为一级种薯；用一级种薯作种薯，在隔离条件下生产出的符合质量标准的种薯称为二级种薯。一、二级种薯均可直接用于马铃薯生产。在种薯生产过程中，需要在植株现蕾期、盛花期、枯黄期前两周各进行一次田间检验及薯块检验，质量合格者才能用作种薯，进行商品种薯销售或生产自用。

十三、早熟甘蓝高效栽培技术

利用不同形式的保护设施栽培甘蓝，以提早收获，这对缓解北方早春淡季蔬菜供应紧张有重要作用，经济效益也较高。春季早熟甘蓝的保护形式有多种，但生产成本较低、早熟效果好、栽培面积较大的是小拱棚栽培。小拱棚栽培甘蓝，棚内气温和地温升高早而快，低温时间短，营养生长良好，抽薹少，能提早收获15天左右。

1. 整地施肥 整地时每公顷施有机基肥75 000 kg，过磷酸钙750 kg，翻地整平后作畦。1~1.4 m宽畦，种3~4行甘蓝，棚高0.5~0.7 m；2 m宽畦栽6行甘蓝，小棚高0.8~1.3 m。

2. 播种育苗 小拱棚甘蓝于12月中下旬至1月上中旬在温室、温床或改良阳畦内播种育苗。为防止先期抽薹，应选用冬性强的品种，培育具有6~8片叶、下胚轴和节间短、叶片厚、色泽深、茎粗壮及根群发达的大苗。大苗定植后缓苗快，对不良环境和病害抵抗能力强，早熟丰产。

育苗床应配制肥沃而物理性状良好的营养土，浇透水，干籽播种。播种量为3~4 g/m²。覆土0.5~0.8 cm。为防止猝倒病发生，撒种及覆土后分别用50%多菌灵可湿粉剂或70%甲基托布津可湿粉剂8~10 g/m²进行土壤消毒。播种后苗床保持20~25 ℃，出苗后以白天15~20 ℃、夜间5~8 ℃为宜。

分苗床也应专门配制营养丰富、理化性状优良的营养土。幼苗3~4片叶时分苗，扩大秧苗营养面积，以利培育壮苗。分苗前3天适当降温、降湿，以增强秧苗抗逆性。晴天上午或中午分苗，株行距10~12 cm。分苗后温度保持在白天20 ℃左右、夜间10 ℃左右，以利根系生长；缓苗后适当降温，白天15~20 ℃，夜间8 ℃以上。温度过低易使幼苗感应低温而进行春化，导致先期抽薹。

此外，应尽量增加光照度，延长光照时间，通风降湿，防止病害发生及幼苗徒长。幼苗长到6~8片叶即可定植,定植前7~10天要进行降温炼苗,以利栽后缓苗和恢复生长。

3. 定植 3月上中旬,当棚内10 cm地温达5℃时定植,穴栽,株距30~40 cm,栽植密度75 000~90 000株/公顷,穴内施尿素112.5 kg/hm² 作基肥,栽后立即浇水。

4. 田间管理 定植后1周左右浇缓苗水,缓苗后选晴天揭膜中耕,以保墒和提高地温,开始包心时再追肥浇水,此后保持土壤湿润。定植后1周内不通风,温度低时夜间加盖草席或纸被保温。以后白天棚温保持18~20℃,夜间10℃左右,25℃以上时通风降温,防止灼苗。棚内温度高,湿度大时,甘蓝外叶容易徒长,延迟结球,甚至不结球。定植后25~30天,少数植株开始包心时撤棚,撤棚前1~2天浇小水,浅锄1次。撤棚过迟,则包球不紧,产量低,收获也迟。

5. 采收 叶球充实后应及时收获,收获时宜带2片外叶作保护叶。结球不整齐的田块应分期采收上市。

十四、芽苗菜生产关键技术

芽苗菜是近几年来在我国南北各地迅速发展起来的一类新兴优质的保健型蔬菜,品质柔嫩,风味独特,具有丰富的营养价值。其生长所需养分主要依靠种子或根、茎等器官所累积的养分,生长期短,一般不追肥,不用药,很少感染病虫害,芽苗清洁,无污染,易栽培,发展前景可观。现将豌豆苗、萝卜苗、荞麦苗、种芽香椿等几种常见芽苗菜的生产关键技术简介如下:

1. 生产场地的选择 冬季、早春及晚秋可利用现代化双屋面温室、单屋面加温温室、高效节能日光温室、塑料拱棚(大棚)等保护设施进行生产。若要四季栽培,则可选用轻工业用厂房或闲置房舍进行半封闭式、工业集约化生产。要求选用的场地对室内温度、光照度、空气相对湿度等具有一定的调控能力,同时室内应配备自来水等水源装置以及简易喷淋或微喷装置。

2. 生产设施(备)的准备 芽苗菜生产多采用栽培架多层立体摆放栽培模式,以提高空间利用率和便于生产管理。栽培架一般用角钢或方木材料制成,架高160~210 cm,架长150 cm,架宽60 cm,每架4~5层,每层放置6个苗盘。栽培容器一般多选用轻质的蔬菜塑料育苗盘,苗盘长、宽、高为60 cm×25 cm×5 cm。栽培基质宜选用清洁、无毒、质轻、吸水持水能力强、使用后其残留物容易处理的纸张、白棉布和珍珠岩或细沙等。浸种及苗盘洗刷容器应依据不同生产规模，分别采用盆、缸、桶、浴缸和砖砌水泥池等，但不要使用铁质或其他金属器皿。

3. 种芽菜生产关键技术

（1）**品种与种子的选择** 用于芽苗菜生产的种子一般要求纯度、净度好，种粒饱满，发芽率高（不低于95%），芽苗生长速度快，粗壮、抗烂、抗病，产量高，纤维形成慢，品质柔嫩。如豌豆苗可选择青豌豆、麻豌豆，种芽香椿可选择武陵山红香椿，荞麦苗可选择山西荞麦或日本荞麦品种等。

（2）**种子的精选与浸种** 播种前对种子进行精选，除去虫蛀、破损、畸形、腐霉及瘪粒等不合格种子。先用清水将种子淘洗2~3遍，然后用洁净清水在常温下进行浸种。浸种时间：豌豆24 h，萝卜6~8 h，荞麦24~36 h，香椿24 h，空心菜36 h，浸种期间换清水一次。结束浸种时再淘洗种子2~3遍，捞出种子沥水待播。

（3）**播种** 播种前先将塑料苗盘清洗消毒（石灰水或漂白粉），再用清水冲净。然后在盘底铺一层基质纸张，豌豆、萝卜和荞麦等种子即可播种。香椿播种方法略有不同，首先播种前种子须提前进行常规催芽，催芽温度在20~22 ℃，催芽时间为4~5 天，等到60%的种子露芽时再播种。此外，须在铺好的纸张上再铺一层1.5 cm厚的珍珠岩，珍珠岩须提前加水、搅拌后挤去多余水分。通常都采用撒播，每盘播种量：豌豆500 g，萝卜75 g，荞麦150 g，空心菜200 g，香椿75 g，上述全为干籽质量。播种时要求撒种均匀，以利于出苗整齐。

（4）**叠盘催芽** 播种完毕后，将苗盘叠摞在一起，放在平整的地面上，进行叠盘催芽。注意高度不超过100 cm，每摞之间隔开2~3 cm的空间以加强通气，并在摞盘上盖上湿麻袋片保湿；或者每6个苗盘为一摞，其上下各覆垫一个"保湿盘"（苗盘内铺1~2层已湿透的基质纸，不播种），置于栽培架上。每天喷水一次，倒盘一次。温度保持在20~25 ℃，3天左右（香椿4~5 天）即可"出盘"。"出盘"后将苗盘散放到栽培架上。

（5）**出盘后的管理** 芽苗菜对光照条件的要求远不如一般蔬菜严格，但在生长期间也要避免光照过弱或过强，以免引起幼苗倒伏或产品纤维提前形成。因此，采用温室、日光温室和塑料大棚为生产场地的，在夏秋季节栽培时必须用遮阳网进行遮阴。芽苗菜对温度条件的要求各有不同,但一般可调控在18~25℃的通用温度范围内,并且经常通风以保持室内空气清新。每天还应进行3~4次的喷淋与喷雾,以满足芽苗菜对水分的要求。

(6) 采收 正常栽培环境从播种至采收,豌豆苗约9天,萝卜苗5~7天,荞麦苗9~10天,香椿苗从浸种至采收约18天。为保证产品品质,必须及时采收,并尽量缩短和简化产品运输、流通时间与环节。也可采用整盘活体销售技术,既延长了产品货架期,又保证了食用时产品的鲜活。

十五、胡萝卜高效栽培技术

胡萝卜又称红萝卜、黄萝卜、丁香萝卜及药性萝卜等。胡萝卜食用的是肉质根,适宜于沙壤土栽培。胡萝卜为喜凉蔬菜,肉质根膨大期的适温为白天15~23℃,夜温13~15℃,最适于秋季栽培;由于胡萝卜是绿体春化型,春季栽培也不易抽薹,抗高温能力和抗寒性较强,近年来春夏季栽培面积也迅速扩大。

1. 品种选择 选择肉质根为圆柱形、三红率高的品种,对春夏栽培的品种还要特别注意选择抗抽薹能力强,耐低温和高温能力强,生长期较短的品种。

2. 选地和整地施肥 选地和整地对胡萝卜的产量和质量影响较大。宜选择沙壤土,土壤质地疏松、肥沃、土层深厚的地块,深翻并施腐熟农家肥。同时,要增施过磷酸钙225~300 kg/hm^2,硫酸钾75~150 kg/hm^2,于耕翻整地时掺到农家肥中施入,整地要细致。

3. 播种 华北地区秋季栽培多在7月份播种,11月上中旬收获;春夏播种常在土壤化冻(结合拱棚覆盖栽培)到3月中旬播种,6月份收获。播种前,要搓去种子上的刺毛,以便于均匀播种,并能使种子与土壤密切结合,充分吸收水分,以利于发芽。秋播正值雨季,以高垄条播为好。垄距50 cm,垄上条播2行,沟深2.5 cm左右,用种量15~19.5 kg/hm^2。播后覆土不宜过厚,要进行镇压,以利于幼苗出土。播后要保持土壤湿润,做到三水齐苗,并及时清除杂草,以免出现草荒。

胡萝卜播种后用40%地乐胺乳油3 kg/hm^2,或50%扑草净可湿性粉剂1.5~1.875 kg/hm^2,或50%利谷隆可湿性粉剂1.5~2.25 kg/hm^2,或33%除草通乳油2.25~3 kg/hm^{2}等除草剂,兑水750~850 L,均匀喷布于畦面,除草效果良好。

4. 田间管理 早间苗,稀留苗,是胡萝卜高产的关键。间苗过迟,留苗过密,造成叶柄伸长,叶片细小;下层叶片易衰亡枯落,致使肉质根不能长大。因此,齐苗后要及时间苗。在幼苗长出1～2片叶时,进行第一次间苗;长出3～4片叶时,进行第二次间苗;长出5～6片叶时,进行第三次间苗(定苗)。苗距为10～15 cm。间苗时,要结合进行中耕除草。中耕要浅,以免伤根。间苗时,应拔掉劣苗、叶片及叶柄密生粗硬茸毛的苗、叶片数过多的苗和叶片过厚而短的苗。这些苗多形成歧根,或出现根芯粗、肉质根小等不正常现象。

发芽期要浇3次水,经常保持土壤湿润,使土壤湿度保持在65%～80%。胡萝卜肉质根长到手指粗时,是肉质根生长最快的时期,应及时浇水,使土壤经常保持湿润。如果水分供应不足,土壤干旱,就容易引起肉质根木质部的木栓化,使侧根增多。如果浇水过多,则会引起肉质根开裂,降低产品质量。

胡萝卜追肥应施用硫酸铵等速效肥料,在全生长期可分3次追肥。在肉质根迅速膨大期进行第一次追肥,半个月后进行第二次追肥,再过半个月后进行第三次追肥,每次每公顷施硫酸铵150～225 kg。

5. 收获 收获过晚,则胡萝卜肉质根容易硬化,或在田间遭受冻害而不耐贮藏。华北地区秋栽一般在10月下旬到11月上旬收获,春夏栽培一般在6月收获。准备贮藏的秋胡萝卜,可在11月上旬收获。

十六、小白菜夏季安全生产关键技术

小白菜又称不结球白菜、普通白菜、青菜、油菜等,小白菜是喜凉蔬菜,生长适温为15～20 ℃,最适于秋冬季栽培,25 ℃以上的高温易引起小白菜植株生长衰弱,易感病毒病,同时,高温引起土温上升,根系呼吸增强,吸收力减弱,造成植株生长缓慢甚至死苗。暴雨易损伤叶片和根,造成土壤板结、根系窒息,如雨后烈日,蒸腾量大,植株生理失调,顷刻死苗。所以,在高温多雨的夏季栽培小白菜易发生病虫为害或雨涝死苗等现象,栽培成本高、难度大。

1. 品种选择 应选择生长迅速、耐高温及暴雨(耐湿)、抗病虫害的品种。代表品种有杭州火白菜、上海火白菜、广州马耳白菜、南京矮杂1号及华王等。

2. 整地施肥 选择地势较高、能排能灌的地块。播种前5~7天每公顷撒施农家肥60 000~75 000 kg作基肥。做高畦,畦宽1.4~1.5 m,畦面宽110~120 cm,沟宽25~30 cm,沟深10~12 cm,有利于排水防涝。

3. 播种 可从5月上旬至8月上旬持续播种,每隔5~7天一批,分期分批播种,以错开上市期,做菜秧栽培的用种量为15.0~22.5 kg/hm^2,播后应及时用稻草或遮阳网等覆盖遮阴。

4. 苗期管理 勤浇、轻浇小水以降低土壤温度,防止幼苗萎蔫和吊干死,减轻病毒病发生。出苗前每天早晚浇一次水,保持地表不干,以防炕芽死苗。齐苗后每天浇1~2次水,当植株覆满畦面时,视天气情况隔1~2天浇一次液态氮肥。浇水最好在清晨和傍晚进行,高温时浇水,容易遭热气蒸烫伤幼苗。小白菜不抗涝,雨后要及时排水,防止积水。

5. 遮阳、防虫、防雨措施 夏季栽培小白菜如何预防曝晒、暴雨和病虫害的影响是成败的关键。利用遮阳网、防虫网等覆盖可有效地达到防高温、暴雨和防虫的目的。

(1) 遮阳网覆盖栽培 采用黑色遮阳网,遮光率65%~70%,质量为50 g/m^{2}左右,可使用3~5年。缝合时应采用尼龙线,不能用棉线或包装绳。可采用浮面覆盖(主要用于夏秋季直播小白菜,从播种至齐苗覆盖3~5天,再移至另一田块上使用)、大棚覆盖(一般盖在棚顶,四周离地1 m左右,也可在棚内进行平盖;或采用网膜覆盖,即在保留顶膜的大棚上再盖遮阳网)、小棚覆盖(可按需要进行全封闭覆盖或两侧留20 cm左右不覆盖)等方式进行遮阳覆盖栽培。

(2) 防虫网覆盖栽培 采用防虫网覆盖可以有效防虫,对减轻病毒病、缓和暴雨和强光影响也有一定作用。以采用20~30目银灰网覆盖生产效果较好。防虫网必须全期全面覆盖。一般采用大、中棚进行覆盖。覆盖前及早清茬,整地、晒垡、打药,减少土壤中残留的病、虫源;防虫网覆盖应比播种提早1周进行,棚四周深挖排水沟,注意防涝降渍,搞好整个田间的排水工作。

6. 虫害防治 主要害虫有菜螟、菜青虫、蚜虫、斜纹夜蛾等,采用防虫网栽培可有效地防治虫害,并减轻病毒病发生。生产过程中发现虫后应及时采用生物农药等进行防治。

7. 收获 小白菜从4~5片真叶起即可收获上市,夏季一般以收获菜秧(南方称鸡毛菜)或原地菜为主。收获一般在上午进行,收获时去除根和老叶,按一定大小捆好后即可上市。

第四节 经济作物生产管理基本知识与新技术

一、棉花地膜覆盖高产栽培技术

在棉花栽培中,地膜覆盖技术应用越来越多,棉花地膜覆盖具有保墒、提墒,稳定土壤水分;改善土壤理化性质及养分状况;促进棉花生育过程,提高霜前皮棉的产量,改善产量结构等优点。棉花地膜覆盖栽培,一般比露地直播棉增产 25%～40%,每千克地膜可增产 3～5 kg 皮棉,在水肥条件好的高产棉田增产幅度和经济效益更大。地膜覆盖棉花的突出特点是早发稳长,主茎生长发育快,叶片分化快,前期叶面积大,果枝出生早,因此现蕾早,开花早,成铃早,吐絮早,霜前花率高。棉花地膜覆盖栽培技术应用广泛,已成为一种高产稳产的技术措施。在应用过程中,要根据地膜覆盖棉花的特点采取相应的栽培措施,才能发挥地膜覆盖的增产潜力。

地膜覆盖栽培关键技术:

1. 增施底肥 地膜覆盖棉花生长发育快,结铃多,产量高,需肥量大。所以必须增施底肥。底肥要以有机肥为主。同时,覆盖后在苗期和蕾期不便追肥,所以在底肥中应施用相当于苗期、蕾期追肥的数量。根据经验,每 667 m² 产皮棉 125 kg 以上棉田,施有机肥 5 000 kg、饼肥 50 kg、碳铵 20～30 kg、过磷酸钙 50 kg 左右。

2. 播前浇水 覆盖棉田,争取全苗的关键是土壤墒情。春季浇水造墒有两种方法,一是先浇水,后整地起垄;二是先整地起垄,后浇水,这种方法有利于保墒。要求覆盖棉田 0～20 cm 土层含水量达到田间最大持水量的 70%～75%,这样的湿度有利于全苗早发。

3. 整地、起垄、盖膜 覆盖棉田,整地要细,起垄要直,垄面细碎无坷垃,才能保证盖膜质量,防止大风吹膜。一般起垄规格为垄底宽 100 cm,垄面宽 66 cm,呈龟背形平滑畦面,垄高 10 cm。双行点播。盖膜要求是:先盖膜后播种的,要当天整地,当天盖膜;先播种后盖膜的,要当天播种,当天盖膜。用棉花覆膜播种机可以播种、施肥、覆膜一次完成。

4. 选用优良品种 覆盖栽培应选用长势旺,后期不易早衰,增产潜力大,优质高产的品种。先播后盖有利于机械化播种,便于提高播种速度和质量,但出苗后需及时放苗,否则容易烧苗;先盖后播是普遍采用的方法,只要掌握好播种深度和封严播种孔,容易达到一播全苗。这种方法是待棉花播种时再在膜上按行株距打孔,孔深 3 cm,每孔点 3~4 粒发芽露嘴的种子。播后孔上封成小土堆,以防进风揭膜、跑墒和雨拍。

5. 加强田间管理 及时放苗。先播后盖的棉花,应在棉苗子叶展开由黄变绿后,及时放苗。若放苗过早,则因膜内外温差大,放出的黄瓣苗易死亡;若放苗过晚,则地膜易压弯棉苗,高温时还会烧苗。适时间苗和定苗。早定苗,地温高,墒情好,生长快,有利于壮苗早发。花铃期肥要早施、重施,一般初花期要轻施,结铃盛期要重施。追肥要开沟埋施,同时浇水。精细整枝。地膜棉伏前桃遇高温高湿易烂桃,有效花铃期长,下部果枝要适当少留果节,可多留 3~4 个果枝,以充分利用时间和空间,争取多结铃。地膜覆盖膜下温度高,湿度大,适宜病菌繁殖,苗病比较重,要注意防治。

二、麦套夏花生高产简化栽培技术

花生是重要的经济作物之一,春季单一种植花生,虽然产量较高,但是复种指数和经济效益总体低。而采用麦套方式种植夏花生,不仅可以解决粮油作物争地的矛盾,而且还可以改善作物的光热条件,促进作物生长发育,变原来一年一熟为一年二熟,提高了复种指数和经济效益,实现粮油高产、高效、增收。经济效益较单一种植花生亩增收 400~600 元。

主要栽培技术要点包括:

1. 改良种植模式 秋播小麦采用大小行播种样式,大行 26 cm,小行 13 cm,翌年 5 月中旬在大行麦垄内套种一行花生。改变小麦等行距播种,行行套种花生的习惯,扩大花生行距,以缩小花生穴距来提高密度,不仅有利于田间管理操作,还有利于改善花生田间通风透光条件,有利于花生单产的提高。改良后的花生行距为 40 cm,穴距为 17~20 cm,密度为 8 333~10 000 穴/666.7 m^2,每穴 2 株。

2. 采用花生套种耧播种 由于麦田套种夏花生适播期短,给大面积套种带来一定困难,通过推广应用"花生套种耧"播种,深浅一致,穴距可调,每穴 2 粒,两人操作,每天可播 1 300 m^2 以上,可大大节省劳动力的投入。

3. 播前晒种,进行种子处理 在选好优良花生品种后,在播种前 1

个月至半个月晒种 2~3 天,然后剥壳,利于防止花生病虫害,提高发芽率。播种前,用花生专用种衣剂按 1∶40 拌种包衣,这不仅有利于花生增产,同时大大减轻了田间病虫害的发生。

4. 合理施肥 花生根系具有根瘤,能固定空气中的氮为本身生长发育提供部分氮素养分,所以花生施肥应以磷钾肥为主。花生施肥一般是磷肥、钾肥、微肥一次施入麦田。一般麦套花生每亩可增施磷肥 30~50 kg,钾肥 10~15 kg,硫酸铁、硫酸锌等微肥 1.5~2 kg,麦收后初花期追施少量尿素 5~10 kg 即可。如果前茬麦田肥力较低,应在收麦后用独脚耧追施高含量花生专用肥或磷酸二铵 15~20 kg,追肥时墒情要好。

5. 浅播种、浇蒙头水 为防止花生因浇底墒或造墒水延误播种时间,造成出苗不齐,播种深时子叶不出土,子叶茎短,第一对分枝在土皮以下,采取浅播种、浇蒙头水的措施保证发芽出苗,一播全苗。干播、浅播浇蒙头水,出苗整齐一致,子叶出土快,子叶节高,有利于第一对侧枝花芽分化。

三、油菜平衡施肥技术

油菜是需肥较多的作物,对氮、磷、钾等营养元素需要量较大。在一般生产水平下,相同产量的产品,油菜对氮、磷、钾养分的需要量分别是水稻、小麦和大豆的 2.3 倍、2~5 倍、1.65 倍。油菜对氮素吸收有两个高峰期:苗期,薹期。油菜薹期吸钾量约占整个生长期的一半,前期缺钾会导致死苗和严重减产,所以油菜花期以前充足的氮、钾素营养是油菜高产的关键。油菜对磷的需求量是随个体的增长而增加,但不同生育期比较均衡,开花至成熟的需要量占全生育期的一半以上。油菜对磷、硼肥特别敏感。土壤有效磷含量低于 500 mg/kg 时,油菜会出现明显的缺磷症状。在任何生长时期缺磷,都会对油菜产量造成严重影响。油菜对土壤有效硼的需求量比其他作物高 5 倍左右。油菜吸收的氮、磷、钾等主要营养元素,绝大部分可以通过落叶落花、根系残茬、果壳、茎秆、饼粕等还田返还到土壤中,油菜是用地与养地相结合的作物。根据上述特点,油菜施肥技术主要内容包括:

1. 油菜苗床施肥 施足底肥,每亩苗床在播种前施用腐熟的优质有机肥 200~300 kg、尿素 2 kg、过磷酸钙 5 kg、氯化钾 1 kg,将肥料与 10~

15 cm耕层土壤混匀后播种。结合间苗和定苗,追肥1～2次,同时灌水,在移栽前可喷施0.2%硼肥一次。

2. 油菜大田施肥 从油菜移栽到收获,每亩移栽田所需投入不同养分总量分别为:纯氮9～12 kg,P_2O_5 4～6 kg,K_2O 6～10 kg,硼砂0.5～1 kg(基施),硫酸锌(锌肥)2～4 kg。

(1) 基肥 在油菜移栽前1天或半天穴施基肥,施肥深度为10～15 cm。基施氮肥占氮肥总用量的2/3左右,磷肥全部基施,基肥钾占钾肥总用量的2/3左右,硼肥和锌肥全部基施。移栽时注意不能直接将油菜栽在施肥穴上,注意不能让油菜苗根系接触肥料,以免肥料浓度高而发生烧苗、死苗现象。

(2) 追肥 油菜追肥一般可分为两次。第一次追肥在移栽后50天左右进行,即油菜苗进入越冬期前,此次追肥施用剩余氮肥的1/2,追施氮肥种类宜用尿素,另外追施剩余的全部钾肥。施肥方法为结合中耕进行土施,若不进行中耕,可在行间开10 cm深的小沟,将两种肥料混匀后施入,施肥后覆土。第二次追肥在开春后薹期,撒施余下的氮肥,氮肥品种为尿素,由于此时油菜已封行,操作不便,只能表面撒施,注意一定要撒均匀。

四、果树常用树形及特点

果树树体结构复杂,树形多样,但归纳起来,目前世界上采用的果树树形主要有以下几类:

1. 开心形 开心形是目前应用最为广泛的一种树形,其主要特点是没有中心干。在传统栽培情况下,开心形树形主要用在桃、杏等喜光的树种上。但随着生产的发展,特别是消费者对果实品质要求的提高,开心形树形的应用越来越广泛。目前,苹果、柑橘、梨、李、樱桃、板栗和核桃等树种都有采用开心形的。

开心形树形的特点:首先,开心形由于不保留中心干,减少了上部枝条对下部的遮阴,树冠内光照条件得到了很大改善,进而提高了果实品质,特别是果实的着色和可溶性固形物含量有了很大的提高。其次,由于去掉了中心干,只保留主枝,因此树体结构变得更加简单,管理更加方便,从而增加了果农的经济效益,因此,开心形树形目前应用范围越来越广。部分类型如图2-1、图2-2所示。

图 2-1　桃树两主枝开心形

图 2-2　苹果开心形（结果状）（日本盐奇雄之辅摄）

缺点：由于植物都具有顶端优势，当人为地去掉中心干后，往往会迫使果树从保留的主枝背上萌发徒长枝，造成树体结构的混乱，如果处理不好，会影响产量和品质。顶端优势及干性越强的品种，这个问题越明显。因此，开心形树形不适宜用在干性过强的品种上。

开心形又包括许多方式，如：两主枝开心、三主枝开心、多主枝开心、高位开心和低位开心等。

2. 主干形　与开心形相比，主干形的特点是保留明显的中心干，主枝围绕着中心干生长。主干形中也有许多不同的方式，如：自由纺锤形、细长纺锤形、单层主干形及多层主干形等。部分类型如图 2-3、图 2-4 所示。

图 2-3 苹果主干疏散分层形树形

图 2-4 桃树主干形栽培

主干形适合应用于干性较强、顶端优势明显的树种、品种。由于有主干的存在,可以有效地控制主、侧枝的生长,减少徒长枝的发生,因此,在干性较强的树种上采用主干形树形,整形比较容易,成形快。另外,由于主干形留枝量较多,前期产量增加较快。

缺点:由于有中心干的存在,对树冠下部的光照影响较大,特别是大冠稀植栽培条件下,这个问题更加明显。尽管多年来人们为了解决这个问题,采取了很多方法,如加大层间距、减少上部枝条等,但依然会对下部的光照产生影响,从而使下部果实的品质降低。

3. 架式整形 所谓架式整形,就是根据需要人为地搭成一定形状的架,将树体固定在架上。由于果树具有自己生长的习性和特点,在不采用搭架的情况下,很难实现对树形的理想整形。过去由于架材价格相对于产品价格较高,很难在生产上推广。随着工业的发展,架材的相对价格大幅度降低,给架式整形提供了可能。部分类型如图2-5、图2-6所示。

图2-5 苹果V型架栽培

图2-6 柿子篱架栽培(李宝摄)

架式整形具有形状合理、整形规范的特点。另外,由于有支架的支撑,不用过多地考虑树体结构对产量的负载能力。此外,架式整形还可很好地配合机械化生产,根据机械作业的要求,将树体整成相应的形状。

缺点:投入成本高。

五、桃树长枝修剪技术

长枝修剪技术是相对于传统的以短截为主的桃树冬季修剪技术而言。桃树传统的冬季修剪以短截为主,要"枝枝过剪",修剪后所保留的果枝平均长度短,故称为短枝修剪。而长枝修剪是一种基本不进行短截,仅采用疏剪、缩剪长放的冬季修剪技术,由于基本不短截,修剪后所保留的一年生果枝的长度较长,故称为长枝修剪技术。

1. 长枝修剪技术的优点

(1) **缓和树体枝梢的营养生长势,容易维持树体的营养生长和生殖生长的平衡**　尤其是对于生长过旺的果园,特别是幼树,控制树体过旺生长效果更加明显。

(2) **克服了传统修剪技术运用复杂的缺陷,操作简便,容易掌握**　由于长枝修剪主要以甩放、疏剪为主,总体留枝量少,树体结构简单,技术易学,易掌握。

(3) **节省修剪用工**　由于长枝修剪技术简单,生长势缓和,夏季徒长枝和过旺枝少,因此冬季和夏季修剪量少,能大量节省修剪用工。冬季修剪较传统修剪方法节省用工1~3倍,每年减少夏季修剪1~2次,显著节约劳动力。

(4) **改善树冠内光热微气候生态条件,显著提高果实品质**　和传统修剪相比较,树冠内透光量提高2~2.5倍;果实着色提前7~10天,且着色好;果实可溶性固形物增加1%~1.5%;果实外观品质和内在品质得到显著提高,中晚熟品种果实增大10%。

(5) **丰产稳产**　采用长枝修剪后树势缓和,优质果枝率增加,花芽形成质量获得提高,花芽饱满,由于保留了枝条中部高质量花芽,提高了花芽及花对早春晚霜冻害的抵抗能力,树体的丰产和稳产性能好。一年生枝的更新能力强,内膛枝更新复壮能力好,能有效地防止结果枝的外移和树体内膛光秃。

2. 长枝修剪的技术要点

(1) 树形及骨干枝的选留　从理论上说,长枝修剪适合各种树形。目前根据栽植密度,采用较多的为三主枝开心形或两主枝Y字形。

(2) 主枝数量　根据栽植密度和树形,每亩主枝数量控制在80~120个。

(3) 原则上不留侧枝　根据主枝的大小,每个主枝上留6~8个大、中型枝组,枝组应均匀分布在主枝两侧,树势较直立的和树龄较小的树,主要留斜上生或水平的枝组,不留背上和背下枝组;树势已开张的或年龄较大的树,主要留斜上生或直立枝组。同侧大枝组间应相距80 cm以上。

(4) 主枝角度　幼树时主枝角度控制在40°~45°,进入结果期后,由于果实质量的作用,主枝角度加大,控制在50°~60°。

(5) 枝条保留密度　骨干枝上每15~20 cm保留1个长结果枝(大于30 cm),同侧枝条之间的距离一般在30 cm以上。以长果枝结果为主的品种,大于30 cm果枝亩留枝量控制在4 000~5 000个,总枝量在10 000以内;以中短果枝结果的品种,大于30 cm果枝亩枝量控制在2 000个以内,亩总果枝量控制在12 000以内。生长势旺的树修剪要轻,留枝密度可相对大些;而生长势弱的树应相应重剪,留枝量小一些。另外,若树体保留的枝条长度长,则保留枝条总枝量也应少。

(6) 留的1年生枝条的长度　以长果枝结果为主的品种,主要保留30~60 cm长度的结果枝,短于30 cm的中果枝原则上大部分疏除。以中短果枝结果的品种(如八月脆、中华寿桃),主要保留小于30 cm的果枝用于结果和部分大于40 cm的枝条用于更新。过强和过弱的果枝少留或不留,同等长度枝条应尽量留尖削度小的。可适当保留一些健壮的短果枝和花束状果枝。

(7) 结果枝组的更新　长枝修剪中果枝的更新方式有两种:第一种方式是利用头一年通过甩放后在一年生枝基部发出的生长势中庸的背上枝进行更新。修剪时采用回缩的方法,将已结果的母枝回缩至基部的健壮枝处更新。如果母枝基部没有理想的更新枝,也可在母枝中部选择合适的新枝进行更新。第二种方式是利用骨干枝上发出的新枝更新。由于采用长枝修剪时树体留枝量少,骨干枝上萌发新枝的能力增强,会发出较多的新枝。如果在骨干枝上着生结果枝组的附近已抽生出更新枝的话,则对该结果枝组进行全部更新,使用骨干枝上的更新枝代替已有的结果枝组。

六、苹果开心形树形整形方法

苹果开心形树形是日本果农在苹果生产中创造的一种丰产、高品质的苹果树形。开心形是由原来的大冠稀植栽培条件下的疏散分层形演变出的。最初日本乔化苹果栽培也是沿用了疏散分层形的树形。随着果树生产的发展,特别是市场对果实品质要求的日益提高,果农认识到,在原有的树形条件下,要生产出高质量的果实是很困难的。要想获得优质的果实,必须在原有的基础上,进一步改善树冠的光照条件。为此,日本果农在实践中逐步摸索着将苹果树中心干逐年去掉。经过长期的改进,最终形成了目前日本乔化苹果栽培的主要树形——开心形。

开心形树形适合大冠稀植栽培的苹果园。在日本,一般的密度为在0.1公顷面积内种植10株(即每亩13株左右)。其树体结构为:

(1) 主枝个数 2～3个,株行距较小或生长势较弱的品种,一般配置2个主枝,株行距大或生长势强的品种配置3个主枝较好。

(2) 主枝着生位置 在有2个主枝的情况下,下面的主枝距地面1.5～1.8 m,上面的主枝1.8～2.1 m。3个主枝的情况下,最基部的主枝距地面0.9～1.2 m,中间的主枝距地面1.5～1.8 m,最上面的主枝为2.1～2.4 m。

(3) 主枝着生角度 从0.9 m左右发出的主枝其仰角为30°～40°,1.5 m左右的为20°～30°,2.1 m左右的为10°～20°。枝条直立的品种仰角要小一些,开张的品种仰角要大一些。

(4) 每个主枝一般配备两个亚主枝 亚主枝的长度一般为1～2 m,亚主枝与主枝的夹角为40°～50°,亚主枝之间要有一定的角度,不要在同一个水平面上,在亚主枝上着生大的侧组。侧枝由生长良好的新梢形成。在大侧枝的主轴上不再着生大的分枝,侧枝在亚主枝上呈间隔分布。在侧枝上分布着结果枝组,结果枝组在侧枝上呈三角形分布,即由基部向梢部的枝组由大变小。

开心形树形结构的最大的特征,是在近主干的部位不配置侧枝,侧枝配置的部位至少要距离主干1.5 m以上。这种配置由于加大了侧枝距主干的距离,对缓和侧枝的生长势有利,防止了主枝背上枝的旺长。由于去掉了主干,使树冠的光照条件得到了改善。

开心形树形的缺点主要有:① 树冠成形慢:一般在正常情况下,要20年左右才能完成树形;② 为大冠稀植树形,早期单位面积产量低,因此,在幼树成形前应先进行计划密植;③ 开心形对修剪技术要求较高;因为苹果是干性较强的树种,当没有中心干时主枝上部易发生徒长枝,如处理不当,会影响树形的结构。

七、果树环剥技术

环剥又称环状剥皮,是目前果树生产中常用的技术措施之一,对促进果树成花、提高坐果率、抑制旺长都具有良好的作用。所谓环剥就是在特定的时期,将果树主干或主枝、侧枝等骨干枝基部的韧皮部剥掉一圈或一部分。环剥发挥作用的原理是由于韧皮部被剥掉一圈,暂时切断了光合产物从地上部通过主干或主枝向根系输送的通道,从而使其在树冠内积累,在短时间内有机养分含量大量增加,使花芽分化率或坐果率提高。

环剥是一项要求很高的栽培技术措施,如果采用不当,轻者会造成树体衰弱,重则造成全株死亡。因此,在生产上采用环剥措施时应注意以下几点:

1. 环剥的时期 环剥时期根据要达到的目的不同而不同。要促进花芽分化,就要在果树开始生理分化时进行;如果要提高坐果率,应该在花期或生理落果发生前进行。但无论是哪种环剥,都要在树体的形成层活动期进行,否则会发生愈合困难。

2. 环剥深度及宽度 环剥后愈合的好坏,与环剥深度和宽度有密切关系。一般要求环剥深度为:切断韧皮部但不能伤及木质部为宜。环剥的宽度以剥口处枝干直径的1/10为宜。剥口太窄会使愈合时间太短,作用效果差;剥口太宽,会造成树体过度衰弱。

3. 树种及品种的选择 不是所有的树种和品种都适宜采用环剥措施,如桃树环剥容易造成流胶加重,苹果中'国光'就很"耐剥",而'元帅'则对环剥敏感。

4. 环剥后的保护 为了使果树能够在环剥后很好愈合,最好在剥后用纸或塑料胶带将环剥口包好,可以保持剥口湿度,促进形成层活动。

5. 环剥前灌水 环剥前如遇干旱,应在环剥前灌水。

八、果实套袋技术

20世纪初,日本为防止桃小食心虫等害虫的危害,在梨及葡萄上进行了套袋尝试。后来该技术逐渐在日本果品生产中成为一项常规技术普遍使用。我国在80年代末至90年代初开始首先应用在苹果上,目前在苹果、梨、葡萄、桃等生产上广泛应用。套袋是提高果品档次的重要栽培措施。

果实套袋后所处的微环境(温度、湿度)相对稳定,延缓了表皮细胞、角质层、胞壁纤维的老化,果皮有较大的韧性,不易破裂,蜡质、角质层分布均匀一致,表皮层细胞排列紧密。套袋抑制了叶绿素的形成,促进了红色品种除袋后果皮花青素的形成,从而极大地促进了果实的着色;同时套袋较利于贮藏,果实农药残留量大为降低。

但套袋后果实内在品质有不同程度的下降,例如套袋后果实糖及芳香物质的含量低于不套袋果。完善套袋技术可使此影响降至最低限度。

1. 纸袋选择 纸袋质量直接影响套袋效果及商品果率。优质果袋应不易破碎、不易变形,有一定的透隙度和透光光谱范围,且有防病虫、日烧、腊害和降温和降湿等效果。同一树种,不同品种对纸袋的要求也不一样,如苹果品种中较难着色的富士系品种、元帅、北斗等,宜采用优质双层袋,其外袋的外表灰色、防水,内表黑色,其内袋为蜡质半透明红色;较易着色的乔纳金、津轻、嘎拉、千秋和新红星等,可采用外表灰色、防水,内表黑色的单层袋,也可用深褐色全木浆防水单层袋。此外,地势和气候条件不同,选袋也有所不同。在海拔高、昼夜温差大的地区,较难着色的品种也易着色,可用上述单层袋;海拔低、高温多雨的地区,易着色的品种也难着色,选用通气较好的上述双层袋;高温少雨地区,则不宜用涂蜡袋等。

2. 套袋时间 套袋时间越早,套袋果外观品质越好,其相应内在品质下降越大;套袋过早(生理落果前),会出现袋内落果,增加生产成本。同一树种,不同品种成熟期不同,其套袋时间有所不同。如苹果,以除锈为目的的'金冠'品种,套袋应在花后10~15天内完成。除易生锈品种外,早熟与中熟品种宜落花后30天、晚熟品种宜落花后40天左右套袋。套袋前应严格进行疏果。选果型狭长、完好的幼果套袋。为防止烂果和康氏粉蚧等为害,应在套袋前1~2天喷布一次杀虫杀菌剂,杀虫剂可选用三氟氯氰菊酯或氯氰菊酯或溴氰菊酯等,杀菌剂可选用甲基托布津等。

3. 除袋时间 除袋时间应根据品种成熟期和气候条件确定。较易着色的早熟和中熟红色品种,如早捷、藤牧一号和新乔纳金、新红星等,在海洋性气候、内陆果区,宜在采前15~20天完成除袋;在冷凉或昼夜温差较大的果区,可在采前10~15天完成除袋。较难着色的晚熟品种,如富士系品种等,在海洋性气候或内陆果区,宜在采前35天完成除袋;在冷凉地区或昼夜温差较大的地区,可在采前25~30天完成除袋。

4. 除袋及除袋后辅助措施　除袋后,果实受光突然增强,为防止和减少果实发生日灼,应掌握正确的除袋方法,双层袋应分两次进行,先摘除外层袋,间隔3~5个晴天后再除内层袋。单层袋应先打开袋底放风,或先将纸袋撕成纵条,经3~5个晴天后再完全摘除。除内层袋或完全除单层袋时,宜在一天的中午前后先除树冠东、北两侧和内膛的袋,15:00时后再除树冠西、南两侧的袋。这样果实的日灼果较少,着色也好。

完全除袋后,宜采取摘叶、转果、树冠下铺银色反光膜等辅助增色措施,以增加苹果鲜红或浓红的全红果率。

九、果树疏花疏果技术

疏花疏果是人为地去掉过多的花或果实,使树体保持合理的负载量,防止出现大小年的过程。通过合理疏花疏果,调整树体负载量,缓和果实和树体营养竞争的矛盾,使果实发育与花芽分化之间处于平衡,达到丰产稳产的目的。疏花疏果还可以保证树体生长健壮,减少病害的发生。疏花疏果是优质果品生产的重要一环。

1. 疏花疏果的时期　疏花疏果时期越早越好,疏除越早,节约贮藏养分越多,对树体及果实生长越有利。常言道"疏果不如疏花,疏花不如疏芽",就是这个道理。但在实际生产上,如盲目地过早进行,往往会出现最终坐果不足,影响产量。生产上疏花疏果的时期常结合冬剪疏花芽开始,春季进行花前复剪,疏花、疏果,直到六月落果后结束。

花量大的年份宜早进行,可分几次进行疏花疏果,切忌一次到位。例如苹果在大年时,可结合冬季修剪及花前复剪,疏除一部分花芽。开花前(最好在花序伸出但花朵未分离时)疏除一部分花序。坐果后再疏除过多的幼果。最终达到合适的留果量。

自然坐果率高的树种、品种早进行,坐果率低的晚进行。自然坐果率低的树种、品种,一般只疏果,不疏花。如:苹果中的'红星'自然坐果率低,应在6月落果后再定果。桃中的'八月脆'在北京地区一般7月后定果。

当花期遇雨、大风、低温时,常大大降低果树的坐果率。特别是未进行人工授粉的果园。因此,应晚进行疏果。一般不进行疏花。

2. 确立留果量的原则 一般疏花疏果的原则是"看树定产,按枝定量",做到合理负载。"看树、看枝、看花量",合理确定疏花疏果的程度。看树定产就是根据树势、树龄、品种特性及当年的花果量,确定单株适宜负载量,做到区别对待,合理负载。按枝定量就是根据枝的生长情况、着生部位和方向,枝组大小,副梢发生的强弱等来确定留果量。一般经验是弱树、弱枝少留果,强树、强枝多留果;短枝多留,中长枝少留;树冠中下部多留,上部、外围枝少留;当年果台副梢生长势强的多留,弱的少留或不留。

疏花疏果还可以根据品种坐果特性来进行。如苹果留中心花,梨留边花。自然落果严重的品种(如红玉、津轻等)可在自然落果后开始疏果。

3. 人工疏除方法 首先疏除病虫果、畸形果。在许多果树上,要疏除纵径短的果,保留纵径长的果,如:苹果、梨、桃等。因为,纵径长的幼果细胞数较多,有形成大果的基础。此外,在保证合理负载量的前提下,壮枝多留,弱枝少留。临时枝多留,永久枝少留。

人工疏果的方法有:

(1) 按距离留果 即根据果型的大小,按一定的距离均匀留果。如苹果一般果与果间的距离为 20~25 cm,即果农所说的:"果见果,二十个。"果型较小的可适当缩小距离。

(2) 根据果台副梢留果 仁果类的果树,其果台副梢的长短反映了树势或着果枝的强弱。果台副梢长的多留,短的少留,无果台副梢的不留果。如苹果要求留果台副梢大于 10 cm 的果。

(3) 根据着生部位留果 冠中下部多留,枝头少留。多留结果后易下垂的果,因为下垂果果型好,特别是苹果,如富士。

4. 化学疏花疏果

(1) 化学疏花疏果的优缺点 化学疏花疏果的优点:省时省工,成本低,疏除及时。化学疏花疏果的缺点:疏除效果不稳定,药效受多种因素影响。有时完全相同的方法在相同的树上连续应用几年会得到很不相同的结果。

(2) 药剂的使用方法 据报道,800~2 000 μg/L 的西维因,盛花后 10~15 天喷施,可以达到疏果的目的。100~300 mg/L 乙烯利对苹果、梨、桃都有较好的疏除效果,有效时期很长,既可疏花,也可疏果。药剂疏花疏果时应注意不同树种、品种对其的敏感度不同,应慎重对待。

十、提高杏树坐果率技术

杏原产于我国,栽培历史悠久,栽培范围广,适应性强,抗旱,抗寒,并以成熟早,营养丰富,品质优良而深受广大消费者喜爱。但在生产栽培中杏树坐果率低是制约丰产优质的突出问题,造成杏树坐果率低的主要原因是:杏树易成花,花量大,但大部分花为不完全花或花器发育不正常,导致不能正常授粉受精;杏树开花早,花器官容易遭受冻害;未配置授粉树,或授粉树配置比例不足;杏园管理粗放,管理技术不到位,不修剪,大枝过多,通风透光条件差;杏树营养不良,土肥水管理跟不上;果园病虫害严重,造成落花落果。

提高杏树坐果率技术措施:

1. 选择优良品种 建园选择品种时,在注意选择具备适应性强,产量高,品质优良等优良性状品种的同时,注意选择完全花比例高的品种,提高坐果率,选择开花比较晚的优良品种,避开霜冻的为害,发挥品种本身的优良特性。

2. 合理配置授粉树 杏树自花授粉结实率的高低,在品种间存在明显差异。除了欧洲品种群以外,大多数品种自花结实率很低,需要配置授粉树。一般情况下,主栽品种和授粉品种的配置比例以 5∶1 为宜,生产上也可以采用几个主栽品种相间栽植,互相授粉。

3. 人工辅助授粉 杏开花早,往往容易遭受大风和扬尘为害,影响坐果。提倡花期采集其他品种花朵,制成混合花粉进行人工辅助授粉。条件具备的果园也可以引进蜂群进行授粉。

4. 加强土肥水管理 加强果园的土肥水管理,目的是培养健壮树体,提高花芽质量。山地、滩地果园注意土壤改良,增施有机肥,培肥地力。根据果园的实际情况和树势合理施肥,注意氮、磷、钾的合理配比和施用。干旱时注意灌水。

5. 花期喷硼 在杏树的盛花期喷 0.2% 的硼砂溶液,可以促进杏树坐果,提高杏树坐果率。

6. 延迟开花,预防晚霜 杏开花早,容易遭受晚霜为害。除注意园址选择,加强树体管理,提高抗霜能力外,生产上通常采用延迟开花措施,包括:合理修剪,根据副梢花芽分化晚,花期延迟的特点,冬季适当重剪和夏季摘心,培养大量副梢果枝,使花期延迟,避免晚霜为害;花前喷施 10

倍的石灰乳,可推迟开花;早春灌水降低地温,可延迟开花。

7. 果园熏蒸 花期注意天气变化,根据天气预报,寒流来临前一天在杏园利用秸秆进行熏蒸。

十一、观赏型芭蕾苹果新品种及栽培技术

城市园林绿化树种正在朝着多元化方向发展,其中观花、观叶、观果树种是今后发展的主要趋势之一。中国农业大学经过10多年的工作,选育出观赏型芭蕾苹果新品种农大1号(极矮化柱型)、农大2号(矮化疏散型)、农大3号(矮化疏散型),2006年通过北京市林木品种审定委员会审定。观赏型芭蕾苹果新品种具有独特的性状。表现为特殊的树形:极矮化柱型紧凑美观,亭亭玉立,矮化疏散型分枝均匀,树冠矮小疏散;鲜红艳丽的花朵:开花早,花蕾大,花量多,花鲜红色,花色艳丽美观,花期长;红色小巧的果实:果实数量多,紫红色,从夏季至秋天,观赏期长;油红亮丽的叶片:春秋叶色呈鲜红或绛红色,有光泽。观赏型芭蕾苹果新品种花、果、叶、树形均具有较高的观赏价值,易于栽培管理,适用于公园、景点、路旁和园区景观栽培,或盆栽。

观赏型芭蕾苹果新品种栽培技术要点:

1. 适宜栽培区域 观赏型芭蕾苹果适应性广,在长城以南的苹果栽培区域内均可种植。平地、丘陵、滩地、园区和路旁均适宜生长。

2. 苗木繁育 观赏型芭蕾苹果苗木繁育可选用八楞海棠、MM106作为砧木,嫁接方法可选用芽接和枝接。芽接选用丁字形芽接,枝接选用劈接和腹接。嫁接后及时检查成活、剪砧和抹芽。

3. 栽植时期与方式 栽植时期:春秋季均可栽植,北方苹果产区提倡春季栽植。栽植方式:景点、园区、路旁和公园可呈单行或双行栽植,或与其他观赏树种相间栽植,也可作配植、丛植、群植或绿篱栽植,推荐株距0.8~1 m。

4. 授粉树配置 观赏型芭蕾苹果农大1号、农大2号、农大3号可以相互授粉,也可以配置舞美、舞佳、舞乐、舞姿和海棠等作为授粉树。

5. 加强土肥水管理 注意维持良好的栽植土壤环境,保证树体正常生长。在花前、花后和果实膨大期注意及时追肥,干旱时及时灌水,使树体生长健壮,果实生长发育正常,保持最佳的观赏效果。

6. 树体整形 树体整形和修剪技术简化。修剪时注意保持主干延

长枝的顶端优势,延长枝在枝条中上部饱满芽处短截;疏除一年生的竞争枝与病虫枝,对其他的中长枝进行中、重短截,形成主干上的结果枝组;短枝或短果枝不修剪。夏季修剪去除病虫枝、徒长枝和过密枝,及时抹芽除梢。树体高度保持在2.5 m左右,冠径保持在0.6 m左右。

7. 病虫害防治　注意及时防治白粉病、红蜘蛛、卷叶虫等主要病虫害。

十二、山区枣树栽植技术要点

枣树是我国最古老的果树树种之一,适应性强,分布广,耐干旱,耐寒,耐瘠薄,结果早,易管理,果实营养丰富。山区栽植枣树在产生经济效益的同时,还具有防止水土流失、绿化美化环境、增加林木覆盖率、提供良好蜜源等作用。枣树是适合山区发展的优良经济林树种。由于山区存在立地条件差、土层薄、土壤瘠薄、干旱、风大等问题,影响枣树栽植成活,造成枣树栽植成活率低,果园成形慢。因此,山区发展枣树栽植,首先需要解决的关键问题是保证枣树的栽植成活率。

山区枣树栽植技术要点:

1. 选择优良健壮苗木　① 选用以酸枣为砧木的嫁接苗;② 选用适宜本地区的优良品种,优良品种应具备适应性强、抗旱、抗病、早果、丰产和优质等特点;③ 选用壮苗,苗木要求具备3 mm以上粗根6条以上和大量2 mm以下的细根,苗高1.2 m以上,基径1.5 cm以上,嫁接口愈合良好。

2. 栽植方式与密度　采用长方形栽植方式。推荐株行距为(2～3)m×(4～5)m,山地果园一般为等高线栽植,坡度小于15°可采用倾斜栽植,光线好的坡地,可适当密植。

3. 栽植时期　枣树春秋两季均可栽植。在我国北方,冬季比较严寒,秋季栽植容易受冻抽条,一般在春季土壤解冻后枣树发芽前栽植。

4. 土壤改良与定植穴要求　山地枣园栽植前应进行土地整理,包括水土保持,梯田、撩壕、扶唇垒堰以及土壤改良。山地枣园立地条件差,定植穴可大些,推荐的定植穴直径和深度为80～100 cm。提倡秋季挖定植穴,春季栽植。

5. 苗木处理　定植前将苗木浸泡水中12 h让其充分吸水,并进行根系消毒。定植时需要对苗木进行整理,将苗木的根系进行修剪,特别是对稍粗壮的根系,受伤的根系修剪见新茬,然后进行生根粉处理或根系蘸泥浆定植。

6. 定植 按照每亩施入3 000 kg腐熟有机肥的要求施基肥,表土与有机肥混匀,回填定植穴内呈馒头状,把根系舒展开,左右、前后对齐填土,当土填至2/3时将苗子轻轻提动,使其根系舒展并与土壤贴附,然后填土,边填边踩实,直至与地面平,然后把余下的土在树干周围培土埝,及时浇水,浇水后及时树盘覆膜,提高地温和保持水分。山地风大定植时苗木的嫁接口处朝向西北方向,防止西北风将苗木从嫁接口折断。

7. 定干 定植后要及时对苗木定干,减少枝干蒸发量,有利于苗木成活。一般枣树定干高度在60~80 cm,要求上部20 cm的整形带内芽要饱满,便于生长健壮枝条。定植定干后为减少水分蒸发,将苗木地上部分用塑料袋套住,对山区提高苗木成活率具有显著效果。

8. 定植后管理 萌芽后及时去除干上的塑料袋,及时抹芽,干旱时及时浇水,及时除草松土,加强病虫害防治,注意幼树的冬季防寒。

十三、核桃嫁接苗繁育技术

核桃苗木繁育是建立核桃园的基础,长期以来核桃苗木繁育一直沿用实生繁殖的方法,实生繁殖的苗木性状不稳定,分离广泛,变异大,结果晚,产量低。核桃嫁接繁育苗木由于受伤流、单宁和接穗髓心大等因素影响,嫁接难度大,技术要求高,一度成为限制良种核桃发展的关键环节。随着核桃嫁接技术的不断成熟和完善,核桃的枝接技术得到普及与推广,核桃的芽接技术也有一定的应用。嫁接繁育的苗木与实生繁育的苗木相比,保持了优良品种的性状,整齐一致,早结果3~5年,产量高,品质好。

核桃嫁接苗繁育技术要点:

1. 砧木选择 核桃嫁接繁育苗常用的砧木有核桃、核桃楸、铁核桃和野核桃等,北方通常选用核桃本砧和核桃楸,南方通常选用铁核桃和野核桃。

2. 接穗的采集与贮藏 接穗的采集一般在落叶后的秋冬季(12月以前)进行。选择品种纯正,发育充实,髓心较小,无病虫害,粗度在1.2 cm左右的一年生枝。接穗采集后及时进行贮藏保存,冷库储存核桃接穗的适宜温度要求-3~0 ℃,湿度(以锯末为介质)在60%~65%为宜。低于50%或高于70%将会降低接穗质量和嫁接成活率。嫁接前对接穗进行处理,按照嫁接需要的长度(单芽或双芽)进行剪截,然后进行封蜡处理,防止接穗失水。

3. 嫁接时期与技术 华北地区一般3—5月份是进行核桃枝接的适宜时期。最适温度要求为20～28 ℃,超过32 ℃有抑制愈合作用,但短时高温(如39 ℃)不会对愈合和成活有明显影响。主要技术:① 砧木处理,嫁接前对砧木进行剪砧,剪砧后没有伤流或伤流明显较少时嫁接为宜。如果伤流量依然很大,可适当延长放水时期,待伤流减少时再嫁接。② 枝接根据砧穗情况可选用插皮舌、嵌皮接和舌接方法,单芽枝接应以舌接为宜。③ 采用湿土套袋法(湿土套袋法即采用报纸围绕接口卷成筒状,放入湿土,外面再套上塑料袋保湿的嫁接方法)进行核桃嫁接,嫁接愈合体愈合和成活的最适土壤湿度为13.4%～18.6%,低于7.9%或高于21.5%对愈合和成活有明显抑制作用。一定的湿度环境是促进和提高嫁接成活率的关键因素。如以锯末为包裹介质,应以63.0%的湿度为宜。

4. 嫁接后管理 及时检查袋内土壤湿度,要及时除去砧木萌蘖,20天后芽长至5 cm左右时对土袋扎孔透气,待新梢长至30 cm以上时及时除去土袋,树立支架防止风折;待新梢长至60～80 cm时,接口已愈合,可解除绑缚。核桃枝条髓心大,冬季容易"抽条",可采用埋土防寒、高培土防寒、树干涂白和枝干绑缚等技术措施防寒。

十四、番木瓜育苗技术

番木瓜是热带草本常绿果树,由于其果实营养丰富、结果早、产量高而受到人们的欢迎。近年来随着观光农业的发展,在北方设施条件下栽培番木瓜的越来越多。番木瓜目前大多是通过种子进行实生繁殖,育苗技术的好坏对今后的生长结果非常重要。

番木瓜育苗主要包括以下步骤:

1. 种子处理 在播种前首先要对种子进行消毒,可用1∶1 000的50%多菌灵溶液浸泡20～30 min,捞出后洗净。为了提高发芽率,用0.1%的碳酸氢钠(小苏打)或300 mg/L的GA_3溶液浸种18 h,捞出后洗净。

2. 催芽 将处理后的种子用湿纱布包裹保湿后在33～35 ℃条件下催芽,催芽时注意保湿并经常翻动,当种子露出白点时即可播种。

3. 播种 为了保证移栽时的成活率,最好采用容器播种。容器可采用营养袋或规格较大的穴盘,播种前在容器中填好配置的营养土,用水淋透。每穴播种 1～2 粒,播后用细土覆盖,厚度以刚覆盖种子为宜,注意覆土不可太厚,以免造成出芽困难。播种后将其用塑料薄膜覆盖,使温度达到 30～35 ℃,以利其发芽生长。当幼苗出土后应及时去除薄膜,控制温度在 20～30 ℃,以防止烧苗和幼苗徒长。

4. 幼苗管理 当幼苗长出 2～3 片真叶时应适当减少水分,以防止徒长和病毒感染。当幼苗长出 5 片左右真叶后,可采取薄肥勤施,结合叶面喷肥,促进番木瓜苗生长。幼苗期注意温度不宜太高,适当低温有利于幼苗粗壮,一般温室温度控制在 20～25 ℃。

十五、中药材的规范化种植技术

中药材规范化种植一般是指按《中药材生产质量管理规范》(GAP)要求,基地选点、品种选定、栽培技术、采收与加工等都按规范要求进行的种植。一般是根据选地的中药材地道性理论、栽培管理的生长发育理论、植物生理原理等来进行种植、管理,主要是为了保证中药材的质量。

中药材的规范化种植技术主要包括以下两方面:

1. 种植技术

(1) 选地与整地 各种植物对生态条件的适应性不同,形成了不同的生长习性,要因地制宜,适地种植适宜的植物种类,发挥自然优势,植株才能正常发育、优质高产。在种植药用植物前对土壤进行处理,包括土壤耕作、清理杂草,以改善土壤的养分、水分和通气条件,促进土壤有效成分增加,提高土壤肥力。

(2) 播种育苗 采用具有旺盛生命力的种子,并选择好合适的苗圃,圃地应具备阳光充足、排水良好、通气流畅三项基本条件。苗圃地在播种前必须整地做床,通过整地,消灭圃地杂草和病虫害,加深耕作层。播种后的管理主要包括覆盖遮阴、间苗与定苗、灌溉与排水、中耕除草以及追肥等。

(3) 栽植密度 确定栽植密度要根据药用植物的生物学和生态学特性以及种植地的土壤条件和集约经营程度而定。每一株植物应占土地的营养面积,不能小于它自身的树冠投影。

2. 田间管理

(1) 中耕除草、培土与追肥 中耕是指植物生长过程中对土壤进行耕耘,是疏松土壤的作业;另外,消灭杂草、保持田间清洁是保证药用植物正常生长发育极为重要的管理措施;培土是指将土壤培在植株的根部,常与中耕除草结合进行;在药用植物的不同时期,根据植物需肥情况,要不时追施肥料作为补充。

(2) 灌溉与排水　土壤水分的多少直接影响药用植物的生长发育,特别是花期对水分的要求比较严格,过少则影响授粉受精。土壤水分过多,则引起茎叶徒长,甚至发生病虫害,若形成水涝,则由于氧气不足使根系窒息,造成中毒死亡。花期水分过多可导致落花。

(3) 整形调株　打顶是根据植物生长的相关关系,调节其体内养分的重新分配,促进药用植物生长发育的一项措施;摘蕾多用于根茎类药用植物;整形是在植物生长过程中,根据植物生长习性和生长要求、当地自然条件,对其外形进行修整。

(4) 人工授粉　风媒传粉或昆虫传粉植物,若因气候环境条件等因素不适或传粉昆虫减少等缘故,都可以造成授粉不良而降低结果率。这时进行人工授粉,可提高植物结果率。同时,人工授粉也是植物育种中由所选亲本生产种子的一项技术,但具体技术的运用要依各种授粉特征和花的构造以及授粉时间而定。

第五节　园艺作物设施生产管理基本知识与新技术

一、园艺作物生产中主要设施类型、结构与性能

园艺设施有很多类型,目前应用广泛的有简易地膜覆盖、简易棚、塑料薄膜拱棚和日光温室等。

地膜覆盖具有提高地温,保水保肥,防除杂草,提早作物成熟的性能。主要用于露地果菜类、叶菜类、草莓或果树等的春早熟栽培;也可以用于大棚、温室果菜类蔬菜栽培,提高地温和降低设施内湿度;还可以用于各种园艺作物的播种育苗。

简易棚俗称地龙,它是利用竹竿或树条支成 50~60 cm 宽、30~40 cm 高的拱架,拱架上部覆盖地膜或棚膜制作而成。棚内温度可比露地提高 2~4 ℃。多用于早春果菜和叶菜类蔬菜以及草莓、西瓜等的提早定植,可比露地栽培提早 7~10 天。当作物长大,外界温度升高时,即可撤棚。

塑料薄膜拱棚是指以塑料薄膜作为透明覆盖材料的拱型棚。按照其规格尺寸,又分为塑料薄膜大拱棚、中拱棚和小拱棚。小拱棚的拱高大多在1.0~1.5 m,跨度3 m左右;中拱棚的拱高多在1.8~2.3 m,跨度4.5~6 m;大拱棚的拱高在2.5 m以上,跨度6~12 m。由于塑料薄膜拱棚相对于温室易于建造、投资少、见效快,在我国应用面积很大,可用于蔬菜的春提早(比露地提早20~40天)、秋延迟(比露地延迟20天以上)和耐寒蔬菜越冬栽培;在气候冷凉的地区可以采取春到秋的长季节栽培,但要注意越夏高温季节的管理;在长江以南地区可以通过多层覆盖进行喜温蔬菜的越冬栽培。塑料薄膜拱棚还可进行各种草花、盆花和切花栽培,也可进行草莓、葡萄、樱桃、猕猴桃、柑橘及桃等果树和甜瓜、西瓜等瓜果栽培。

日光温室是指单屋面塑料薄膜温室,为我国北方地区主要设施类型。东西延长,有北墙和东西山墙、后屋面,前屋面(南面)覆盖透明材料,低温季节夜间在前屋面覆盖草苫保温。日光温室可用于园艺作物育苗,各类蔬菜、花卉周年栽培和草莓、葡萄、桃、樱桃等果树早熟栽培。

连栋温室是指多栋温室连接在一起的环境可自动调控并能全天候进行园艺作物生产的连接屋面温室。连栋温室一次性投资大,运行成本高,主要应用在高附加值的园艺作物生产上,如喜温果类蔬菜、切花、盆栽观赏植物、果树的栽培及育苗等。

二、瓜类蔬菜嫁接育苗关键技术

嫁接育苗是设施瓜类蔬菜高产栽培的主要技术措施之一。嫁接目的一是为抗土传病害,特别是提高瓜类蔬菜对枯萎病的抵抗能力,克服因重茬导致的土壤连作障碍;二是提高瓜类蔬菜对逆境的适应性。目前瓜类蔬菜常用嫁接方法有顶芽插接和靠接两种方法。下面以黄瓜为例介绍顶芽插接与靠接的具体做法及嫁接后的管理技术要点。

黄瓜嫁接砧木主要是黑籽南瓜,采用靠接法砧木比接穗迟播3~4天,最适嫁接苗龄是砧木2片子叶展平,真叶黄豆粒大小,接穗黄瓜子叶已经展平,真叶刚刚出现比较合适。嫁接时将黄瓜苗与南瓜苗从苗床中取出,去掉南瓜真叶及生长点,用刀片在子叶下1 cm处,按35°~40°向下斜切一刀,深度为茎粗1/2;然后在黄瓜子叶下1.5~2 cm处向上斜切一刀,角度30°左右,深度为茎粗3/5,把两个切口互相嵌入,用嫁接夹固定。此种方法简单易学,成活率高,是生产上常用的嫁接方法。

顶芽插接法操作简便,成活后不需要再次断根,但嫁接后对温湿度管理要求严格。采用顶芽插接法砧木比接穗早3~5天播种;南瓜嫁接时苗态与靠接法相同,黄瓜子叶展平即可。嫁接方法是先将砧木真叶挖掉,然后用和下胚轴粗细相同的竹签,从一个子叶的主脉向另一侧子叶方向向下斜插0.5 cm左右,竹签尖端不插破砧木下胚轴表皮,放好,取黄瓜苗,在子叶下0.5~0.8 cm处斜切一刀,切面0.3~0.5 cm,拔出竹签,插入接穗。

嫁接后的黄瓜苗应立即移入苗床里或育苗钵中,一般都采取边嫁接、边移栽、边浇水的方法,不论哪种嫁接方法,都要扣小拱棚,保持适宜的温湿度。嫁接苗成活率的高低关键在于温湿度管理和嫁接技术。嫁接技术熟练,切口平整,没有污染,嫁接成活率就高。嫁接后管理重点及指标:

(1) 温度管理 黄瓜苗嫁接后至伤口愈合前,苗床温度管理以保温为主,嫁接伤口愈合后,转入正常温度管理阶段,至定植前5~7天,应适当降低温度进行幼苗锻炼,防止徒长。具体温度管理指标见表2-1。

表2-1 黄瓜苗嫁接后不同时期温度管理指标

嫁接后生长阶段		伤口愈合前	伤口愈合后	定植前5~7天
温度指标/℃	白天	25~35	22~28	20~22
	夜间	18~22	14~18	10~12
管理目标		促进伤口愈合	培养健壮幼苗	提高抗逆性

(2) 光照管理 嫁接初期(嫁接后3~5天内),苗床应密闭遮阴,以减少接穗水分蒸腾,防止萎蔫;嫁接后5~8天,苗床应逐步见光和增加光照,以提高幼苗适应性和增加光合产物。

(3) 保湿 嫁接初期,苗床应浇足底水,注意保湿。同时还应注意空气相对湿度保持在90%以上,必要时可向苗床空间进行喷雾,以防止幼苗萎蔫。

(4) 切断接穗胚根、剔除砧木侧芽 采用靠接法嫁接后8~10天,当幼苗有1~2片真叶长出时,应将接穗胚根及时切断。如果砧木有新的侧芽长出,应及时剔除。当嫁接苗有3~4片新叶,苗高13~14 cm,

苗龄30～40天即可定植。

三、设施黄瓜长季节栽培关键技术

设施黄瓜的长季节栽培是指在9月中下旬进行嫁接育苗,10月下旬—11月上旬定植,元旦前后开始供应市场,6月采收结束,生长季跨越冬春夏,生长期长达9个月以上的栽培茬口,是黄瓜生产效益最高、栽培难度也最大的茬口,主要在保温性能好的节能型日光温室或连栋加温温室内进行。其关键技术是:

1. 选择耐低温弱光、生长势强的抗病品种 长季节栽培黄瓜在生长期内经历较长时间的低温弱光环境,因此,必须选用耐低温、耐弱光、雌花节位低、节成性好、抗病性强、生长势强、品质好和产量高的品种。目前生产上常用的品种有新泰密刺、长春密刺、津优31号、津优32号及中农21号等。

2. 嫁接育苗 嫁接育苗是黄瓜长季节高产栽培的主要技术措施之一。嫁接目的一是为抗土传病害,特别是提高对枯萎病的抵抗能力;二是提高黄瓜根系的耐寒性和抗逆性,克服因重茬导致的土壤连作障碍。具体方法参照瓜类蔬菜嫁接育苗技术。

3. 合理密植 定植密度一般为45 000～52 500株/公顷,太密则影响通风透光。采用宽窄行定植,宽行距80～100 cm,窄行距50～60 cm,株距20～25 cm。均采取地膜覆盖,增温保墒,并降低温室内空气湿度,减轻霜霉、灰霉病的为害。

4. 控制环境 低温季节在温度管理上以保温为主,早晨揭苫时室内温度尽量保持在8～10 ℃。当温度达到35 ℃以上时可短时通风,温度下降到17 ℃时应盖草苫,具体揭盖草苫时间在不同地区、不同季节也不同,应灵活掌握。

越冬长季节栽培黄瓜冬季的弱光照是限制黄瓜产量和品质的一个重要环境因子,应选用长寿无滴、防雾功能膜,并经常清扫表面灰尘;在保证室内温度前提下尽量早揭、晚盖草苫;栽培上采用地膜覆盖和膜下灌水技术,降低温室内湿度;采用宽窄行定植,及时去掉侧枝、病叶和老叶,改善行间和下部通风透光情况。

湿度的控制主要通过放风和浇水方式来实现。冬季揭苫后短时放风排湿,时间一般为10～30 min,浇水后中午要放风排湿。

黄瓜生长盛期增施二氧化碳可增产20%~25%,还可提高黄瓜品质,增强植株的抗病性。通常在定植后30天,开始结果期在日出后30 min至换气前2~3 h内施CO_2气肥,浓度为1 000~1 500 μL/L。

5. 植株调整 当黄瓜植株长到15 cm,四五片真叶时开始插架引蔓或吊蔓。在果实采收期及时摘除老叶,去除侧枝,摘除卷须,适当疏果,以减少养分损失,改善通风透光条件,促进果实发育和植株生长。

6. 病虫害防治 黄瓜设施栽培的主要病害有猝倒病、霜霉病、疫病、细菌性角斑病、白粉病、炭疽病和枯萎病等。以农业综合防治为主,重视增施有机肥,高垄栽培,膜下滴灌,采用嫁接苗等,注意控制温室和大棚的温、湿度;在保温的前提下,注意通风降湿。

四、番茄设施周年栽培关键技术

1. 番茄设施周年栽培茬口类型

(1) **温室冬春茬栽培** 多在8月中下旬播种育苗,9月下旬至10月上旬定植,12月至翌年6月采收,为连栋温室和北方日光温室的主要茬口类型。

(2) **日光温室早春茬** 华北地区一般在11月下旬至12月上中旬育苗,东北地区在1月育苗,苗龄60~70天;定植期华北一般在1月中旬至2月上中旬(东北多在2月),4—7月采收。

(3) **日光温室秋冬茬** 主要供应冬季和春节市场,北方一般在6月下旬至7月播种育苗,8月中下旬到9月上旬定植,10月下旬至翌年1月采收。

(4) **大棚多重覆盖特早熟栽培** 长江流域在10月中下旬育苗,11月下旬定植,仅利用2~3穗果摘心,密植于大棚内,多重覆盖保温,2月下旬至4月采收供应,类似北方日光温室的冬春茬,是一种"矮密早"的促成栽培技术。分布在安徽和县等地。

(5) **大棚春季早熟栽培** 一般在12月育苗,苗龄70天左右;南方的播种期在11月上旬至12月上旬,苗龄90~110天,2—3月定植,4月下旬至6月供应。

(6) **大棚秋延后栽培** 北方常在7月播种育苗,8月定植(高纬度地区宜适当提早),9月下旬开始采收;长江流域一般在6月中下旬至7月中旬左右播种,约8月中旬定植,10—12月上市供应。

2. 塑料大棚和日光温室的春季早熟栽培关键技术

(1) 培育优质壮苗 番茄春季早熟栽培壮苗的标准是：株高 15～25 cm，茎粗 0.5～0.6 cm，子叶完整，具 7～9 片真叶，带大花蕾，叶大而厚，色浓绿，侧根多而白，无病、无损伤。在较适宜环境下，苗龄一般早熟品种 55～65 天，中熟品种 60～70 天，晚熟品种 80 天。

(2) 提高地温，增施有机肥 在定植前应做到早翻耕、早施肥、早扣棚膜提高土壤温度。每公顷施腐熟有机肥 45 000～60 000 kg、三元复合肥 750～900 kg。

(3) 合理密植 种植密度要根据品种特性、整枝方式、肥力基础和施肥数量来决定。一般定植株距 30～40 cm，45 000～75 000 株/公顷。

(4) 定植后管理

1) **温度管理** 定植后 5～7 天幼苗处于缓苗期，此时温度尽量保持在 28～30 ℃，当温度超过 30 ℃时放风。缓苗后，白天温度控制在 25 ℃左右，夜温在 10 ℃以上。当设施内最低气温稳定在 15 ℃以上时，夜间可不关闭通风口。

2) **肥水管理** 在番茄整个生育期内，要求土壤水分供应均衡，特别是进入结果期后，土壤更不能忽干忽湿，最好使土壤含水量维持在 70%～80%。坐果前要控制施肥，在第一花序坐果后，果实似核桃大时开始追肥，一般隔一水浇一次肥，每次每公顷施 225～300 kg 复合肥，或尿素 120 kg 左右加硫酸钾 120 kg。

3) **植株调整** 多采用单干整枝，即每枝只保留主枝，所有侧枝全部去除。无限生长型品种留 5 穗果左右，摘心。在番茄的整个生育期中，尤其在中后期，要注意及时摘除老叶、病叶，以利通风透光。

4) **保花保果** 冬春季常因棚室内气温偏低、光照不足、湿度偏大而发生落花落果现象。除了要加强栽培管理外，适时地应用防落素涂、蘸、喷花。使用时注意在温度低时用高浓度，温度高时用低浓度，并避免溅到生长点或嫩茎叶上产生药害。

5) **及时采收** 早熟栽培的番茄由于温度较低，果实转色较慢，一般在开花后 45～50 天方能采收。

五、西瓜设施栽培关键技术

1. 栽培茬口安排 我国华北地区西瓜设施栽培茬口安排如表 2-2

所示。

表 2-2　华北地区西瓜设施栽培主要茬口

栽培方式		播种期	定植期	采收期
塑料大棚	春提前	2/上中	3/中下	4/下—5/下
日光温室	秋冬茬	8/下—9/上	9/下—10/上	11/下—1/上
	冬春茬	12/中下	1/下—2/上	3/中—4/下

2. 品种选用　用于设施栽培的西瓜要求耐低温、耐弱光、耐高湿性状优良，同时果型小，果实发育速度快，坐果能力强。

3. 播种育苗　根据栽培季节的需要，西瓜育苗通常分冬春季育苗和夏秋季育苗，不同季节育苗其技术要求有所不同。冬春季育苗要求苗龄较大，定植前幼苗应具有 3~4 片展开叶，育苗时间需要 40~45 天。冬春季育苗需要在日光温室或塑料大棚等保护设施内进行。秋冬季育苗对苗龄要求较小，定植前应具有展开叶 1~2 片，育苗时间需要 25 天左右，育苗时需配备防雨、遮阴、通风良好的保护设施。无论冬春季育苗还是夏秋季育苗都要求幼苗节间短，生长健壮，无病虫为害。为提高其抗枯萎病、克服连作障碍的能力，西瓜通常需要采取嫁接育苗。嫁接常用砧木为瓠瓜，嫁接方法可采用靠接法或插接法。

4. 定植前准备

（1）**土壤准备**　西瓜定植前对土壤充分翻耕，保证土壤细碎、透气性好，并施足底肥。底肥每公顷通常需要腐熟农家肥 120 m³ 左右及氮磷钾复合肥 750 kg 左右。将肥料在土壤中充分翻耕后做畦，栽培畦形常为垄畦，畦宽 1.3~1.4 m，双行定植。

（2）**设施准备**　用于西瓜生产的温室或塑料大棚应在定植前至少 2~3 天进行覆盖，以便于充分做好定植前准备工作，并进行室内消毒工作。用于春季生产的温室或塑料大棚，为便于提高室内土壤温度，应至少提前 20 天将设施进行覆盖。

5. 定植　当 10 cm 土层深处土壤温度达 12 ℃、夜间最低气温稳定在 8 ℃以上时，即可定植，定植密度为 30 000~33 000 株/公顷。西瓜根系对土壤温度敏感，冬季及早春定植时，栽苗不宜过深。

6. 田间管理

（1）**水肥管理**　西瓜坐瓜前，田间水肥以控为主，防止植株徒长。坐瓜是加强水肥管理的标志,一般每 7～10 天浇水一次,浇水的原则是保持土壤"见干见湿",田间土壤相对湿度经常控制在 70%～80%。田间浇水务必注意均匀灌溉,否则易于造成裂瓜。

(2) 整枝与吊蔓 西瓜支架栽培必须进行整枝。整枝方式多为双蔓整枝,每株留 2 条茎蔓生长,摘除其余侧枝。西瓜定植后当 4～5 片叶展开后,茎节开始明显变长,需及时用塑料绳等吊蔓。将绳的一端直接绑在植株基部,然后使植株顺绳爬上。

(3) 留瓜与护瓜 选择每条蔓上的第 2～3 个雌花进行结瓜,结果部位应控制在植株上第 12～20 叶节之间。当果实坐住后,选留其中的一个子房较大、瓜柄较长、瓜形较正的花芽继续培养结瓜,而另一个雌花则予以摘除。留瓜部位过低,则易于导致坠秧,生育迟缓;留瓜部位过高,则又易于造成植株徒长,影响早期产量。大果型品种通常每株留瓜一个,小果型品种则可留两个瓜。但留两个瓜时,应选择不同的蔓及不同叶节结瓜。当进入果实膨大中期,为防止果柄坠断,应用尼龙网兜等将瓜兜起。

(4) 摘叶与摘心 生长的中后期应及时摘除植株上的病、老、黄叶。当最后一个果实坐瓜后,在其上面保留 7～8 片叶,即可摘除其生长点。

7. 采收 西瓜果实采收期要求严格,采收过早,则果肉中含糖量低,风味差;采收过晚,则果肉质地松软,果肉开裂等。

六、葡萄日光温室促早栽培关键技术

该技术在定植后 15 个月投产,果实成熟期提早 45 天左右,年产量约 22 500 kg/hm^2。主要适用范围在长城以南,开封、郑州、洛阳以北地区。其关键技术如下:

1. 品种选择 选择早熟、极早熟优良品种和深受市场欢迎的中晚熟品种,如无核早红、粉红亚都蜜、维多利亚、京亚、京秀、京优、无核白鸡心、玫瑰香和红地球等。

2. 苗木定植 一般于春季定植,南北行,单臂篱架,株行距 0.5 m×1.2 m。定植沟宽深 50 cm×50 cm,分层施优质腐熟有机肥 75～150 m^3/hm^2,与沟内土壤混匀、踏实后定植,深度约 15 cm。

3. 土肥水管理 葡萄壮梢花芽分化好,产量高,前期要保证肥水供应,中后期减少水分和氮肥供应,保证秋末结果母枝粗度达到 8～10 mm

并充分成熟;每年9月上旬地面撒施优质腐熟有机肥 85~150 m³/hm²,施后浇一遍透水;地面铺黑色地膜控制杂草。

4. 整形修剪 定植当年每株留1个新梢,副梢留4片叶摘心,冬剪行距留60 cm剪截;第2年开始,每株保持2个结果母枝,每个母枝留2个结果枝,花期欧美杂种在花序以上留4片叶摘心,欧亚种留6片叶摘心;结果枝上的副梢留2片叶摘心;冬季修剪在降霜后进行,一般欧美杂种结果母枝留2~4节短梢修剪,欧亚种留5~6节中梢修剪。

5. 扣棚升温 秋季落叶后上膜盖苫,冬至后开始每天揭放苫,果实采收后收苫撤膜。

6. 催芽 揭苫升温后用20%的石灰氮液涂抹结果母枝上部的2~3芽。

7. 温室环境管理 设施内外温度、湿度、光照、气体条件差异极大,应根据葡萄的物候进程进行温度、湿度管理(表2-3)。揭苫升温后,应采取地膜覆盖等方法尽快提高地温,严格控制白天棚室内温度,防止温度过高。催芽至开花前要求较高的空气湿度,一般应保持在70%~80%,花期至果实采收期应维持在50%~60%。

表2-3 温室葡萄的环境控制指标

物候期	温度/℃		空气相对湿度/%
	昼温	夜温	
休眠后期	10~20	5~10	—
催芽期	25~28	>10	>80
新梢生长期	25~28	12~15	60~70
始花期	25~28	15~20	50~60
盛花期	25~30	15~20	50~60
落花期	25~30	15~20	50~60
果实生长期	28~30	16~20	50~60
果实成熟期	28~30	16~17	50~60

8. 花果管理 坐果率高的品种于开花前进行定穗,反之花后定穗;开花后1周左右对大花穗品种进行整穗,疏去歧肩、穗尖和过密小穗,以使成熟后果穗松紧适度,穗重控制在500 g左右。

9. 病虫害防治 葡萄的主要病虫害是白粉病、灰霉病、霜霉病、绿盲蜡、金龟子、葡萄透翅蛾等。冬剪后要彻底清园,将清出的枝叶集中烧毁;萌芽前喷布3~5度石硫合剂,花后喷25%粉锈宁可湿性粉剂1 500~2 000倍液防治白粉病;花期前后喷施50%速克灵800倍液防治灰霉病;喷1:2:150波尔多液防治霜霉病,或采用25%瑞毒霉500~800倍液或40%乙膦铝200~300倍液防治。其他如炭疽病、黑痘病在新梢展叶3~6片时喷波尔多液或甲基托布津、多菌灵等进行防治。同时注意喷布90%敌百虫或40%氧化乐果等药剂防治害虫。

10. 采收、包装及保鲜 当果粒表现出品种固有大小、色泽和风味时采收。采收时用剪刀将果穗连同穗梗一起剪下,注意轻拿轻放,整穗后包装,以2 kg/盒为宜。短期保鲜可用冷库或窖藏。

七、桃日光温室促早栽培关键技术

该技术在定植后13个月投产,果实成熟期提早50~60天,年产量15 000~22 500 kg/hm^2。主要适用范围在长城以南,开封、郑州、洛阳以北地区。关键技术包括:

1. 品种选择 应选择极早熟品种、早熟品种和品质特别优良的中熟品种,如中油4号、中油5号、早露蟠桃、早黄蟠桃、北农早艳、安农水蜜、白凤和大久保等。

2. 苗木规格预处理 苗木选用一年生嫁接苗,要求品种纯正,苗高1.5 m左右,茎粗1.0~1.5 cm,长度20 cm以上的侧根4条以上。定植前按规格大小将苗木分成2~3级,并进行必要的修整与消毒处理。

3. 苗木定植 南北行,株行距0.8 m×2.0 m。定植沟40 cm×40 cm,每公顷施入优质腐熟农家肥75 m^3,与土壤混匀,用脚踏实后挖坑栽苗。栽植深度以苗木最上层根系以上10 cm处与地面平为适。栽后浇透水、定干,定干高度60 cm。

4. 定植当年的土肥水管理 5月下旬、6月下旬、7月中下旬环状追肥3次,前两次每次每株施尿素50 g,第三次株施磷酸二氢钾50 g加15%多效唑粉剂0.7~1.0 g,环状沟距树干20 cm左右,宽、深各10 cm;9月上旬施优质有机肥75 m^3/hm^2,全园地面撒施,施后翻入土中15~20 cm;苗木定植后10天、30天、施肥后和落叶后各浇透水一次,雨季注意及时排水;杂草管理采用清耕法。

5. 整形修剪 萌芽后将苗干上40 cm以下的萌芽抹掉;6月上中旬

在苗干上部选留两个旺梢不动,作小主枝培养,最好东西向各一个,其余新梢全部留15～20 cm剪截,促发副梢;6月下旬将两个小主枝中下部的副梢一律留15 cm剪截,促发分枝;7月下旬对小主枝进行拉枝,将其伸长方向调成东西向,与垂直方向夹角约50°;秋季落叶后进行冬季修剪,重点疏除长度50 cm以上的壮枝、细弱营养枝和过密枝,每株保留结果枝25条左右。

6. 扣棚升温与栽培管理

(1) 扣棚管理 秋季落叶后扣棚盖苫,冬至开始揭苫升温,果实采收后撤除前屋面覆盖材料。

(2) 温室内环境因子的控制 揭苫升温后要严格控制白天温度和花期空气湿度,尽快提高土壤温度和夜间温度,具体温湿度控制指标如表2-4所示。

表2-4 设施桃棚室温湿度控制指标

物候期	空气温度/℃				土壤温度/℃			空气相对湿度/%
	白天		夜间		最低	最适	最高	
	最适	最高	最适	最低				
休眠期	2.5～9.5	16.5	2.5～9.5	-15	0	2.5～9.5	16.5	50～70
催芽期	15～20	22	15～20	-5	0	15～22	30	60～80
萌芽前后	15～20	22	15～20	-1	0	15～22	30	60～80
开花坐果期	18～25	30	18～25	0	0	15～22	30	40～60
果实发育期	25～30	35	15～20	0	0	15～22	30	40～60
果实成熟期	25～30	35	15～18	0	0	15～22	30	40～60

(3) 土肥水管理 果实迅速生长初期追施硫酸钾750 kg/hm^2,9月上中旬施优质腐熟有机肥$75 \text{ m}^2/\text{hm}^2$;施肥后各浇水一次;揭苫升温后尽快铺黑色地膜,提高地温,控制杂草。

(4) 花果管理 花前疏蕾、疏花,人工授粉,花后旺梢摘心,坐果后疏果定果,果实成熟期修剪。疏除结果枝基部10 cm以下和梢部的蕾、花、果、畸形花果和并生果,留果量为预期产量的110%。

(5) 整形修剪 第二个生长季开始,整形修剪的主要任务是维持树体大小、树形、树势和枝叶密度。一般花后至果实采收前修剪3～4次,果实采收后1次,秋季落叶后1次。花后旺梢长度15 cm左右时进行旺梢摘心,目的是提高坐果率;第2、3次修剪主要疏除直立旺梢、过密梢、株间过度交叉梢和行间交叉梢;第4次疏除过密梢,促进果实着色;果实采收后,果枝留一个新梢回缩,留下的新梢从基部5 cm剪截,更新结果枝,控制树体大小。冬季修剪时期、方法与5相同。

(6) **控制新梢生长、促进花芽分化** 更新后的新梢长度达20 cm后间隔20天叶面喷施15%多效唑150倍液2次。

(7) **病虫害防治** 桃芽萌动期细致周到地喷施一遍3°~5°石硫合剂,生长期用石硫合剂、多菌灵、甲基托布津等防病,通过挂黄板、糖醋罐、安装高频杀虫灯等防治蚜虫、金龟子及鳞翅目害虫;要及时清除棚室内外的杂物、枯枝败叶等,防止病虫害的滋生与蔓延。

(8) **采收、包装及保鲜** 桃果达八成熟时采收,采收动作要轻,盛果容器内表面要光滑平整,防止果实擦伤。

八、草莓设施栽培关键技术

草莓是蔷薇科草莓属多年生草本植物,其果实柔软多汁,甜酸适口,芳香浓郁,营养丰富。草莓适应性强,容易栽培,结果早,产量高。草莓容易繁殖,栽培周期短,技术简单,管理方便。

我国地域辽阔,气候条件差异大,因此栽培形式多种多样,20世纪90年代以前,我国草莓的主要栽培形式为露地,近几十年来开始由传统露地栽培进入保护地栽培,主要栽培模式从简单的地膜覆盖、小拱棚、中拱棚、大拱棚到金属材料装配的塑料大棚、竹木或钢筋骨架的日光温室。长江地区以塑料大棚和中小拱棚为主,北方地区以日光温室及中大拱棚为主。近年来,人们对温室草莓和其他作物搭配种植做了很多研究,如草莓和甜瓜套种、草莓套种小型西瓜等。

中国农业大学研制了草莓立体栽培技术,该模式可以节省空间,适合于都市观光采摘。

1. 品种选择 促成栽培选择休眠浅的品种,半促成栽培选择休眠较深或休眠深的品种。品种选择时还应考虑品种的抗性、品质等性状。我国从日本和欧美国家大量引进了一些优良新品种,在生产上得到了推广并成为主栽品种,如甜查理、童子一号、章姬及红颜等。

2. 生产苗定植

(1) **土壤消毒** 生产上通常采用太阳热消毒的方式。首先将农家肥施入土壤,深翻,灌透水,土壤表面覆盖地膜或旧棚膜。为了提高消毒效果,建议棚室土壤消毒在覆盖地膜或旧棚膜的同时扣棚膜,密封棚室。土壤太阳热消毒在七八月份进行,时间至少为40天。

(2) 定植时期 北方棚室栽培在8月下旬至9月初定植,南方大棚栽培在9月中旬至10月初定植。

(3) 栽植方式 采用大垄双行的栽植方式,一般垄台高30～40 cm,上宽50～60 cm,下宽70～80 cm,垄沟宽20 cm。株距15～18 cm。苗木栽植深度要"深不埋心,浅不漏根"。每公顷栽培量为85 000～150 000株。

3. 水肥管理 采用膜下灌溉方式,最好采用膜下滴灌。定植时浇透水,一周内要勤浇水,覆盖地膜后以"湿而不涝,干而不旱"为原则。每公顷施农家肥75 000 kg及氮磷钾复合肥750 kg,氮磷钾的比例以15∶15∶10为宜。顶花序显蕾时、顶花序果开始膨大、顶花序果采收前期、顶花序果采收后期分别追肥一次;以后每隔15～20天追肥一次。追肥与灌水结合进行。肥料中氮磷钾配合,液肥浓度以0.2%～0.4%为宜。

4. 植株管理 在整个发育过程中,应及时摘除匍匐茎和黄叶、枯叶、病叶。在顶花序抽出后,选留1～2个方位好而壮的腋芽保留,其余掰掉。结果后的花序要及时去掉。花序上高级次的无效花、无效果要及早疏除,每个花序保留4～10个果实。

5. 病虫害防治 草莓主要病虫害包括白粉病、灰霉病、病毒病、芽枯病、炭疽病和根腐病、芽线虫、螨类、蚜虫和白粉虱等。防治原则应以农业防治、物理防治、生物防治和生态防治为主,科学使用化学防治技术。

九、月季切花设施栽培关键技术

月季(又称月季花)为蔷薇科蔷薇属植物,常绿或半常绿灌木,花色、花型丰富,花期四季,有"花中皇后"之美誉,被广泛应用于园林绿化和月季花的商品化生产,其切花产量位居国内外切花生产之首,具有极高的观赏和经济价值。设施栽培是达到月季切花高产、高效、优质、周年生产的最佳栽培模式。月季切花设施栽培关键技术包括:

1. 品种选择 花型优美(高心卷边),花枝长而挺直,花色鲜艳,生长强健,产花量较高且能周年生产。

2. 栽培环境 根据不同地区的气候差异和投入成本的不同,月季切花的栽培设施有温室、日光温室和塑料大棚3种类型。配有加温和降温设备的温室适用于各地月季切花的周年生产,但耗能较大,成本较高;日光温室适用于北方地区切花的周年生产;塑料大棚可用于广东一带冬季和北方地区夏季的月季切花生产。栽培环境要求光照充足,但是当夏季最高光照度达到130 klx时,应遮阳使光照度降低一半,冬季光照不足时需人工补光;要求设施内通风良好,空气湿度保持在70%~75%,昼夜温度为20~27 ℃/15~22 ℃;栽培基质疏松透气,富含有机质,pH 6~7。

3. 栽植

(1) **定植时间** 使用嫁接苗从冬季到初夏均可定植,但为了节约能源,多在春季种植。

(2) **定植方式** 为了操作(如修剪、采切花)方便,一般采用两行定植。即每畦两行,行距30~35 cm,畦宽60~70 cm,株距依品种差异采用20 cm、25 cm和30 cm不等,如直立型品种定植密度(含通道)10 株/m²,扩张型品种定植密度6~8 株/m²。

4. 浇水与施肥 定植后的浇水应掌握见干见湿的原则,植株旺盛生长期给予充足的水分,最好使用滴灌,既可定时定量地灌水达到节约用水的目的,又可防止病害蔓延。除了定植时施入底肥外,还要在不同生长时期根据植株的营养状况进行追肥,一般每年每平方米需追施氮肥70 g、磷肥50 g、钾肥60 g。

5. 修剪

(1) **逐渐更替法** 即第一次切花采收后,株高留60 cm左右,一部分使其再次开花,一部分短截,等短截的新枝开花后,原来开花的一部分再短截,如此反复修剪。

(2) **一次性短截法** 即六七月采收切花后,主枝全部短截成一样高的灌木状,株高留45~60 cm,使其进入炎热夏季停产一段时间,到九十月再产生新的切花枝。

(3) **折枝法** 为了避免修剪造成的植株生理失衡、根系萎缩、主枝枯死等现象,国外月季温室切花生产多采用此法,即7月中旬把需要剪除的主枝在距离地面高度50~60 cm处向一个方向扭折,使上部枝条下垂。一般所折枝条要保留2~3个月,直到新枝生长比较旺盛时才可剪除。修剪如希望尽快恢复生长,应将光线减弱,温度降低一些,多次喷水,待新枝抽长到15~20 cm时,追肥,摘心,促使其多生侧枝,形成健壮的开花枝。

6. 切花的采收 一般当花朵心瓣伸长,有1~2枚外瓣反转时采收,剪切时原花枝上保留2～4枚叶片,在所留芽上方1 cm处斜剪,为下次花枝生长做准备。

十、菊花切花设施栽培关键技术

菊花是菊科菊属多年生宿根花卉,是原产中国的传统名花之一。其花型、花色极为丰富,花期多在秋季,既可观赏,又能药用和食用,具有极高的观赏和经济价值,被广泛应用于园林绿化和商品化生产,其切花产量居国内外切花生产第二位。设施栽培是达到菊花切花高产、高效、优质、反季节生产的最佳栽培模式。其关键技术包括:

1. 品种选择 花型圆整,花色纯一,花颈短粗,花梗挺直。切花菊花按整枝方式分标准菊和射散菊两种:标准菊每茎顶端着生一朵花,常用大、中型花品种(花径6～20 cm);射散菊(多头菊)每茎着花多朵,常用中、小型花品种(花径小于10 cm)。按照自然花期有:春菊(4—5月),夏菊(5—9月),秋菊(10—11月),寒菊(12月至翌年1月)。

2. 栽培环境

(1) 适用设施 有塑料大棚和日光温室两种类型。我国长江以南地区的秋菊、寒菊的生产多使用塑料大棚,华北和西北地区的秋菊和寒菊的栽培则用日光温室。

(2) 环境控制

1) 光照 喜阳光充足,但对于日照时数的反应不一。春菊为日中性,夏菊为量性短日,秋菊和寒菊则为典型的短日照植物,日照长度小于12 h才能开花。

2) 温度 喜冷凉,较耐寒,适宜的生长温度为16～21 ℃,花芽分化温度为15～25 ℃。

3) 水分 抗性强,比较耐旱,忌低洼积水。

4) 土壤 喜富含腐殖质的沙壤土,忌连作,pH 5.5～6.5。

3. 栽植

(1) 定植 使用扦插苗,春菊常作标准菊栽培,夏菊、秋菊和寒菊均采用多头菊栽培。菊花的栽植要深沟高畦,畦高30 cm,畦宽100～120 cm为宜,多头菊栽培密度为20株/m²,标准菊栽培密度为60株/m²。

(2) 株型调整 标准菊栽培时,现蕾后要及时剥除主花蕾以下的所有侧花蕾和腋芽;多头菊栽培时,植株长到5～6枚叶片时进行摘心,促进侧芽萌发,选取生长健壮、分布均匀的3～4个侧枝,其余分枝全部去除。

4. 肥水管理 定植前每公顷施腐熟的猪、牛粪45 000 kg做基肥,生长发育过程中勤施稀薄的追肥。菊花喜湿又怕涝,保持土壤湿润即可,不宜漫灌。

5. 切花反季节栽培 有两种模式,一种是以自然花期品种组合加设施栽培;另一种是以秋菊或寒菊单一品种在光温调控环境下完成,此种是常用模式。具体栽培技术如下:

(1) **促成栽培** 通过人为地缩短光照时间,使菊花花期提前到5—9月。当植株长到30～50 cm时开始遮光,从下午18:00至次日8:00每天遮光13～14 h,温度控制在15～25 ℃。在适宜的温度条件下,一般遮光45～55天后花蕾开始着色,90天内开花。此期间注意通风,以免高温、高湿诱发菊花的锈病。

(2) **抑制栽培** 通过人为加长光照时间,使菊花花期延迟到12月—翌年3月。当植株长到30～50 cm,将光照加长到14.5 h,温度保持在15.5 ℃。补光的强度为77～110 lx,即在植株上方60～80 cm处,吊挂白炽灯60 W/5 m^2或100 W/16 m^2。为省电国外常采用午夜间断黑暗的加光方式,即在22:00—凌晨2:00时段内,光照1 min,黑暗30 min。

6. 切花的采收 在高温时期或远距离运输时,切花可于花瓣露出花萼1 cm左右时剪切,反之可在花开八成时采收。采收时,在离地面约10 cm处斜剪,摘除茎下部1/3的叶片,并尽快将花枝插入清水中。

十一、双孢蘑菇的栽培技术

1. 菇房的设置 双孢蘑菇一般采用室内栽培。菇房应是保温、保湿、防热性能好,菇房内要有加温通风设备,避免阳光直射。一般选择地势高燥、背风向阳、排水良好、靠近水源、周围环境清洁卫生的地方。菇房大小以150～200 m^2为宜,便于管理和控制温湿度。以砖石结构为宜。

2. 床架的排列 床架可用竹木或钢筋水泥结构。床面宽度一般单面操作不超过90 cm,两面操作为140～150 cm,每个床架设5～6层,层距60 cm,最下层距地面30 cm,最上层距屋顶应保持150 cm。菇房内床架的排列要与菇房方位垂直,床架间应设有走道。床架和四壁应留有一定距离。

3. 菇房的消毒 每潮菇结束后都要彻底清洗和消毒。采用一清(清除废料)、一浸(浸泡拆下的床架)、二熏(熏空房和有料房)方法,消毒效果较好。

4. 双孢蘑菇的栽培管理 双孢蘑菇培养料主要是粪草,再加入一定量的饼肥及氮、磷、钙等添加剂。目前用量最多的是猪粪和牛粪。凡含有纤维素、半纤维素、木质素等糖类的作物秸秆都可用作培养料,一般多采用稻草和麦草混合堆料。

干粪在堆料前一周用水拌湿,堆放;堆料前先将禾草截段(碾压过的不再截段),截段后边浇水边踩踏,使其吸足水分。一般在播种前1个月左右开始堆料。先用草料铺底,草上撒一层粪料,再一层草一层粪,草粪间隔堆叠到堆高1.5 m为止。每铺一层粪草后,都要适当浇点水。堆温上升到65~70 ℃后开始翻堆降温,一般要翻堆4次。结合翻堆添加石膏和石灰、过磷酸钙等。

5. 播种及管理

(1) 播种方法

1) 穴播法 粪草菌种最好采用穴播法。株行距为10 cm×10 cm,深度一般为5~7 cm。播种时菌种掰成核桃大小,放入穴内,用料将菌种块盖住,使菌种2/3埋在料内,1/3露出料面。播种量为每瓶0.3 m^2。此法优点是菌种在料面分布均匀,用种量较少,缺点是播种穴处会出现球菇。

2) 条播法 在床面开一条宽5~7 cm、深约10 cm的横沟,均匀撒下菌种,然后按12~13 cm宽的行距开第二条沟,并用料覆盖好第一条沟,如此循环,直至播完全部床面。此法的优点是省工,菌种萌发成活快,缺点是用种量较多,且条沟处仍有球菇出现。

(2) 播种后的管理 从播种到覆土是料层发菌阶段,管理的重点是调节好菇房内的空气和湿度。播种后3天内要求空间相对湿度70%~75%。至第7—8天,菌丝已长满料面,逐渐加大通风量,以抑制菌丝在料面继续生长,而促进料内菌丝的生长速度。

6. 覆土与覆土后管理 覆土是栽培双孢蘑菇的重要措施之一,覆土可以调节培养料的温湿度,改善通气状况和调节养分供应等,有利于菇蕾形成。

(1) 覆土材料 要求疏松柔软,持水力强,国外采取泥炭土为覆土材料,我国普遍采用田园土。粗土用沙壤土,细土应取黏壤土,粗土直径2~3 cm,细土直径在0.5~1 cm为宜。粗、细土粒要分开存放。土粒用量是

每 $20 m^2$ 栽培面积用 $1 m^3$,其中粗土占 1/3,细土占 2/3。

(2) 覆土的时间与方法 一般在播种后半个月左右,当菌丝已布满料面,"吃料"到 2/3 深度时就可以覆土。覆土完毕,立即用稀泥浆将床架每层培养料四边封闭,2 天后用细竹竿扎一些小孔,让孔内能长出子实体。用泥浆封边一是保温保湿,防止培养料水分散失;二是增加出菇面积,提高单产。

(3) 覆土后管理 覆粗土后 2 天左右,按先湿后干原则进行调水。调水时要求轻喷,勤喷打循环水。一般情况下,出菇前要喷两次水。覆细土 3 天后,当气生菌丝普遍长到细土缝,有的已长上细土时,打开全部门窗进行通风,以抑制菌丝生长。每天喷水 2~3 次,每次喷水量 $0.9 kg/m^2$。喷结菇水后要进行通风。当大批子实体长到黄豆大小时,及时喷出菇水,用水量约 $1.8 kg/m^2$。

7. 采收 双孢蘑菇长到标准大小时就要及时采收。双孢蘑菇的采收方法有两种,即旋菇法和拔菇法。菇密时,把菇轻轻旋转采下,以免带动周围小菇。出菇稀的地方,可直接将菇拔起。采下的双孢蘑菇要及时修整,即用锋利小刀把菇柄下部带有泥土的根部削去。在存放及运输过程中,要轻拿轻放,防止碰伤、挤压或变色。

十二、香菇的栽培技术

1. 栽培场地的选择 我国栽培香菇一般采用温室大棚栽培,其面积多为 $420~560 m^2/$栋。床架式,其有效面积可摆放菌棒 48 只$/m^2$;平地斜式摆放,可排放菌棒 $32~35$ 只$/m^2$。

2. 菌种制作 菌种培养基原料多为木屑、棉籽皮等。其培养料可以用瓶装,也可用聚丙烯塑料袋。袋装具有装料多,便于搬运和易取种等特点。

棉籽皮 40 kg,木屑 40 kg,麦麸 14 kg,玉米粉 5 kg,过磷酸钙 0.5 kg,糖 0.5 kg,调节含水量为 55%~58%,拌料均匀,装入聚丙烯塑料袋中,用耐高温的塑料颈环套封口。最后在 $0.14~0.15 MPa$ 下灭菌 2 h。将菌种袋放入接种室或接种箱内,紫外灯消毒杀菌,接种栽培种。接种量为 15 袋/瓶原种。将栽培种放到 25 ℃ 左右的条件下码垛发菌。严格按照发菌的 4 个条件,即暗培养,环境洁净干燥,适宜的温度,常通风换气培养。经 30~45 天培养后,菌丝体可长满栽培袋。

3. 出菇菌棒的制作 选择营养丰富的硬杂木屑。以使用隔年的木屑为好,并应保持新鲜、无霉变。培养料的比例为木屑 78 kg,麦麸或细米糠 20 kg,白糖或红糖 1 kg,石膏 1 kg;或木屑 77 kg,麦麸 15 kg,玉米粉 5 kg,红糖 1 kg,石膏 1 kg,硫酸镁 0.4 kg,过磷酸钙 0.6 kg。

拌料和装袋与菌种袋制作相近。培养料袋装好后,一般采用常压进行灭菌,每次可灭菌 3 000～4 000 袋。必须在 6～8 h 内迅速升温至 100 ℃,一般维持 12 h。灭菌后,待温度下降至 40 ℃左右时,将其移入冷却室迅速排湿冷却,再进入接种室(28 ℃左右)迅速接种。

4. 发菌管理 香菇发菌要在黑暗条件下,补足氧气,要时常通风换气,控制 55%～65%的空气相对湿度。发菌前期升温至 27～28 ℃,使其菌丝早萌发,早定植。以后适温培养,即一般掌握在 19～21 ℃条件下发菌,料温在 22～24 ℃,发菌中期,控温防止烧料。

5. 出菇管理 菌棒发菌 40～50 天,菌丝体已满袋。60 天左右在菌棒表面逐渐形成菌膜,接着出现隆起瘤状物,就可以准备出菇了。一般选阴天,不下雨,或避光,无干热风时进行脱袋,将菌袋塑料膜用锋利小刀轻轻划破并撕下,注意尽量不要损伤菌丝体。

在正常情况下,脱袋 10 天左右,菌棒基本上转色完成。子实体原基的出现与菌棒转色同步发生。经一周左右之后,会有较多原基分化发育成菇蕾。为使其发育成商品菇,可疏去生长过密的原基和菇蕾。一般每棒保留 10 朵左右为宜。

十三、平菇的栽培技术

1. 栽培场地的选择 以地上或半地下温室栽培最经济实用,而且较北方蔬菜温室矮些。它可以充分利用日光能,满足保温、保湿、通风和排水 4 个基本条件。

2. 原种和栽培种的制作 原种培养基一般采用谷粒培养基。经高温灭菌后的原种培养基,接种试管种后即可发菌。栽培种培养基配料比例为棉籽皮 69%,锯木屑 15%,细米糠或麸皮 10%;生石灰 3%,石膏粉 1%,过磷酸钙 1%,氯化钠 1%。水料比为 1:(1.2～1.5),充分拌匀后装袋灭菌。在整个装袋、灭菌、接种、运输等过程中,一定要轻拿轻放菌袋,提高栽培种的成品率。灭菌后的培养基不能久放,应及时接种原种并进行培养。

3. 出菇菌棒的制作　将61%的棉籽皮、15%的大豆秸、15%的玉米芯(或陈旧的杂木屑)、5%的细米糠,以及2%~3%生石灰、1%石膏、25%的多菌灵(加入量0.1%)、65%~70%的水,用拌料机充分混匀,建宽约1.2 m,高约1.0 m的堆,每30~40 cm打一孔,品字型打孔,冬季或深秋还应在料堆上覆草帘保温。高温季节每1~2天翻料一次,发酵期为6~7天;低温季节每2~3天翻一次,发酵期为8~9天。然后装袋与播种。播种时精心挑菌种、掰菌种、现掰现用,可在多菌灵2‰溶液里先将菌种浸蘸一下消毒,再掰成小块并放入洁净的容器里备用。采用大菌种量(20%~25%)分层或点播播种。装料时,下松上紧并将菌种放在菌袋内壁处,菌棒的表面要圆整挺拔,每袋3 kg培养料。放入发菌室或就地发菌。一般掌握在20~25天菌丝发满袋,后熟7~10天,30~35天内开始育菇。

当菌棒两端菌丝体封严料面后,应立即在菌袋的两端打一大通气孔。打孔时,一定要打透,便于通气。在打孔的前一天,应用喷粉器向发菌室内喷洒石灰粉消毒。

4. 出菇管理　将出菇菌棒移入出菇室的同时进行排袋码垛。菌棒移入出菇室后,先拉大温差催蕾,白天与夜间温差为6~8 ℃为宜。并给予散射光。与此同时,在每个菌棒两端各纵向开口(约1.5 cm)1~2个,在增大空气相对湿度至80%~85%的前提下,加强通气换气。子实体长到七八成熟(菌盖边缘仍下弯)时采收。采收后,立即清除菇脚并打扫场地,停水3~5天养菌。以后按照常规管理第二、三潮菇。每潮菇间隔7~14天。

拓展读物

于振文.作物栽培学各论(北方本).北京:中国农业出版社,2003.

杨文钰,屠乃美.作物栽培学各论(南方本).北京:中国农业出版社,2003.

王璞.农作物概论.北京:中国农业大学出版社,2004.

曹卫星.作物栽培学总论.北京:科学出版社,2006.

张振贤.蔬菜栽培学.北京:中国农业大学出版社,2003.

张玉星.果树栽培学各论(北方本).3版.北京:中国农业出版社,2003.

董启凤.中国果树实用新技术大全(落叶果树卷).北京:中国农业科技出版社,1998.

张福墁.设施园艺学.北京:中国农业大学出版社,2001.

常明昌.食用菌栽培学.北京:中国农业出版社,2003.

第三章

养殖业生产管理基本知识与新技术

第一节 我国养殖业发展概况

一、发展养殖业的意义

养殖业是农业和农村经济的支柱产业,是建设现代农业和社会主义新农村的重要内容,对保障国家食物安全、增加农民收入、推进农业现代化具有极为重要的战略作用。

二、我国养殖业发展现状

1. 肉蛋奶生产稳步增长,畜产品质量稳步提升,畜牧业为保障国家食物安全作出了重要贡献 2007年,我国肉类、禽蛋、牛奶产量分别达6 865.7万吨、2 424万吨和3 633.4万吨,1998年到2007年年平均增长率分别为2.2%、2.2%和19.5%。2007年肉、蛋、奶人均占有量分别达51.96 kg、18.35 kg和27.50 kg。在我国城镇化建设步伐加大、人民膳食结构处于由植物淀粉向着动物蛋白转变的过程中,在我国耕地面积持续下降、粮食增产趋缓的情况下,畜产品的稳定增长,使国家食物安全更趋多元化,基础更加稳固,为确保国家食物安全作出了巨大贡献。奶类以年均高于19.5%的速度增长,成为畜牧业发展乃至农业和农村经济发展中的亮点。

2. 畜牧业在农业和农村经济中的地位进一步提升,成为农民增收和就业的主渠道之一 2007年,我国畜牧业总产值达到16 124.93亿元,占农林牧渔业总产值的比例达到32.98%,畜牧业已成为我国农业和农村经济中的支柱产业。畜牧业的快速发展,促进了农民收入的增长,畜牧业收入占农民出售农产品收入的40%左右。在我国一些畜牧业发达地区,畜牧业现金收入已占到农民现金收入的50%左右。到2007年,全国从事畜牧业生产的劳动力有1亿多人,占农林牧渔业劳动力总数的30%左右。可见,畜牧业成为农民增收和就业的主渠道之一。

3. 畜牧业规模化、区域化和产业化进程加快,为转变农业生产方式发挥了积极的带动作用 "十五"期间,畜牧业的规模化、区域化和产业化进程呈现出加快发展的趋势。2007年,全国各类畜禽规模化养殖小区已达40 000多个,畜牧业产业化组织占到整个农业产业化组织的20%以上,成为农业产业化程度较高的行业。2007年末,我国生猪、肉牛、肉羊、奶牛、肉鸡和蛋鸡规模化程度分别达到了48.4%、34.6%、41.3%、45%、80.1%和72%。目前,畜牧业优势生产区域已经逐步形成,为以长江流域、中原和东北为中心的生猪产业带,以中原和东北为主的肉牛产业带,以中原、西北牧区、西南地区以及内蒙古东部和河北北部为主的肉羊产业带,以东部省份为主的禽肉产业带,以山东、河北、河南等中原省份为主的禽蛋产业带,以东北、华北及京、津、沪等城市主产区为主的奶业产业带。

4. 畜牧业结构调整步伐加快,草食家畜养殖比例逐年增加,牛羊肉、牛奶在肉蛋奶总量中的比例呈现逐年上升的势头 2000年我国肉蛋奶的比例为100∶37∶15,2007年为100∶35∶53,牛奶在肉蛋奶中的比例大幅度增加,7年增加520%,平均每年增加75.5%。猪肉所占份额由1978年的94%左右下降到2007年的62.5%,同期禽肉所占份额上升到32.7%,牛、羊肉的份额分别上升到8.9%和5.6%。畜产品结构的调整,使我国畜牧业逐步降低对粮食的依赖,充分利用各种饲料资源,尤其是人类和猪禽不能利用的秸秆和其他粗饲料发展草食家畜生产,满足人民生活对畜产品多样化的需求。

三、我国养殖业存在的主要问题

1. 畜牧业基础设施薄弱 畜牧科技、畜禽良种、饲料和畜产品监测、草原防火和鼠虫害防治等方面投入不足,科技支撑体系建设滞后。畜牧业生产仍以千家万户的小规模、分散饲养为主,生产设施差,承受疫病和市场风险能力弱。畜禽养殖生产水平低下,牛胴体重只相当于世界平均水平的 2/3，奶牛单产水平只相当于发达国家的 45%。

2. 畜禽产品质量安全和卫生隐患严重　非法使用瘦肉精等违禁药物、制售假冒伪劣饲料、兽药残留等问题没有从根本上解决。畜产品质量安全监管体系不完善，监管手段薄弱，投入短缺，市场主体的准入机制尚未建立，缺乏与国际接轨的畜产品质量追溯制度。执法中无法可依或有法不依、执法不严等现象时有发生。

3. 生态环境对畜牧业发展的压力持续增加　目前，90%的可利用草原不同程度地退化，每年仍以 3 000 万亩的速度在扩大，草原超载过牧严重，草原生态"局部改善，总体恶化"的趋势依然没有得到有效遏制。在一些养殖集中地区，尤其是大城市郊区，养殖场环境污染问题严重，控制难度和治理成本不断加大。

4. 饲草资源利用不充分和蛋白饲料短缺并存　大量农作物秸秆没有得到充分利用，草山草坡开发不足，三元结构调整和冬闲田饲草种植开发进展不快。蛋白饲料原料仍有较大缺口，鱼粉进口量已占到世界的 30%左右，大豆进口量占到国内需求总量的 60%以上，氨基酸进口达到 60%以上。

5. 动物疫病防控形势不容乐观　目前，我国以及周边国家和地区的动物疫情比较复杂，禽流感等一些重大动物疫情时有发生，由活畜流通引发重大动物疫病的风险不断加大。兽医管理体制尚未完全理顺，一些地区基层动物防疫队伍不够稳定，兽医基础设施较差，一旦发生重大动物疫情，将对畜牧业生产和流通产生极为严重的影响。

第二节　养猪基本知识与新技术

一、我国养猪业现状及特点

我国是人口大国，更是养猪大国，约占世界 1/4 的人口，养着全世界 1/2 左右的猪。猪肉是我国肉类产品最重要的组成部分，近年来，随着其他肉类产品产量的增加，猪肉占肉类产品总产量的比例有所下降，但仍占到 62.5%。2008 年我国猪肉产量已达到 4 615 万吨，同比增加 7.6%。2008 年末我国生猪存栏量为 4.63 亿头，出栏量 6.09 亿头，分别较 2007 年增加 5.17%和 7.88%。我国生猪养殖主要分布于长江流域、华北、沿海以及部分粮食主产区。其中,长江流域占42.61%,华北区占22.5%,东南沿海占16.84%。2007年,全国出栏猪2 000万至5 000万头以上的有12个省,主产区猪肉产量占全国总产量的92.03%[①]。

我国养猪业的特点:一是拥有世界上最丰富的猪种资源。据2004年1月出版的《中国畜禽遗传资源状况》介绍,我国已认定的猪种有99个,其中地方猪种72个,培育品种19个,从国外引进经过我国长期风土驯化的猪种8个,再加上通过国家审定的8个新品种和配套系,共计107个。我国主要地方优良品种有太湖猪、金华猪、两广小花猪、香猪、五指山猪、藏猪、黄淮海黑猪、荣昌猪、内江猪和民猪等;从国外引入的主要瘦肉型品种有大白猪、长白猪、杜洛克猪、皮特兰猪和汉普夏猪等;培育品种有苏太猪、大河乌猪、湖北白猪、北京黑猪和上海白猪等。我国目前主要生猪杂交模式多采用三元杂交的方式,最常见的杂交组合是杜洛克猪×长白猪×大白猪或杜洛克猪×大白猪×长白猪。二是生猪良种繁育体系初步建立。我国已先后建立了4 478个原种猪场和扩繁场,初步建立了以种猪场、性能测定站、遗传评估中心、种公猪站和精液质量检测等为主体的良种猪繁育体系。三是我国的生猪生产仍以千家万户的小规模、分散饲养为主,规模化、标准化程度低,生产方式落后,生产力水平远低于发达国家。四是农村生猪散养的比例大幅减少,规模化猪场相继出现,生猪养殖的综合生产能力显著增强。五是市场潜力大。我国人均占有猪肉量仍远低于发达国家平均水平。猪肉出口空间大,肉类食品市场空间还很大。

二、猪人工授精技术

1. 猪人工授精技术的概念和意义　人工授精是用器械采取公猪的精液,再用器械把精液注入发情母猪的生殖道内,代替公母猪自然交配的一种配种方法。该方法始于1926—1927年,是进行科学养猪、实现养猪生产现代化的重要手段。人工授精技术的使用给养猪业带来了巨大的效益。首先,减少了公猪的使用头数,可充分发挥优秀公猪的遗传潜力,提高了生产效率。其次,还可以有效减少疾病的传播。其与同期发情和诱发分娩等繁殖控制技术相结合,有利于"全进全出"的现代化养猪生产体系的建立。

---

① 参见 http://www.caaa.cn

2. 猪人工授精技术的技术要点

(1) **采精前的准备** 采精一般在采精室进行。首先进行公猪的调教、采精物品的准备以及采精人员的准备工作。

(2) **采精方法** 猪人工采精的方法有点刺激法、假阴道法和徒手法。

(3) **精液品质的检查** 主要从气味、颜色、活力、密度等方面进行评价。

(4) **输精** 输精是人工授精的最后一个步骤,也是成败的关键。需掌握的要点是正确判定母猪输精适宜期。同时为了保证受胎率和产仔数,需在第一次输精后,间隔 8～12 h 重复输精一次。

输精时用手将母猪阴唇分开,输精管以斜上方 45°角插入阴道,逆时针方向旋转进入,并随阴道的走向调整输精管方向。当输精管感到阻力,便将输精管左右旋转,稍一用力,将会感到输精管头部锁定在子宫颈部,此时便可输精。将输精瓶接到输精管上,让输精瓶倒置,用针头在瓶底扎一小孔。按摩母猪乳房、外阴或压背,使子宫产生负压将精液吸纳,绝不允许将精液挤入母猪的生殖道内。精液完全流入后,将输精管放低一会,观察是否有精液流出,如有精液流出,则抬高输精瓶重复以上操作。

三、猪的繁殖控制技术

1. 同期发情 同期发情指对母猪发情周期进行同期化处理的方法,即人为地控制并调整一群母猪发情周期的进程,使之在预定的时间内集中发情。同期发情的目的在于定时输精,进而组织成批生产及猪舍的周转。同期发情的技术措施如下。

(1) **孕激素处理** 向一群待处理的母猪同时施用孕激素,抑制卵泡的生长发育,经过一定时期同时停药,随之引起同时发情。

(2) **溶解黄体酮** 利用性质完全不同的另一类激素使黄体溶解,中断黄体期,停止孕酮分泌,从而促进垂体促性腺激素的释放,引起发情。

1) 对于哺乳母猪,切实可行的一种方法是同期断奶,造成天然的同期发情。在哺乳期的适当时期,例如 4～6 周或更早,使一群母猪同时断奶,即可达到同期发情的目的。通常在断奶的同时注射孕马血清促性腺激素(PMSG)750～1 000 国际单位,可获得较好效果,如在注射 PMSG 的同时或相隔两三天后再注射绒毛膜促性腺激素(HCG)500 国际单位,效果更为满意。

2）对于后备母猪，在初情期即将来临时，有计划地安排集中给予每头注射 PMSG 500~750 国际单位，即可达到同期发情的目的，同时起到集中早发情的效果。

2. 诱发分娩　黄体分泌的孕酮是维持妊娠所必需的。诱发分娩即人为地向待产母猪注射前列腺素或其类似物，使黄体退化，进而引发分娩的方法。母猪妊娠期为 114 天，应在根据配种记录推算的预产期前 1~3 天注射前列腺素及其类似物，注意不宜过早，否则会导致胎儿死亡率增加。

据试验，给妊娠第 112 天的母猪上午 10：00 左右肌内注射 0.1 mg 氯前列烯醇或 1 头份的律胎素，处理后（27±6）h 分娩发动，母猪分娩产程缩短，死胎率降低（主要指妊娠最后几天和分娩过程引起的胎儿死亡）；白天分娩率达 80% 以上，进而缩短妊娠时间，提高每头母猪平均年分娩胎次。

3. 同期分娩　将诱发分娩技术应用到大群配种时间相近的妊娠母猪上，使其在较小的时间范围内分娩的技术。

同期分娩可以使母猪产仔相对集中，分娩时间安排在工作日的白天分娩，便于劳动力的组织，利于仔猪接生、助产、寄养和同期断奶、同期转群、同期消毒，真正实行"全进全出"的生产工艺。

四、猪的"全进全出"饲养工艺

1. "全进全出"饲养工艺的概念和意义　"全进全出"是指同一批猪群同时转入、同时转出，按节拍转群进行生产，全年不分季节均衡生产的饲养工艺。相对于传统的连续进出的养猪方式而言，这是一种新的观念和管理策略。

2. "全进全出"饲养工艺措施

（1）猪舍局部若干栏位为单位转群，转群后进行清洗消毒，这种方式因其舍内空气和排水共用，难以切断传染源，严格防疫比较困难。

（2）将猪舍按照转群的数量分隔成单元，以单元全进全出，这种方式虽然有利于防疫，但夏季通风防暑比较困难，需要进一步完善。

（3）规模在 3 万~5 万头的猪场，可以按照每个生产节律的猪群设计猪舍，全场以舍为单位全进全出，或者部分以舍为单位全进全出，这种方式克服了以上两种方法的不足之处,是比较理想的。

(4) 大型规模化猪场要以场为单位实行全进全出,这种方式利于防疫,便于管理,可避免猪场过于集中给环境控制和废弃物处理带来的负担。

3. 案例 某猪场每周分娩24窝猪,分娩舍中的一个产房设12个产栏,24头分娩母猪进入两个分隔的产房。产后4周,养在同一产房的母猪及哺乳仔猪全部转出。此时,母猪转回配种母舍。仔猪原圈饲养1周后转入保育舍,空出的产房进行清洁消毒。保育舍一个房间有6个猪栏,可以养从一个产房中断奶的12窝仔猪。同一房间的幼猪从保育舍转入生长舍后,空出的房间进行清洁消毒,以后养在同一栏的生长猪再转到同一育肥舍内。由于同周龄出生的猪全进全出,因而可做到有计划、有节奏地生产,并能按期对猪舍进行清洁消毒。

五、仔猪培育技术

仔猪包括哺乳仔猪和断奶仔猪。哺乳仔猪是指从出生到断奶阶段的仔猪,断奶仔猪是指断奶后至70日龄的仔猪,亦称保育仔猪。

1. 哺乳仔猪培育技术关键

(1) 及早地吸食初乳 初乳主要是指母猪产仔24 h之内分泌的乳汁,也有人将头3天的乳都算作初乳。初乳中蛋白质含量高,含有大量免疫球蛋白,让初生仔猪吃足初乳,可使仔猪获得被动免疫力,是增强仔猪抗病力的最好方法。另外,初乳中含有轻泻作用的镁盐,可促进胎粪排出。

(2) 适时补铁 母乳中缺铁,仔猪缺铁会发生营养性贫血,因而应在仔猪出生3天内补铁。

(3) 适时补饲 仔猪应在7~10日龄开始补饲。仔猪补饲分为调教期和适应期两个阶段。从开始训练到仔猪认料一般需要1周左右,从仔猪认料到正式吃料,又需要10天左右。补饲的饲料要求适口性好,体积小,适应仔猪消化系统。在补料中添加有机酸,可提高饲料消化率,常用的有柠檬酸、乳酸和延胡索酸等;添加抗生素能增强抗病力,促进生长发育,使用量一般为每吨饲料内加40 g。

(4) 保温 初生乳猪个体小,身体各方面未完全发育,极易受到外界环境的影响,所以平时要注意保温防压工作。

(5) 其他管理措施 除此之外,还要做好固定乳头、称重、脐带护理、剪獠牙、断尾、称重、打耳号、去势、寄养以及防病等日常管理工作。

以上措施能有效保证乳猪过好初生关、补料关和断奶关。

2. 断奶仔猪培育技术关键

(1) 断奶时间 传统养猪通常在56~60日龄断奶,目前集约化养猪场多采用早期断奶,通常是21~35日龄断奶。早期断奶可提高经济效益。

(2) 断奶方法 分为以下3种。

1) 逐渐断奶 在断奶前3~4天减少母猪和仔猪的接触和哺乳次数,减少母猪饲料日喂量,仔猪哺乳量逐渐减少。该方法可以减轻断奶应激,但比较麻烦。

2) 分批断奶 一窝中体重大的仔猪先断奶,体重小的后断奶,该方法影响母猪繁殖成绩。

3) 一次断奶 断奶前3天减少母猪饲料日喂量,然后实施一次性断奶,该方法容易引起断奶应激,但便于操作。

(3) 饲料营养技术措施

1) 注意饲料中的全价营养,添加一些与母猪乳汁成分类似的原料,如乳清粉等。

2) 注意在饲料中添加一些酸化剂和酶制剂,因为仔猪消化系统不完善,这些物质可以提高其消化吸收能力。

3) 断奶前夕,首先减少母猪的营养成分和水分,使产奶量逐渐减少,仔猪由原来随时哺乳到定次哺乳,并逐步减少哺乳的次数,增加仔猪补料,使仔猪胃肠道有个适应过程,提高断奶仔猪的成活率。

4) 注意饲养、管理的连续性,降低猪群对外界的不良反应。

5) 在饲养管理方面,猪舍要保温,通风良好,保证充足饮水,可设置橡胶环、铁链及塑料瓶等,减少互咬现象。

3. 仔猪高床网上培育技术

该技术是由地面猪床逐渐转变而来的网床上培育仔猪的新技术。优点是减少低温寒冷的刺激以及粪污的污染,减少仔猪被母猪踩压的机会。下面是仔猪高床网上培育的案例。

(1) 高床设计 分娩舍可以采用双列式,相对排列,中央主干道,两侧留过道。分娩母猪采用限位栏,全露缝地面,中间是母猪的起卧区,两旁是仔猪活动区。栏内设有料槽、保温箱、饮水器。图3-1即为典型的仔猪高床网猪舍。

图 3-1　仔猪高床网

（2）饲养管理

1）饲养时间　母猪在产前 7 天进入高床舍，到产后 35 日龄断奶下床转母猪配种舍，仔猪从出生到断奶与母猪共同生活在高床上，断奶后转入仔猪高床培育舍饲养至 60～75 日龄下床。

2）饲喂次数　由于仔猪胃肠容积小，排空速度快，应增加每天的饲喂次数。随着日龄的增长，次数可减少，一般 28～42 日龄喂 6 次，43～56 日龄喂 5 次，60～75 日龄喂 4 次。

3）温、湿度的要求　高床舍适宜温度或局部温度：35～50 日龄为 25～26 ℃，50～60 日龄为 23～24 ℃，相对湿度为 65%～75%。

4）卫生　经常打扫栏面，保持网上清洁干燥。将粪扫入网下的粪尿道，定期清除，用水冲洗。

六、生长育肥猪饲养技术

就我国目前广泛饲养的商品瘦肉型猪来讲，生长育肥阶段一般是指体重从 25 kg 或 30 kg 到 100 kg 或 110 kg 的这一阶段。在我国商品肉猪生产中，一般选择二元、三元杂种猪育肥。在经济发达地区，多采用三元杂交的方式，最常见的杂交组合是杜洛克猪×长白猪×大白猪或杜洛克猪×大白猪×长白猪。

1. 育肥方式　全程自由采食。现代瘦肉型猪种具有快速生长和瘦肉率高的遗传潜力，应在从断奶到出栏的整个生长育肥阶段采取随意采食的饲喂方式。圈内设置自动供料箱，猪可以随时吃到饲料。

2. 喂料方法

（1）干喂法　通常又包括两种方法。一是使用自动料箱不限量饲喂,二是将料撒于地面,每日喂数次,即限量饲喂。该方法可能不利于发挥最大生长潜力。

(2) 干湿料饲喂　干湿料饲喂器是自由采食的喂料器,在相同的地点既提供饲料,又提供饮水。该方法可以降低粉尘,节约饲料和水,增加采食量,因此,优于干喂法。

除此之外,很多养猪业发达的国家使用计算机控制的液体饲喂系统。

3. 饲养管理　一般认为,每 10 kg 体重至少应有 0.1 m^2 的地面面积。在每头猪相同的圈养面积条件下,不同猪群数量也会影响饲养效果,每圈数量小的组可以减少咬尾和争斗现象的发生。分群时群内体重差异不宜超过 2~3 kg,公母分圈饲养。另外,要保证舍内适宜的温度和湿度、良好的通风、充足清洁的饮水,做好防疫和驱虫工作。

七、猪舍控温技术

1. 各类猪群的温度要求　各类猪群对环境温度的要求各不相同,初生仔猪的适宜生长温度为 34~35 ℃;3~4 周龄仔猪的适宜生长温度为 30 ℃左右;稍大仔猪的适宜生长温度为 20~23 ℃;成猪生长的适宜温度为 17~22 ℃。

2. 保温技术　在冬季,猪舍需要采暖供热,保证温度处于适宜猪生活的范围。对于成年猪,尽量利用合理提高围护结构热阻和饲养密度等办法来增加保温能力和产热量,避免进行采暖。除严寒地区外,猪舍采暖往往只用于幼猪舍。采暖的方法有以下几种:

(1) 热风供暖系统　热风供暖是利用热源将空气加热到要求温度,然后用风机将热空气送入采暖间。

热空气加热方式可分为直接、间接两种加热方式。直接式是让燃烧后的高温气体进入舍内升温,这种方式必须加大通风量,以避免舍内一氧化碳等有害气体浓度过高。在舍内直接烧柴、烧煤属直接加热方式;间接加热则是让燃烧后的气体或热水、蒸汽等热介质通过热交换器加热空气,然后将热空气送入采暖间。

(2) 加热保温板　将电加热线安装在工程塑料板内,板面有条纹防滑,内装感温元件,形成加热保温板。加热保温板可铺在地面上供仔猪躺卧。由于热空气向上运动,如果在板上加盖罩子,阻止热空气的上升,则罩内会更温暖。

(3) 红外线灯 红外线辐射热可以来自电或一些可燃气体。对产后最初几天的仔猪,如果下面有加热地板,每窝仔猪的红外线灯的功率可为 200 W,如果无加热地板,功率应大于 500 W。红外线灯应悬挂于仔猪活动区地板 0.45 m 以上的高度。

(4) 保育箱 箱内一般装有恒温装置,可基本保持箱内气温不变。由于箱体增加了箱内热量向外散失的阻力,因而易于在损耗较少能量的情况下获得较高的箱内气温。保育箱的底板若是发热体,就能很好地解决仔猪凉肚问题,使箱内仔猪感到特别温暖、舒适。

3. 降温技术 猪是恒温动物,皮下脂肪较厚,汗腺不发达,夏季高温高湿环境对猪的采食量、日增重、饲料利用率、母猪怀胎率和产仔率、公猪的精子质量以及仔猪存活率等生产繁殖性能有很大的影响。我们可以看出,除仔猪外,其他各类猪群的适宜温度均在 30 ℃ 以下,大大低于我国大部分地区,尤其是南方地区的夏季气温(30~35 ℃),因此,为了保障夏季猪场的正常生产,必须对猪舍进行降温,而且由于各类猪群所要求的温度不同,降温方法也必须根据实际情况确定,主要有以下几种:

(1) 遮阴 包括绿化遮阴和荫棚遮阴。遮阴能有效阻挡太阳辐射能,尤其在夏季太阳辐射强烈,湿度不太大的地区,是一种简单有效的降温方法。

(2) 通风 夏季,对猪舍进行有效的通风可以排出猪舍内的热量,对降低舍内温度有一定的作用。目前猪舍的通风方式有自然通风和机械通风两种。自然通风是在猪舍建筑中设置合适的进出风口,利用自然风力及温差作用将新鲜空气引入舍内,将舍内多余的热量和污浊气体排出室外。机械通风目前常采用纵向通风,将风机安装在猪舍的山墙上以便纵向通风,将舍内高温空气用风机排出而将舍外凉爽的新鲜空气引入室内,对猪舍通风起到较好的作用。

(3) 蒸发 蒸发降温适用于猪舍。水在蒸发时要从周围空气中吸收大量的蒸发潜热,从而降低气温。在常温 25 ℃ 的情况下,水的蒸发潜热量为 2 442 kJ/kg,与 15 ℃ 冷水升温至 25 ℃ 时的冷水降温法相比,在相同水耗量的情况下,蒸发降温从空气中吸收的热量比冷水降温大 58 倍,因此蒸发降温效率较高。

(4) 滴水降温 这是另一种经济有效的降温方式,适合于单体定位的公猪和分娩母猪。在这些猪的颈部上方安装滴水降温头,水滴间隔性地滴到猪的颈部,由于猪颈部神经作用,猪会感到特别凉爽。此外,滴水在猪背部体表散开、蒸发，还对猪进行了吸热降温。滴水降温不是针对舍内环境气温降温，而是直接降低猪的体温。

（5）湿帘-风机降温系统 湿帘-风机降温系统已是一种生产性降温设备，主要是靠蒸发降温，也辅以通风降温的作用。由湿帘（或湿垫）、风机、循环水路及控制装置组成。水泵将水由水箱泵入均布水管，水从均布水管上均态的小孔中流出使整个湿帘被淋湿，下流的水被集水槽收集并流回水箱。与此同时，风机开启使舍内形成一定负压，舍外空气就穿越湿帘进入舍内。当具有一定流速的舍外空气流经湿帘的湿表面时，湿帘上的水分蒸发而吸收空气中的热量，从而使穿越湿帘的空气降温。

八、粪尿综合利用技术

猪粪尿虽可引起水质和空气污染，但它们又不同于一般的工业废弃物，粪尿中含有大量的营养物质，若能合理利用，则可带来可观的经济效益。目前，国内外猪粪尿的综合利用技术主要有两大类，物质循环利用型生态工程和健康与能源型综合系统。

1. 物质循环利用型生态工程 常用的物质循环利用型生态工程主要有种植业-养殖业-沼气工程三结合，该类型的显著特点是将种植业与养殖业有机地联结起来。

在该生态工程系统中，沼气工程起到了一个枢纽作用，它将畜禽养殖业与种植业联结起来。规模化猪场排出的粪便污水进入沼气池，经厌氧发酵产生沼气，供民用炊事、照明、采暖（如温室），乃至发电；沼渣可用作培养食用菌、蚯蚓或作农肥，用于种植业（农田和果园）；沼液可用作优质饵料，用于喂鱼、虾等，或用作速效肥料，用于作物、果园和蔬菜的施肥。操作流程参考图3-2。

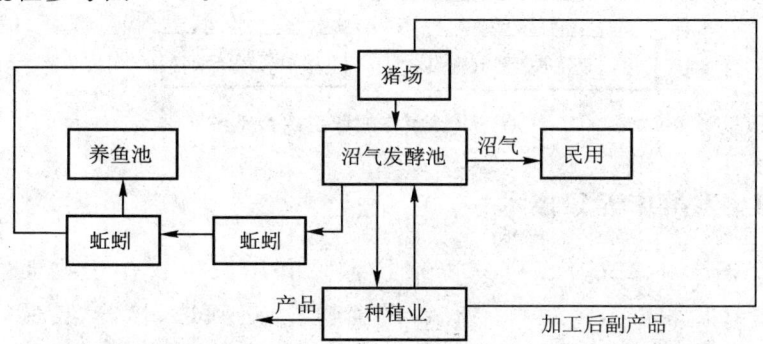

图3-2 种植业-养殖业-沼气工程三结合物质循环利用型生态工程

2. 健康与能源型综合系统 该系统的运作方式是将畜禽粪便进行厌氧发酵，形成气体、液体和固体三种成分，现在已有一种简单的气体分离装置可以把沼气中的甲烷和二氧化碳分离开来，沼气中的甲烷可以作为燃料，还可进行沼气发电，获得再生能源；二氧化碳用于培养螺旋藻等经济藻类。沼气池中的上层液体经过一系列的沼气能源加热管消毒处理后，可作为培养藻类的矿质营养成分。沼气池下层的泥浆与其他肥料混合后，作为有机肥料可改良土壤。由沼气发电产生的电能，可用来照明，还可带动藻类养殖池的搅拌设备，也可以给蓄电池充电。过滤后的螺旋藻等藻体含有丰富、齐全的营养元素，既可以直接加入鱼池中喂鱼、拌入猪饲料中喂猪，又可以作为廉价的蛋白质和维生素源，供人们食用，补充人体所需的必需氨基酸、稀有维生素等营养要素。操作流程参考图3-3。

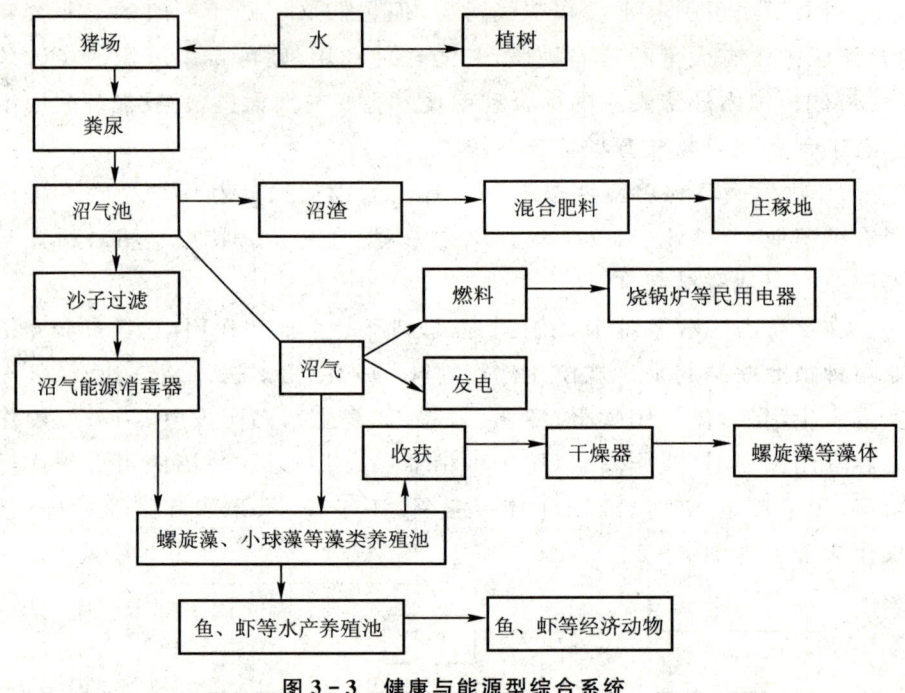

图3-3 健康与能源型综合系统

九、发酵床养猪技术

1. 概念和意义 发酵床养猪技术是利用微生物作为物质能量循环、转换的"中枢"，采集特定有益微生物，通过筛选、培养、检验、提纯、复壮与扩繁等工艺流程，形成具备强大活力的功能微生物菌种，再按一定的比例将其与锯末、木屑、辅助材料、活性剂和食盐等混合发酵制成有机复合垫料,在经过特殊设计的猪舍里,填入上述有机垫料,再将仔猪放入猪舍。

猪从小到大都生活在这种有机垫料上面,猪的排泄物被有机垫料里的微生物迅速降解、消化,所产生的部分菌丝蛋白被猪食用,不需要对猪的排泄物进行人工清理,达到零排放、无污染,生产优质猪肉的目的。图3-4即发酵床养猪的一种常见形式。

图3-4 发酵床养猪

2. 技术关键

(1) 土壤微生物的采集 可以在不同的季节、不同的地方采集不同的菌种,采集到的原始菌种放在室内阴凉、干燥处保存。发酵床养猪的核心技术表现在菌种功能方面,其质量的优劣直接影响猪舍粪尿的降解效率。

(2) 活性剂的准备 活性剂是从植物生长点内提取出来、经发酵后形成的。用作活性剂的植物有艾蒿、水芹菜、麦类、苜蓿、竹笋和瓜类等,采集的材料不要用水洗,直接用红糖腌制。红糖的用量根据材料的水分含量加以调整。一般1 kg 植物用500 g 左右的红糖拌匀后放入小容器内并封口。环境温度在20 ℃左右时,通常需要5~7天即成活性剂,放在避光处保存待用。活性剂主要用来调节土壤微生物活性。

(3) 有机垫料的制作 将90%~95%的木屑、5%~10%的土、0.3%的大粒原海盐,按比例混合起来,1.2 m 的床加入 0.5 kg 菌种,再加入一定数量的活性剂,使含水量达到60%,充分拌匀后经过2~4天发酵就可以制成供发酵床用的有机垫料。

(4) 猪舍的准备 猪舍的准备也是发酵床的养猪技术成功与否的关键环节。猪舍一般要求东西走向,坐北朝南,充分采光,通风良好,南北可以敞开,北侧建自动给食槽,南侧建自动饮水器,在猪舍的一头,留 3 m 左右的一块地方作为堆放、搅拌饲料之用。

(5) 发酵床的准备 发酵床分为地上、地下两种,根据当地的地下水位决定采取哪一种发酵床。地下发酵床要求向地面以下挖 90~100 cm,填满制成的有机垫料,再将仔猪放入。在地下水位低的地方,可以采用地上发酵床。

(6) 发酵床日常管理 单位面积饲养的猪头数太多,会影响发酵床的状态,一般每头猪占地 1.2~1.5 m^2;床面不能太干燥,如过于干燥则会导致猪肺炎,可定期在床面喷洒活性剂,调节床面湿度;入圈生猪先要彻底清除体内寄生虫;发酵床内严禁使用化学药品和消毒剂。

十、猪场消毒技术

1. 大门消毒 大门入口处设消毒槽(池),消毒药使用 2% 苛性钠溶液(每周更换一次)或新鲜生石灰,消毒对象主要是车辆的轮胎。采用喷雾消毒装置,消毒对象是车身和底盘。图 3-5 为常用的一种喷雾消毒器。

2. 生产区 工作人员在进入生产区前,必须经过消毒间用紫外灯消毒 15 min。

3. 猪舍 采用全进全出的饲养方式的猪场,在引进猪群前,空猪舍应彻底消毒。

4. 饲养管理用具 饲槽及其他用具需要每天洗刷,定期用 0.1% 新洁尔灭消毒。

5. 猪体 用活动喷雾装置对猪体进行喷雾消毒(图 3-5),每日用 0.1% 新洁尔灭,3%~5% 来苏尔对猪体进行喷雾消毒一次(用量按每头猪 0.4 L)。见图 3-6。

图 3-5 喷雾消毒器

图 3-6 猪体进行喷雾

6. 运动场和走廊过道　定期用2%烧碱或3%来苏尔消毒。

7. 饮水　过滤沉淀的水,每立方米水加含有25%有效氯漂白粉6~10 g(用漂白精按漂白粉用量减半)。

8. 产房　先将产房地面和栏墙用水冲洗干净,干燥后用3%~4%克辽林或来苏尔溶液喷雾,间隔1 h,用火焰喷射器消毒,最后用福尔马林熏蒸一昼夜,次日打开门窗进行检查。

十一、猪群科学免疫程序

猪群科学免疫程序指的是为了有效预防猪传染病的流行与传播,根据猪场的管理水平和防治人员的技术水平、疫病发生情况、抗体水平、疫病种类、生产需要、当地猪传染病流行规律以及不同季节猪病发生和流行规律等,制定的猪免疫程序。推荐免疫程序见表3-1。

表3-1　猪场主要传染病免疫程序

病名	猪别	疫苗接种时间
猪瘟	仔猪	首免20日龄,二免50~60日龄 每年3、9月份各接种1次,用猪瘟弱毒疫苗
	种猪	猪瘟发病的疫点猪场,除上述程序外,还可进行超前免疫,即仔猪出生后擦干羊水与黏液后,立刻注射2头份猪瘟单苗,接种后3 h再让其吃初乳
猪丹毒	仔猪	50~60日龄接种,用猪丹毒-猪肺疫二联疫苗
	种猪	每年3、9月份各接种1次,用猪丹毒-猪肺疫二联疫苗
猪肺疫	仔猪	50~60日龄接种,用猪丹毒-猪肺疫二联疫苗
	种猪	每年3、9月份各接种1次,用猪丹毒-猪肺疫二联疫苗
仔猪副伤寒	仔猪	首免30~40日龄,二免70日龄,用本地菌株效果最好
细小病毒病	种公猪	引进育年公猪时免疫接种,3周后重复免疫,以后每6个月免疫1次
	母猪	配种前4周免疫1次,每6个月免疫1次
日本乙型脑炎	繁殖猪	每年三四月份接种乙型脑炎弱毒疫苗
钩端螺旋体病	母猪	产前2~3周接种,6个月后重复免疫1次,非疫区可不免
猪伪狂犬病	母猪	产前40天注射猪伪狂犬病毒灭活疫苗
猪萎缩性鼻炎	仔猪	于3~7日龄和21日龄免疫2次,非疫区可不免
	母猪	产前5周和2周免疫2次,非疫区可不免
传染性胃肠炎	母猪	产前6周和2周接种疫苗,未发病猪场可不免
仔猪黄白痢	仔猪	发病严重的猪场,猪出生后1~2天、14~20天两次接种本地菌株疫苗

续表

病名	猪别	疫苗接种时间
仔猪红痢	母猪	产前14~21天注射本地菌株疫苗
	种母猪	产前14天和28天各免疫1次,未发病猪场可不免
猪气喘病	种猪	成年猪用灭火菌苗肌内注射1~2次
	仔猪	7~15日接种弱毒菌苗,2周后免疫灭活苗
猪口蹄疫	仔猪	灭活苗肌注:25 kg以下1 mL,25 kg以上2 mL
	种猪	每6个月接种1次,出口猪出栏前1个月免疫

第三节 养牛基本知识与新技术

一、我国养牛业现状及特点

2008年,我国牛奶总产量为3 650万吨,比2007年增加3.5%。奶牛存栏1 300万头,比2007年增加9%。近几年我国形成了一大批奶牛养殖小区(场),推动了奶业生产向集约化、标准化发展。我国奶牛生产主要集中在东北与华北两大地带,以及西北的新疆和大中城市郊区。从奶牛饲养数量来看,饲养数量较大的省份有黑龙江、河北、山东、陕西和山西。大中城市郊区以北京、天津、上海饲养量较多。

我国2008年牛肉产量达到790万吨,肉牛存栏1.42亿头,肉牛生产优势区域主要分布在东北、中原、华南三个肉牛带。高档牛肉生产也已在四大良种黄牛产区和北京、上海等大城市起步,虽然起步晚,但发展较快。比较我国肉牛生产的三个典型肉牛带,发展最为迅速的是以黄淮海平原为中心的中原农区,即中原肉牛带,其次是东北三省和内蒙古东部的东北肉牛带。

我国的主要奶牛品种是中国荷斯坦牛,乳肉兼用品种主要有西门塔尔牛。我国主要地方黄牛品种有秦川牛、晋南牛、南阳牛、鲁西黄牛和延边牛。国外引入的主要肉牛品种包括西门塔尔牛、夏洛来牛、利木赞牛和安格斯牛等。

我国养牛业特点:一是北多南少,发展不均衡,受环境、气候和资源的影响比较大。二是奶牛业发展的速度快于肉牛业。三是三聚氰胺事件前,以散养为主,占到60%以上,三聚氰胺事件后,规模化、标准化养殖小区得到快速发展,目前在河北省标准化养殖小区已经占到60%以上。四是国家对奶业的重视程度加大,从政策、资金、项目各方面给予支持。

二、奶牛生产性能测定(DHI)

1. DHI 测定的概念和意义 DHI(dairy herd improvement)是奶牛生产性能测定(亦称奶牛群改良)的英文缩写。奶牛生产性能测定是一套完整的奶牛生产性能记录和管理体系,是一个实实在在通过度量和分析解决奶牛生产实际问题的方法,是奶牛群遗传改良和牛场生产管理的重要依据,对奶牛场提高牛群遗传素质、改进牛群饲养管理、制定牛场生产计划和增强牛群健康等都发挥着重要作用。使用的方法是从群体着眼,针对个体解决存在的问题。具体表现在以下几个方面:

(1) 牛奶质量的控制 通过对乳成分和牛奶卫生指标的分析来反映生鲜牛奶的品质,便于牛场采取有效措施提高牛奶质量。如奶中微生物含量过高时,就必须加强牛舍和牛体卫生管理,同时,对挤奶过程进行严格控制,才能保证牛奶卫生指标在正常范围之内。

(2) 牛群饲养管理 DHI 分析报告是奶牛场改进饲养方法、提高管理水平的基础。通过对乳成分、体细胞和尿素氮的测定结果分析各类营养的平衡关系,以调整饲料配方和饲喂程序,保证牛群的正常饲养管理,使牛群发挥出最大的生产潜力,提高生产水平。

(3) 牛群健康监测 DHI 分析数据在很大程度上反映了牛群的健康水平。如牛奶中体细胞数量的变化可反映奶牛是否患有隐性乳房炎,奶牛泌乳曲线和乳成分的变化可检测出是否患有代谢性疾病等,从而及时对奶牛进行监控和治疗。

(4) 牛群管理和生产计划 根据 DHI 测定报告分析牛群不同阶段母牛的生产性能情况,是奶牛分群饲养的重要依据;还可根据牛群生产性能情况编制各月产奶计划,并制定相应的管理措施。

2. DHI 测定的技术要求

(1) 牛奶日产量测定与采样 每头泌乳母牛从产后第7天即可由监测人员测定日泌乳量并开始采样,以后每个月测定一次,间隔时间为26～33天。每次全天早、中、晚三班测定产奶量并按4:3:3比例采样,奶样总量为35～50 mL。采样后,立即将奶样保存在0～5 ℃环境中,防止夏季腐败和冬季结冰,夏季应加防腐剂。奶样从开始采集到送 DHI 实验室的时间应控制为夏季不超过48 h,冬季不超过72 h,采样时使用专用样品瓶并做好标记,同时注意奶样清洁,勿让粪尿、杂物污染奶样。对于每胎次第一次测奶并采样的牛只还应记录牛号、出生日、产犊日、胎次、干奶日、父母号、犊牛情况等信息。

(2) 样品送检及要求 送奶样的同时,连同采样及记录表一起送交检测室。采样后,将样品瓶按1~50顺序(每10个为一排)排在专用筐中,同时将顺序号、牛号填写在采样记录表中,如排列顺序有错误或记录表与筐中排列不符,会使测定时所有牛号错位,采样将前功尽弃。凡采样牛只头数大于50头以上的,所用的专用筐上也需编上顺序号,并在相应的记录表上注明。严格按照计划日期送样,若有临时变动,提前与检测室联系。

(3) 样品测定及要求 检测室接到样品后,一定按照专用筐顺序号进行测定。测定完毕后,按照测定的顺序将牛号、产奶量输入计算机,连同测定乳成分数据一起于次日转交DHI报告编制部门,及时反馈牛场。

三、奶牛TMR饲喂技术

1. TMR饲喂的概念和意义 TMR饲喂是一种将日粮中的各种饲料搅拌混合后同时投喂给奶牛,让其自由采食的饲喂工艺。全混合日粮是根据奶牛不同生理阶段和生产性能的营养需要,把铡切适当长度的粗饲料、精饲料和各种添加剂按照一定的比例进行充分混合而得到的一种营养相对平衡的日粮。它最大的特点是奶牛任何时间所采食的每一口饲料其营养都是均衡的。TMR工艺节省人工,奶牛采食时间长,符合奶牛采食特性,避免了单独饲喂精料时引起的快速发酵,有利于维持正常的瘤胃内环境和提高奶牛的采食量。

2. 技术要点

(1) 注意加料顺序,采用先干后湿,先轻后重,先长后短的原则。一般先加入较长的牧草,铡切一段时间后,再放入青贮,最后加入精饲料和各种添加剂。

(2) TMR的含水量控制在45%~50%。

(3) 判断TMR均匀度的最好方法是用美国宾州筛。

(4) 采用TMR饲喂工艺通常需要专用的搅拌车,过度搅拌可能导致粗饲料过短或揉碎,减少奶牛的反刍时间,因此应注意搅拌时间和出料口的调整。

（5）采投料时要控制车速（20 km/h）和放料速度，以保证全混合日粮投料均匀。一般每天投料2次以上，每次投料时饲槽要有3%～5%的剩料，以防牛只采食不足，影响产奶量。小型奶牛场可以采用人工拌料的方式实现TMR饲喂。牛舍过窄或对尾式牛舍可以采用固定式TMR饲喂，在饲料区集中搅拌，然后用小手扶拖拉机或推车运送到牛舍人工饲喂。

（6）采用TMR饲喂工艺时，要定期对个体牛的产奶量、乳成分、体况以及牛奶质量进行检测，并将营养需要相似的奶牛分为一群。对于大多数奶牛场可将成母牛分为3群，即高产牛群、中低产牛群和干奶牛群。必要时可定量补料，以满足不同状态牛只的营养需要。图3-7所示为TMR取料搅拌和牛舍内投料饲喂奶牛的过程。

图3-7　TMR取料搅拌和牛舍饲喂奶牛

四、奶牛饲料青贮技术

1. 青贮的概念　青贮是奶牛的主要粗饲料，含有比较丰富的营养物质,由于其多汁,具有酒香味,诱食性很强,是奶牛最好的催奶饲料。我国主要的青贮品种是玉米青贮,它解决了奶牛冬天和春天粗饲料的供应问题,同时,玉米青贮使得玉米秸秆的大部分营养成分得以保留,对于扩大奶牛的饲料资源、利用人类和其他家畜所不能利用的粗饲料、降低生产成本、提高奶牛养殖效益具有重要的实践意义。

青贮设备主要有青贮窖、青贮壕和青贮塔。另外,小型养殖户可采用塑料袋青贮,商业化的大规模青贮制作也采用拉伸膜青贮。

2. 调制优良青贮料应具备的条件

(1) **良好的青贮原料,适当的含糖量** 为保证乳酸菌的大量繁殖,形成足量的乳酸,青贮原料中必须含有最低需要的含糖量。

易于青贮的原料包括玉米、高粱、禾本科牧草、甘薯藤、南瓜、菊芋、向日葵、芜菁、甘蓝等,这类饲料中含有适量或较多易溶性糖类。

不易于青贮的原料,如苜蓿、三叶草、草木樨、大豆、豌豆、紫云英、马铃薯茎叶等,含糖类较少,宜与第一类混贮。

不能单独青贮的原料,如南瓜蔓、西瓜蔓等。这类植物含糖量极低,单独青贮不易成功,只有与其他易于青贮的原料混贮或添加糖类,或加酸青贮,才能成功。

(2) **水分含量调节适中** 青贮原料适宜的含水量为65%～75%。豆科牧草含水量则以60%～70%为最好。质地粗硬的原料,含水量可高达78%～82%。收割早,幼嫩,多汁柔软的原料,含水量应低些,以60%为宜。

(3) **原料切短的长度适宜** 细茎植物切成1 cm即可,对粗茎植物或粗硬的细茎植物如玉米、向日葵等,切成1 cm较为适宜,原则是越短越好。

3. 青贮步骤和方法 饲料青贮,虽然因设备、原料特性以及添加物种类等不同,方法上也有一定差异,但制作步骤基本相同。一般青贮步骤如下:

(1) **切短** 青贮原料收割后,应立即运至贮藏地点切短青贮。少量原料可用铡草刀铡短,大规模青贮,则需用青贮料切碎机切短。

(2) **装填** 铡短的青饲料,应即时装填,窖底部可填一层10～15 cm厚的切短秸秆或软草,以便吸收青贮液汁,在窖壁四周最好用水泥抹面或铺填塑料薄膜,加强密封,防止漏气透水。装填青饲料时应逐层装入,每次(层)装 15～20 cm 厚,即应踩实,然后再继续装填。青贮料紧实程度是青贮成败的关键之一,青贮紧实度适当,发酵完成后饲料下沉不超过深度的 10%。

(3) 密封　严密封窖,防止漏水通气是调制优良青贮料的一个重要环节。青贮原料装贮超过窖口 60 cm 以上时,即可加盖封顶。封顶时先盖一层切短秸秆或软草(厚 20～30 cm)或铺盖塑料薄膜,然后再用土覆盖拍实,厚 30～50 cm 并做成馒头形,以利排水。

(4) 管理　青贮窖(壕)密封后,为防止雨水渗入窖内,距窖四周约 1 m 处应挖沟排水。以后应经常检查,窖顶有裂缝时,应及时覆土压实,防止漏气,防止雨水淋入。图 3-8 所示为收获秸秆后经过铡切制作青贮的过程。

图 3-8　青贮铡切、制作及储存

五、奶牛的分阶段饲养技术

一般地,根据奶牛生理状态和产奶阶段的不同,可将其分为:犊牛(出生～6 个月)、育成牛、青年牛和成年母牛。成年母牛又可分为泌乳早期、泌乳中期、泌乳后期和干奶期 4 个阶段。

奶牛的生理和生长阶段不同,其对营养素的需要也不同,为了发挥最大的养殖效益,奶牛一般采用分阶段饲养管理技术。

1. 犊牛饲养管理技术（0~6月龄）

（1）犊牛哺乳期（0~60日龄）

1）接产 犊牛出生后立即清除口、鼻、耳内的黏液，确保呼吸畅通，擦干牛体。在距腹部6~8 cm处断脐，挤出脐内污物，并用5%的碘酒消毒，然后称重、佩戴耳标、照相、登记系谱、填写出生记录，放入犊牛栏。

2）喂初乳 应在新生犊牛出生后1~2 h内喂初乳，每次饲喂量为2~2.5 kg，日喂2~3次，温度为(38±1)℃，连续5天，5天后逐渐过渡到饲喂常乳或犊牛代乳粉。

3）补饲 犊牛出生一周后可开始训练其采食固体饲料，促进瘤胃的发育。犊牛哺乳期日增重应不低于650 g。

4）去角和副乳头 犊牛出生后，在第15~30天用电烙铁或药物去角。去副乳头的最佳时间在第2~6周，最好避开高温天气。先对副乳头周围清洗消毒，再轻拉副乳头，沿着基部剪除，用5%碘酒消毒。

5）管理 犊牛要求生活在清洁、干燥、宽敞、阳光充足、冬暖夏凉的环境中。保证犊牛有充足、新鲜、清洁卫生的饮水，冬季应饮温水。犊牛饲喂必须做到"五定"，即定质、定时、定量、定温、定人，每次喂完奶后给牛擦干嘴部。卫生应做到"四勤"，即勤打扫、勤换垫草、勤观察、勤消毒。

（2）犊牛断奶期（断奶~6月龄）

1）饲养 犊牛的营养来源主要是精饲料。随着月龄的增长，逐渐增加优质粗饲料的喂量，选择优质干草、苜蓿供犊牛自由采食，4月龄前最好不喂青贮等发酵饲料。干物质采食量逐步达到每头每天4.5 kg，其中精料喂量为每头每天1.5~2 kg。犊牛断奶期日增重应不低于600 g。

2）管理 断奶后犊牛按月龄体重分群散放饲养，自由采食。应保证充足、新鲜、清洁卫生的饮水，冬季应饮温水。保持犊牛圈舍清洁卫生、干燥，定期消毒，预防疾病发生。

2. 育成牛饲养管理技术（7~15月龄）

（1）饲养 日粮以粗饲料为主，每头每天饲喂精料2~2.5 kg。日粮蛋白水平达到13%~14%；选用中等质量的干草，培养其耐粗饲料性能，增进瘤胃消化粗饲料的能力。干物质采食量每头每天应逐步增加到8 kg，日增重不低于600 g。

（2）管理 适宜采取散放饲养、分群管理。保证充足新鲜的饲料和饮水，定期监测体尺、体重指标，及时调整日粮结构，以确保15月龄前达到配种体重(成年牛体重的75%),保持适宜体况。同时,注意观察发情,做好发情记录,以便适时配种。

3. 青年牛饲养管理技术(初配—分娩前)

(1) 饲养 青年牛的管理重点是在怀孕后期(预产期前2~3周),可采用干奶后期饲养方式,日粮干物质采食量每头每天10~11 kg,日粮粗蛋白水平14%,混合精料每头每天3~5 kg。

(2) 管理 采取散放饲养、自由采食。不喂变质霉变的饲料,冬季要防止牛在冰冻的地面或冰上滑倒,预防流产。依据膘情适当控制精料供给量,防止过肥,产前21天控制食盐喂量和多汁饲料的饲喂量,预防乳房水肿。

4. 干奶期饲养管理技术

进入妊娠后期,一般在产犊前60天停止挤奶,这段时间称为干奶期。

(1) 饲养 干奶期奶牛的饲养根据具体体况而定,对于营养状况较差的高产母牛应提高营养水平,从而达到中上等膘情。日粮应以粗料为主,日粮干物质进食占体重的2%~2.5%,每千克干物质应含奶牛能量单位(NND)1.75,粗蛋白水平12%~13%,精、粗料比30∶70,精料每头每天2.5~3 kg。

(2) 管理 停奶前10天,应进行隐性乳房炎检测,确定乳房正常后方可停奶。做好保胎工作,禁止饲喂冰冻、腐败变质的饲草饲料,冬季饮水不宜过冷。

5. 围产期饲养管理技术

围产期指母牛分娩前后各15天的一段时间。产前15天为围产前期,产后15天为围产后期。

(1) 围产前期饲养管理 日粮干物质占体重2.5%~3.0%,每千克饲料干物质含NND 2.00,粗蛋白13%,钙0.4%,磷0.4%,精、粗料比为40∶60,粗纤维不少于20%。参考喂量:混合料2~5 kg,青贮料15 kg,干草4 kg,补充微量元素及适量添加维生素A、维生素E,并采用低钙饲养法。典型的低钙日粮一般是钙占日粮干物质的0.4%以下,钙、磷比例为1∶1,减少产后瘫痪。但在产犊以后应迅速提高日粮中钙量,以满足产奶时的需要。

奶牛临产前15天转入产房。产房要保持安静,干净卫生。昼夜设专人值班。根据预产期做好产房、产间、助产器械工具的清洗消毒等准备工作。母牛产前应对其外生殖器和后躯消毒。通常情况下,让其自然分娩,如需助产时,要严格消毒手臂和器械。

(2) 围产后期饲养管理 产后粗饲料以优质干草为主,自由采食。精料换成泌乳料,视食欲状况和乳房消肿程度逐渐增加饲喂量。每千克日粮干物质含钙 0.6%,磷 0.3%,精、粗料比为 40:60,粗蛋白提高到 17%,NND 为 2.2,粗纤维含量不少于 18%。

母牛产后开始挤奶时,头 1～2 把奶要弃掉,一般产后第一天每次只挤 2kg 左右,满足犊牛需要即可,第 2 天每次挤奶 1/3,第 3 天挤 1/2,第 4 天才可将奶挤尽。分娩后乳房水肿严重,要加强乳房的热敷和按摩,每次挤奶热敷按摩 5～10 min,促进乳房消肿。

6. 泌乳早期(指产后 16～100 天的泌乳阶段,也称泌乳盛期)

(1) 饲养 干物质采食量由占体重的 2.5%～3.0% 逐渐增加到 3.5% 以上,粗蛋白水平 16%～18%,NND 为 2.3,钙 0.7%,磷 0.45%。加大饲料投喂,奶料比为 2.5:1。提供优质干草,保证高产奶牛每天 3kg 羊草、2kg 苜蓿草的饲喂量。

(2) 管理 应适当增加饲喂次数,有条件的牛场和奶农最好采用 TMR 饲养,如果没有 TMR 搅拌车,可以利用人工 TMR。搞好产后发情检测,及时配种。

7. 泌乳中期(指产后 101～200 天的泌乳阶段)

(1) 饲养 日粮干物质应占体重的 3.0%～3.2%,NND 为 2.1～2.2,粗蛋白 14%,粗纤维不少于 17%,钙 0.65%,磷 0.35%,精、粗料比为 40:60。

(2) 管理 此阶段产奶量渐减(月下降幅度为 5%～7%),精料可相应逐渐减少,尽量延长奶牛的泌乳高峰。此阶段为奶牛能量正平衡,奶牛体况恢复,日增重为 0.25～0.5 kg。

8. 泌乳后期(产后 201 天—停奶阶段)

(1) 饲养 日粮干物质应占体重的 3.0% 左右,NND 为 2.0,粗蛋白水平 13%,粗纤维不少于 20%,钙 0.55%,磷 0.35%,精、粗料比以 30:70 为宜。调控好精料比例,防止奶牛过肥。

(2) 管理 该阶段应以恢复牛只体况为主,加强管理,预防流产。做好停奶准备工作,为下一个泌乳期打好基础。

六、奶牛标准化饲养技术

奶牛标准化饲养技术是按照国家、农业部或企业制定的技术标准的要求科学饲养奶牛的技术。这些标准包括：

1. 牛场设计技术标准　该标准规定了奶牛场（区）产品、牛舍与设施、总平面布置与场区绿化等技术要求。适用于奶牛场（区）生产及新建、改建、扩建牛舍集约型奶牛场设计。

2. 环保技术标准　包括 GB 7959 粪便无害化卫生标准，GB 8978 污水综合排放标准，GB 14554 恶臭污染物排放标准，GB 16548 畜禽病害肉尸及其产品无害化处理规程，NY/T 388—1999 畜禽场环境质量标准。

3. 设备设施技术标准　牛舍设施如封闭式牛舍、开放式牛棚、犊牛岛、凉棚、饮水槽、食槽和运动场等的建设要求。通用设备如受压容器、各类锅炉及柴油机（拖拉机和铲车）等的技术要求与参数，专用设备如挤奶机、制冷机、饲料搅拌车、发电机组、液氮罐和电冰箱、电子天平、消毒仪、消毒器、割草机等的技术要求与设备参数，设备的维修保养如时间、保养方法等。

4. 采购技术标准　包括各种饲料添加剂是否有农业部门的正式批号；饲料新鲜程度、色味、水分及各种养分含量，是否含有动物源性饲料，有害物质含量是否超标，是否来源于污染区等；药品是否是国家管理部门批准使用的药物，由正规厂家生产，在有效期内，质量符合药典标准；疫苗是否是国家允许使用并且由国家指令单位生产的。

5. 荷斯坦牛品种标准　母牛和公牛是否符合荷斯坦奶牛品种要求。外貌特征：毛色、体型、乳用特征、各部位结合情况、肢体与乳房结构等。生产性能：产奶量、乳脂率（量）、乳蛋白（量）。等级评定：生产性能和体型。血缘关系：三代系谱、是否带有害基因、生长发育和体况评分记录。

6. 荷斯坦奶牛繁育标准　对种公牛的要求：遗传质量、生长发育和冷冻精液质量。对母牛的要求：生长发育和繁殖能力、初配月龄与体重、产后第一次发情与配种。

(1) 技术指标　年总受胎率90%以上，年繁殖率80%以上，平均妊娠间距110天，流产率8%以下，初产月龄≤25个月，精液耗量≤2.5粒。

(2) 发情鉴定　配种人员做到每日3～4次观察发情，每次至少30 min，准确、详细、完整地记录各项繁殖报表,做到勤观察、细检查、慎对待。

(3) 适时输精　发情中后期输精,配后 8 h 检查,是否复配,配种操作要规范,严格各个环节的消毒,提高发情期受胎率。

(4) 妊娠诊断　配后 22~30 天用 B 超诊断妊娠情况,缩短空怀饲养日,提高妊娠诊断技术,配后 90 天,直检法检查妊娠情况,确诊怀孕。

(5) 产后监控　监控胎衣、恶露排出情况,建立产后监控表,产后 0~3 天、7~10 天、15 天、30~35 天、50~60 天,分别做一次子宫复旧检查,配合使用 B 超,准确诊断子宫疾病和卵巢疾病,及时准确地进行对症治疗,缩短病程和空怀饲养日,减少繁殖淘汰率,提高年单产。

(6) 选种选配　引进优秀种公牛的精液,提高繁殖性能,防止近亲繁殖,建立健全繁殖配种、产后监控、选种等各项记录。规范配种用药,特别是激素类药物。

7. 荷斯坦牛饲养标准　按照中国奶牛饲养标准,可以借鉴美国 MRC2001 奶牛饲养标准。推荐各阶段奶牛饲喂标准及营养需要,分别见表 3-2 和表 3-3。

表 3-2　各阶段奶牛日粮饲喂标准

名称	泌乳早期	泌乳盛期	泌乳中期	泌乳后期	干奶前期	干奶后期
精料/kg	3~7	6~13	5~10	3~8	2~4	2~4
青贮/kg	10~18	15~20	15~18	18	10~15	12~18
干草/kg	≥3.5	≥5	≥5	≥4.5	≥4.5	≥4.5
其他辅料/kg	2~7	5~8	4~6	5		
苜蓿颗粒	1	1	1	0	0	0

表 3-3　奶牛各阶段营养需要

营养需要	干奶前期	干奶后期	泌乳早期 0~15 天	泌乳盛期 16~100 天	泌乳中期 100~200 天	泌乳后期 >200 天
干物质 DMI/kg	13	10~11	17~19	23.6	22	19
产奶净能 NEL/(MCal·kg^{-1})	1.38	1.5	1.7	1.78	1.72	1.52
脂肪/%	2	3	5	6	5	3
粗蛋白 CP/%	13	15	19	18	16	14
非降解蛋白 CP/%	25	32	40	38	36	32
降解蛋白 CP/%	70	60	60	62	64	68
酸性洗涤纤维 ADF/%	30	24	21	19	21	24
中性洗涤纤维 NDF/%	40	35	30	28	30	32
粗饲料提供的 NDF/%	30	24	22			

续表

营养需要	干奶前期	干奶后期	泌乳早期 0~15天	泌乳盛期 16~100天	泌乳中期 100~200天	泌乳后期 >200天
Ca/%	0.6	0.7	1.1	1	0.8	0.6
P/%	0.26	0.3	0.33	0.46	0.42	0.36
Mg/%	0.16	0.2	0.33	0.3	0.25	0.2
K/%	0.65	0.65	0.25	1	1	0.9
Na/%	0.1	0.05	0.33	0.3	0.2	0.2
Cl/%	0.2	0.15	0.27	0.25	0.25	0.25
S/%	0.16	0.2	0.25	0.25	0.25	0.25
维生素A	100 000	100 000	110 000	100 000	50 000	50 000
维生素D	30 000	30 000	35 000	30 000	20 000	20 000
维生素E	600	1 000	800	600	400	200

8. 防疫检疫标准 包括卫生消毒规范、常见病治疗规程、疫病控制与报告、疫病检疫、无害化处理及疫病监测等。

(1) 强化防疫意识，重视防疫工作，杜绝传染病的发生。

(2) 完善防疫设施，加强防疫力量，防止疫病的传入。奶牛场所有出入口应设立消毒池，池内保持有效的消毒液量及浓度，门口应配备高压消毒枪，对进场车辆消毒。进出生产区的入口要设立防疫专用的消毒池和消毒室，消毒池内添加有效消毒液，消毒室内设消毒池、消毒洗手盆、紫外线灯、供更换的大褂和脚套。

(3) 健全防疫措施，严格防疫制度，确保安全生产。做好各项免疫工作，包括：口蹄疫、布病、鼻气管炎、病毒性腹泻-黏膜病、炭疽、破伤风等疫病的免疫，严格免疫操作程序。做好各项检疫工作，包括：布病、结核病、副结核病的检疫，严格检疫操作程序。做好消毒工作，全场每月消毒一次，成牛舍每半月消毒一次，犊牛舍和产房每周消毒一次。严格制度，保证效果，记录全面真实。

(4) 规范犊牛饲养管理，犊牛成活率达到90%。

(5) 加强后备牛饲养管理，各阶段生长发育达标，成活率达到95%。

(6) 定期检测隐性乳房炎，每月至少一次，隐性乳房炎发生率：夏季（乳区计数）20%以内，其他季节15%以内。做好乳房健康保健工作。

(7) 围产前、后7天监测奶牛尿pH和酮体，产后及高峰期定期补液，保护高产牛，预防产后瘫及代谢病。

(8) 成乳牛年死亡率为3%，年淘汰率为15%~18%。

(9) 保证运动场平整、干燥、整洁。四季修蹄，春秋集中修削变形蹄，蹄病控制在10%以内。

（10）兽医人员不断学习，提高诊疗水平，规范兽医室管理和兽医各项操作技术规程，坚持每班巡槽制度，及时发现病例，及时处理。规范用药制度和消毒制度，做好病例记录，降低奶牛发病率和药费开支。

9. 安全技术标准 包括通用安全、生产安全、交通安全、劳动防护和操作安全防护等。

10. 牛场管理标准 包括奶牛场场长（区长）工作标准、奶牛场兽医工作标准、奶牛场繁殖工作人员标准、育种人员工作标准和其他人员工作标准（包括班组长、其他技术人员、统计保管员、饲养员、挤奶工、司机、电工及设备维修人员、锅炉工、饲料工、门卫、电焊和清粪工等）。

七、优质安全原料奶生产技术

1. 优质安全原料奶的概念 优质牛奶是指饲养环境无污染、使用无公害饲料饲养的健康母牛产出的，富含营养，感官要求、理化指标、卫生和微生物检验以及重金属残留等都符合国家标准的牛奶。

2. 优质安全原料奶生产的技术关键

(1) 优质牛奶感官要求 牛奶的色泽呈乳白色或略带微黄色；组织状态为均匀的胶态流体，无沉淀和凝块，无肉眼可见杂质和其他异物；具有新鲜牛奶固有的香味，无其他异味。

(2) 优质牛奶理化指标 相对密度1.028~1.032，脂肪≥3.4%，蛋白质≥2.95%，非脂乳固体≥8.3%，酸度≤18.0°T，杂质度≤4 mg/kg。

(3) 卫生和微生物检测指标 汞、砷、铅等重金属含量必须符合国标要求，硝酸盐、亚硝酸盐、六六六、抗生素、黄曲霉素等有毒有害物都必须低于国标制定的标准范围，体细胞数≤40万/mL，微生物的菌落总数≤20万 cfu/mL。

(4) 奶牛健康 奶牛健康，无结核病、布氏杆菌病和其他传染疾病。

(5) 养牛环境 具有良好的牛舍卫生、牛体卫生和运动场条件，具备机械化挤奶设备。

八、机械化挤奶技术

1. 机械化挤奶技术的概念 机械化挤奶包括手推车挤奶、管道式挤奶以及挤奶厅挤奶。目前，我国家庭小规模饲养多用手推车挤奶。管道式挤奶在20世纪70—80年代很流行,挤奶管道就设在牛舍,奶牛的采食区又是挤奶区。这种挤奶方式不利于大规模奶牛场使用,目前我国使用较多的挤奶方式是挤奶厅式挤奶,按照挤奶台的设置,又分为鱼骨式、并列式以及转盘式挤奶。

2. 机械化挤奶规程

(1) 乳房健康检查 挤奶前先观察或触摸乳房外表是否有红、肿、热、痛症状或创伤。

(2) 乳头预药浴 对乳头进行预药浴,选用专用的乳头药浴液,药液作用时间应保持在20～30 s。如果乳房污染特别严重,可先用含消毒水的温水清洗干净,再药浴乳头。

(3) 擦干乳头 挤奶前用毛巾或纸巾将乳头擦干,保证一头牛一条毛巾。

(4) 挤去头2～3把奶 把头2～3把奶挤到专用容器中,检查牛奶是否有凝块、絮状物或水样,正常的牛可上机挤奶;异常时应及时报告兽医进行治疗,单独挤奶。严禁将异常奶混入正常牛奶中。

(5) 上机挤奶 上述工作结束后,及时套上挤奶杯组。奶牛从进入挤奶厅到套上奶杯的时间应控制在90 s以内,保证最大的奶流速度和产奶量,还要尽量避免空气进入杯组中。挤奶过程中观察真空稳定情况和挤奶杯组奶流情况,适当调整奶杯组的位置。排乳接近结束,先关闭真空,再移走挤奶杯组。严禁下压挤奶机,避免过度挤奶。

(6) 挤奶后药浴 挤奶结束后,应迅速进行乳头药浴,停留时间为3～5 s。

(7) 其他 固定挤奶顺序,切忌频繁更换挤奶员。药浴液应在挤奶前现用现配,并保证有效的药液浓度。每班药浴杯使用完毕应清洗干净。应用抗生素治疗的牛只,应单独使用一套挤奶杯组,每挤完一头牛后应消毒,挤出的奶放置容器中单独处理。奶牛产犊后7天以内的初乳饲喂新生犊牛或者单独储存处理,不能混入商品奶中。

九、肉牛肥育技术

1. 小白牛肉生产技术

(1) 小白牛肉生产的概念和意义 小白牛肉是指犊牛生后14～16周龄内,完全用全乳、脱脂乳或代用乳饲喂,使其体重达到95～125 kg屠宰后所产之肉。由于屠宰年龄小,全乳或代乳粉中缺乏铁元素,所以小牛肉色泽较淡,故称小白牛肉。其特点为柔嫩多汁,肉色较淡,是一种高档营养食品,在欧洲国家如荷兰、法国、比利时和德国很有市场。由于小白牛肉生产成本较高,肉的销售价格十分昂贵。进行小白牛肉生产的关键是产品要有稳定的销路,否则会造成经济损失。

(2) 小白牛肉生产技术关键

1)犊牛生后1周内,一定要吃足初乳;至少出生3日后应与其母亲分开,实行人工哺乳,每日哺喂3次。

2)应控制犊牛不要接触泥土,所以育肥牛栏多采用漏粪地板。

3)育肥期内,每日喂奶2~3次,自由饮水。冬季应饮20℃左右的温水,夏季可饮凉水。犊牛发生软便时,不必减食,可以给予温开水,但给水量不能太多,以免造成"水腹"。

4)若出现消化不良,可酌情减喂奶量,并用药物治疗。如下痢不止、有顽固性症状时,则应进行绝食,并注射抗生素类药物和补液。

5)生产小白牛肉每增重1 kg牛肉约需消耗10 kg奶,很不经济,因此,近年来采用代乳料加人工乳喂养越来越普遍。用代乳料或人工乳平均每生产1 kg小白牛肉约消耗13 kg代乳料或人工乳。

6)管理上应严格控制乳液中的含铁量,强迫犊牛在缺铁条件下生长,这是小白牛肉生产的关键技术。生产方案见表3-4。

表3-4 小白牛肉生产方案

日龄	期末体重/kg	日给乳量/kg	日增重/kg	需乳总量/kg
1~30	40.0	6.40	0.80	192.0
31~45	56.1	8.30	1.07	133.0
46~100	103.0	9.50	0.84	513.0

2. 高档牛肉生产

(1) 高档牛肉生产的概念和意义 通常高档牛肉是指优质牛肉中的精选部分,国外称特级牛肉或精选级牛肉,也称一级或二级牛肉。高档牛肉占牛胴体的比例最高可达12%,高档和优质牛肉合计占牛胴体的比例可达到45%~50%。高档优质牛肉售价高,因此,提高高档优质牛肉的出产率可大大提高饲养肉牛的生产效益。

在我国目前可以选择我国五大良种黄牛以及它们和夏洛来牛、利木赞牛、西门塔尔牛等肉用或乳肉兼用公牛与本地黄牛母牛杂交的后代来生产高档牛肉。生产高档牛肉以阉牛育肥最好。因为阉牛的胴体等级高于公牛,而阉牛又比母牛的生长速度快。根据美国标准,阉牛、未生育母牛的胴体分为 8 个等级;青年公牛胴体分为 5 个等级;而普通公牛胴体没有质量等级,只有产量等级;奶牛胴体无优质等级。最佳开始育肥年龄为 12～16 月龄,终止育肥年龄为 18～24 月龄。

(2) **高档牛肉生产技术** 采取持续育肥的饲养方式,给予高营养水平,获得较高的日增重(1.0 kg 以上),1.5 岁前体重达 400 kg 以上屠宰,屠宰率可以达到 60% 以上,净肉率 53% 以上。此种育肥方法由于在牛的生长旺盛阶段采用强度育肥,使其生长速度和饲料转化效率的潜力得以充分发挥,日增重高,饲养期短,出栏早,饲料转化效率高,肉质也好。持续育肥要以大量精饲料的投入为基础条件,成本较高,其产品有稳定的销路时才可采用。

下面列举典型日粮配方,供参考:

配方 1(适用于体重 300 kg)——精料 4～5 kg/(日·头)(玉米 50.8%,麸皮 24.7%,棉粕 22.0%,磷酸氢钙 0.3%,石粉 0.2%,食盐 1%,小苏打 0.5%,预混料适量),秸秆或干草 3～4 kg,玉米青贮 10～15 kg,酒糟 15 kg。

配方 2(适用于体重 400 kg)——精料 5～7 kg/(日·头)(玉米 51.3%,大麦 21.3%,麸皮 14.7%,棉粕 10.3%,磷酸氢钙 0.14%,石粉 0.26%,食盐 1.5%,小苏打 0.5%,预混料适量),秸秆或干草 5～6 kg/(日·头),玉米青贮 15～20 kg,酒糟 15～20 kg。

配方 3(适用于体重 450 kg 以上)——精料 6～8 kg/(日·头)(玉米 56.6%,大麦 20.7%,麸皮 14.2%,棉粕 6.3%,石粉 0.2%,食盐 1.5%,小苏打 0.5%,预混料适量),秸秆或干草 5～6 kg/(日·头),玉米青贮 20～25 kg,酒糟 20～25 kg。

3. 架子牛育肥

(1) **架子牛育肥的概念和意义** 12 月龄以上的牛都称为架子牛,在我国架子牛多是两岁以上的牛,在这一阶段,肉牛的骨骼和肌肉基本发育完成,脂肪沉积能力较强。架子牛育肥的目的是为了使牛的生长发育遗传潜力尽量发挥完全,增加屠宰牛的肉和脂肪,改善肉的品质,屠宰后能得到尽量多的优质牛肉,而投入的生产成本又比较适宜。

(2) **架子牛育肥饲养技术关键**

1) **架子牛的选择** 选择合适的纯种肉牛与本地牛的杂交后代。这种牛体型大,生长快,饲料利用率高,具有杂种优势;选择年龄在 1.5~2.5 岁之间、体重在 250~350 kg 之间的牛,此类牛有较高的生长强势;选择骨架较大,但膘情较差的牛,此类牛食欲好,长肉快,具有补偿生长能力;公牛最好,阉牛次之,不选母牛;健康无病。

2) 分阶段饲养 过渡驱虫期(前 15 天),驱除体内外寄生虫,完成使牛适应从以粗饲料为主的日粮到以精饲料为主的日粮的过渡;肥育前期(第 16—80 天),日粮粗蛋白含量 11%~12%,精、粗比为 60∶40;肥育后期(第 81—120 天),日粮粗蛋白水平 9%~10%,精、粗比为 70∶30。

3) 架子牛育肥的管理 按牛的品种、体重和膘情分群饲养,便于管理;日喂两次,早晚各一次。精料按照营养标准供给,粗料自由采食。饲喂后半小时饮水一次;气温低于 0 ℃时,应采取保温措施,高于 27 ℃时,采取防暑措施。夏季温度高时,饲喂时间应避开高温时段;肉牛育肥达到出栏标准时及时出栏,因为随着体重超过 500 kg,日增重下降,每千克增重的耗料量增加,育肥成本增加,利润下降。草料干净,饲草、饲料不含砂石、泥土、铁钉、铁丝、塑料布等异物,不发霉,不变质,没有有毒、有害物质污染。

第四节　养羊基本知识与新技术

一、我国养羊业现状及特点

我国养羊业历史悠久,在国民经济中占有重要地位,近年来我国养羊业发展迅速。2007 年山羊存栏 14 336.47 万只,绵羊 14 228.25 万只,年产羊肉 382.62 万吨,绵羊毛 363 470 吨,羊绒 18 483 吨,养羊数量和羊肉、羊皮、羊绒等产品的产量均居世界第一位。

我国养羊生产大致分为南北两个区域:南方山羊产区和北方绵羊产区。山羊主要分布在中南、西南和华东区。据统计,2007 年年存栏山羊 400 万只以上的有内蒙古、山东、河南、四川、云南等 10 个省(自治区、直辖市),累计存栏羊约占全国山羊存栏总数的 76.7%。绵羊主要分布在我国的西部和东北及华北区。年存栏绵羊 400 万只以上的有新疆、内蒙古、青海、西藏、甘肃、河北等 7 个省(自治区、直辖市),累计存栏绵羊约占全国绵羊存栏总数的 81.8%。我国西、北部除生产绵羊以外,还是山羊绒的重要生产基地。

目前我国有绵羊品种 79 个。按生产性能可将绵羊品种分为毛用羊、皮用羊和肉用羊3大类,毛用羊又可分为细毛羊、半细毛羊和粗毛羊3种。

我国细毛羊的主要品种有新疆细毛羊、东北细毛羊、内蒙古细毛羊、中国美利奴羊等,引入品种有德国美利奴、澳洲美利奴等。半细毛羊的主要品种有青海高原半细毛羊、内蒙古半细毛羊、东北半细毛羊等,引入品种有林肯羊、茨盖羊、考力代羊、罗姆尼羊等。粗毛羊有蒙古羊、藏羊、哈萨克羊等。皮用绵羊有裘皮羊如滩羊等,羔皮羊品种有胡羊、卡拉库尔羊等。我国尚无专门的肉用羊品种,但有产肉性能较好的绵羊品种,如小尾寒羊、大尾寒羊、阿尔泰羊、乌珠穆沁羊、同羊等,引入品种如夏洛来、萨福克、奥赛特、南丘羊等。

我国山羊品种多属原有地方品种,连同引入山羊品种有48个。根据生产用途可分为7大类:普通山羊,如西藏山羊、新疆山羊、太行山羊等;绒用山羊,如辽宁绒山羊、内蒙古绒山羊等;毛用山羊,如安哥拉山羊;裘皮山羊,如中卫山羊;羔皮山羊,如济宁青山羊等;肉用山羊,如马头山羊、南江黄羊,引进的波尔山羊等;奶用山羊,如崂山奶山羊、关中奶山羊,引进的萨能奶山羊等。

现阶段我国养羊业的发展重点和策略:一是加快发展肉羊和肉毛兼用羊。二是提高细毛羊的产品质量和产量,突出发展超细毛羊。三是不断加强绒山羊的选育和品质的提高。四是加快奶山羊的发展。五是大力推动养羊业的集约化和规模化发展。

二、羊的杂交改良技术

杂交就是两个或三个以上不同品种或品系间公母羊的交配,在羊的改良育种和生产中应用最广泛。在实际生产中常根据不同的生态条件,选择不同的品种杂交。杂交能提高生产力,尤其是繁殖力、羔羊成活率和羔羊生长速度。

羊的杂交改良方法如下:

1. 级进杂交 当一个品种生产性能低,需要从根本上改造时,可用另一优良品种与其进行级进杂交。级进杂交是两个品种的杂交,是将改良用公羊与被改良品种母羊杂交后,从第一代杂种开始,以后各代所产母羊,每代继续与原改良品种公羊杂交,3~4代后生产性能基本与改良品种接近。当杂交后代基本上达到目标时,杂交应停止。

2. 育成杂交 用两个品种杂交育成新品种的方法称为简单育成杂

交,用3个或3个以上品种杂交育成新品种的方法称为复杂育成杂交。育成杂交将参与杂交品种的优良性状集中在杂种后代身上,从而创造出新品种。育成杂交的形式多种多样,一般采用本地母羊为母本,引进其他优良品种公羊作为父本进行杂交,然后在后代中进行严格的选择、淘汰,最后横交固定获得兼具两品种优点的新品种。如我国的南江黄羊、新疆细毛羊等就是采用育成杂交的方法培育出来的。

3. 导入杂交 一个品种基本上符合要求,只在某些方面有自身不能克服的重大缺点,或用纯种繁育难以提高某些品质时,可以用与该品种生产方向一致、能克服该品种缺点的其他品种进行杂交,杂交后代公、母羊与原品种进行回交。如澳洲美利奴羊导入了1/4林肯羊血液,育成了著名的波尔华斯品种羊。

4. 经济杂交 经济杂交又称商品杂交。利用两个或两个以上品种的杂种后代供商品生产之用,而不作种用。经济杂交主要是利用杂交产生的杂种优势,即利用杂种后代所具有的生活力强、生长速度快、饲料报酬高、生产性能高等优势。应用经济杂交最广泛、效益最好的是肉羊商品生产,特别是舍饲肥羔生产。

三、羊的放牧饲养技术

放牧饲养是牧区养羊生产的主要方式,即采用不同的模式让羊只在草场自由采食及活动所进行的生产方式。合理的放牧方式不仅能提高养羊生产的经济效益,而且为草场的保护和可持续发展提供保证。

放牧饲养技术要点如下:

1. 草场规划 对草场的规划,原则上是生产性能越高的羊,要求草场的质量越好。通常对种公羊和高产母羊要留有较好的草场;育成羊也要留出专用草场;圈舍附近的草场留给冬季哺乳母羊和羔羊;去势羊和不孕母羊可以在品质较差或距离较远的草场上放牧。有计划地按季节变换草场,是一种合理利用草场的良好制度。春季草场应选择在气候较温暖、雪融化较早、牧草最先萌发和离羊舍较近的平川、盆地或浅丘草场;夏季草场应选择在气候凉爽、蚊蝇少、牧草丰茂、有利于放牧抓膘的山区;秋季草场的选择应该选在由山冈到山腰,再到山底,最后到平滩地放牧的地方;冬季草场应选择背风向阳、地势较低的洼地或丘陵的向阳坡地。

2. 放牧草场的利用 草场的利用方式即指放牧方式。一般放牧方式可分为固定放牧、围栏放牧、季节放牧和小区轮牧。

固定放牧是羊群一年四季在一个特定区域内自由放牧采食。这种放牧方式不利于草场的合理利用与保护，载畜量低，单位草场面积提供的产品数量少，羊的数量与草地生产力之间自求平衡。这是现代养羊业应该摒弃的一种放牧方式。

围栏放牧是根据地形把放牧场围起来，在一个围栏内，根据牧草所提供的营养物质数量并结合羊的营养需要量，安排一定数量的羊放牧。

季节放牧是根据四季草场的划分，按季节轮流放牧，它能较合理利用草场，提高放牧效果。

小区轮牧是在划定季节草场基础上，根据牧草的生长、草地生产力、羊群对营养的需要和寄生虫的侵袭动态等，将草场划分为若干个小区，羊群按一定的顺序在小区内进行轮回放牧。这是一种先进的放牧方式，其优点是能合理利用和保护草场，提高草场载畜量；将羊群控制在小区范围内，减少了游走所消耗的能量；增重较快，并能减少体内寄生虫感染。

四、羔羊早期断奶和补饲技术

羔羊早期断奶，即比常规生产的断奶早，可在 4~7 周龄断奶。断奶前只要供给适宜的乳羊料或放牧采食，技术上的问题已经解决。羔羊生后 7~10 天可以训练吃草、料。羔羊早开食能促进消化器官和消化腺的发育。

羔羊早期断奶和补饲，有利于最大限度地发挥羔羊早期生长快的潜能，缩短羔羊生产周期，有助于在母羊群中实行高效高频繁殖，大大降低了母羊的饲养成本。

1. 羔羊早期断奶的方法 羔羊早期断奶的第一步是训练羔羊早龄开食。在固定地点设一围栏，内置饲槽，母羊进不去，羔羊可以随意进出。也可以采用母子分群的方法，将羔羊隔开单独训练。训练开食时，可采用多种方法，如适当短期限制哺乳，待羔羊饥饿时补饲乳羊料，也可以先用液体代乳品诱导，逐步过渡到饲喂固体饲料。

羔羊训练开食的时间越早越好。虽然在 2~3 周龄前采食量有限，但早龄采食极少量的固体饲料对建立瘤胃功能和采食行为有很大的作用。早龄训练开食，对促进羔羊的生长还具有长期的效应。

2. 羔羊早期断奶的开食料、乳羊料与日粮组成要求 早龄羔羊开食日粮的适口性十分重要,因为这时羔羊对饲料种类的区分能力差,要靠适口性吸引羔羊吃食。开食料后改用乳羊料,即早补饲,可以不过分强调适口性,重点是保证能量和蛋白质的数量。对早龄羔羊适口性好的饲料有豆饼,它不仅能提高日粮的适口性,而且能增加适量的蛋白质,其次为苜蓿干草。苜蓿颗粒和玉米也是适口性好的饲料。用苜蓿、豆饼和糖蜜制成饲料日粮,适口性也很好。美国 NRC 推荐的羔羊早期补饲日粮见表3-5。

表3-5 美国 NRC 推荐的羔羊早期补饲日粮配方　　　　单位:%

	A	B	C
玉　　米	40.0	60.0	88.5
大　　麦	38.5	—	—
燕　　麦	—	28.5	—
麦　　麸	10.0	—	—
豆饼、葵花籽饼	10.0	10.0	10.0
石灰石粉	1.0	1.0	1.0
加硒微量元素盐	0.5	0.5	0.5
金霉素或土霉素/(mg·kg^{-1})	15.0~25.0	15.0~25.0	15.0~25.0
维生素 A/(U·kg^{-1})	500	500	500
维生素 D/(U·kg^{-1})	50	50	50
维生素 E/(U·kg^{-1})	20	20	20

注:① 6 周龄以内要碾碎,6 周龄以后整喂。
② 苜蓿干草单喂,自由采食。
③ 石灰石粉与整粒谷物混不到一块,取豆饼等蛋白质饲料与10%石灰石混拌,加在整粒谷物的上面喂。
④ 大麦、燕麦可以用玉米代替。
⑤ 预防尿结石病可以另加 0.25%~0.50%的氯化铵。

对羔羊早期断奶的饲料总的要求是:第一要适口性好,保证吃够数量;第二是营养价值高,特别是蛋白质和能量;第三是成本低,也就是羔羊用日粮成分,要求是在瘤胃内发酵快,粗纤维含量少。配合时应注意:蛋白不低于 15%;饲喂颗粒饲料可以加大采食量,提高日增重,颗粒直径为 0.4~0.6 cm;日粮中应添加抗生素,每 100 kg 日粮按 4 g 计算。羔羊早期补饲日粮可参考美国 NRC 推荐的羔羊早期补饲日粮配方。

放牧羔羊的补饲,以单一的谷粒为主,或用乳羊颗粒饲料,根据牧草生长情况,适当添加一些蛋白质饲料。

五、肥羔生产技术

现代羊肉生产的主流是羔羊肉,尤其是肥羔肉,即出生后不满 1 岁完全是乳齿的羊,其中 4~6 月龄屠宰的称为肥羔。育肥关键技术包括:

1. 预饲期饲养关键技术 羔羊进入育肥期后,要有 15 天的预饲过渡期。3 天以内只喂干草,使羔羊适应新环境。4—6 天仍以干草日粮为主,同时逐渐添加配合日粮。7—10 天供给配合日粮,精、粗料比例为 36∶64。预饲期间,平均每只羔羊保证有 25~30 cm 的饲槽,使羔羊在投料时能在饲槽前采食。一般一天为两次,每次投料量以能在 45 min 内吃完为准。量不够时要及时添加,量过多时注意清扫。羔羊吃食时,要注意观察它们的采食行为和习惯,发现问题通过小群间调整予以照顾。如要加大喂量或变换日粮配方都应在两三天内完成,切忌变换过快。另外,还应根据羔羊表现,对日粮不够完善的情况,从饲料种类和饲喂方法上进行调整。

2. 育肥期饲养关键技术 羔羊预饲期结束后进入正式育肥期,根据育肥计划和增长要求,可选用不同日粮。生产者可以灵活选择。最佳羔羊育肥的饲养标准如下表 3-6 所示。

表 3-6 最佳羔羊育肥的饲养标准

项　目	专用羔羊饲料	全价颗粒饲料
日增重/g	336	375
饲料转化率/(kg 饲料·kg^{-1}活重)	3.64	3.50
日饲料摄入量/(kg·d^{-1})	1.19	1.27
最大日饲料摄入量/(kg·d^{-1})	1.36	1.45

在饲养管理方面,羔羊先喂 10~14 天预饲期日粮,再转用以精料为主的育肥日粮。精料型日粮开始喂时要适当控制喂量,以后逐日增加,10~14 天内达到全量。羔羊每日进食量不少于 2~3 kg,否则达不到预计的日增重。严格按饲料比例配匀,石灰石粉的数量要保证(5%),饲喂的饲料要过秤,不能估测。每天要清扫饲槽,保持清洁卫生。

六、剪毛与梳绒技术

羊毛(绒)是养羊业的主要产品之一,也是毛纺工业的重要原料。羊毛(绒)的生长与羊只的品种、类型、季节等因素有关,因此,采用科学的剪毛与梳绒技术十分重要。

1. 羊的剪毛技术

(1) 剪毛时间和次数 细毛羊、半细毛羊和杂种羊一年内仅在春季剪一次毛,粗毛羊在春、秋季剪两次毛。剪毛时间与当地气候和羊群膘情有关，最好在气候稳定和羊只体力恢复之后进行。

（2）剪毛次序 同一品种羊按羯羊、试情公羊、育成公羊、育成母羊和种公羊的顺序进行，不同品种羊按粗毛羊、杂种羊、细毛羊或半细毛羊的顺序进行。患皮肤病和外寄生虫病的羊最后剪。

（3）剪毛方法 有手工剪和机械剪两种。手工剪毛，每人每日可剪20~30只；规模羊场一般采用机械剪毛。机械剪毛是用一种专用的剪毛机进行剪毛，速度快，质量好。剪毛时，先将羊的左侧放在剪毛台上，头向左，背靠操作人员，从大腿内侧起，剪完两后肢及两前肢，再从后向前将羊右腹部和胸部的毛剪下，将羊翻转，使腹部朝向操作者，将左腹部毛剪下，然后从腹部向背部、肩部剪，剪完左侧再剪右侧，最后抬起羊头，剪去头部、颈部羊毛。

（4）剪毛注意事项

1）剪毛前12 h停止放牧、饮水和喂料，以免粪便污染羊毛和因翻转羊体而引起胃肠扭转。

2）剪刀要放平，紧贴羊的皮肤，留茬要低而齐，留毛茬高度0.5 cm左右，严禁剪二茬毛。

3）剪毛时，一定按剪毛顺序进行，争取剪出完整的套毛。遇到皮肤皱褶处，应将皮肤轻轻展开后再剪，防止剪伤皮肤。一旦剪破皮肤，要及时消毒或缝合。

4）剪毛后要控制采食，因剪毛前停食造成羊只饥饿，不控制采食易引起羊只消化不良。

5）剪毛后的几天内，严防羊只淋雨和日光曝晒。

2. 山羊梳绒技术 梳绒又称抓绒，指用特制的金属梳将山羊被毛内层的绒毛梳理下来的过程。梳绒技术是保证山羊绒质量和数量的关键。

（1）梳绒工具 目前我国推行手工梳绒，使用的金属梳有两种：一种为稀梳，由7~8根钢丝组成，钢丝间距为2.0~2.5 cm；另一种为密梳，由12~14根钢丝组成，钢丝间距为0.5~1.0 cm。

（2）梳绒时间 原则上根据当地气候而定，当发现山羊头部绒纤维开始脱离时，即为适宜的梳绒时间。

（3）梳绒方法 将山羊仰卧，梳左侧时拴住两右肢，梳右侧时拴住两左肢。先用稀梳顺毛方向梳去草屑、粪块等杂物，再用密梳从羊的股、腰、胸、肩到颈部，依次反复逆毛梳理，直至将脱离的绒纤维梳净为止。

(4) 注意事项 梳绒前12 h羊只停止放牧和饮水;对怀孕母羊的操作要小心,防止流产;梳绒顺序应先母羊,后公羊,再羯羊和幼龄羊;先梳白色羊,后梳有色羊。

七、羊病综合防治技术

1. 加强饲养管理,增进羊体健康 羊舍饲后饲养密度提高,羊只运动量减少,人工饲养管理程度提高,但一些疾病会相对增多。事实上85%以上的羊病,都涉及营养。羊群的生产水平越高,对营养、卫生和管理的要求也越高。因此,科学喂养、精心管理、增强羊只抗病能力是预防羊病发生的重要措施。首先,饲料种类应力求多样化并合理搭配与调制,使其营养丰富全面;其次,重视饲料和饮水卫生,不喂发霉、变质、冰冻及被农药污染的草料,不饮污水;再次,保持羊舍清洁、干燥,注意防寒保暖及防暑降温工作。

2. 搞好环境卫生 圈舍应建在地势较高、干燥、向阳、便于排水和清扫的地方。羊的环境卫生好坏与疫病的发生有密切关系,因此,羊舍、羊圈、场地及用具应保持清洁、干燥。必须每天清除圈舍、场地的粪便及污物,将粪便及污物堆积发酵,30天左右可作为肥料使用。

3. 有计划地进行羊的免疫接种 免疫接种是预防和控制羊群感染传染病,激发羊体产生特异性抵抗力,使其对某种传染病从易感转化为不易感的一种手段。因此,在时常发生某种传染病的地区,或有某些传染病潜在危险的地区,应有计划地对健康羊群进行免疫接种。各地区可能发生的传染病各异,而利用可以预防这些传染病的疫苗来预防不同的羊传染病,这就要根据各种疫苗的种类、免疫次数和间隔的时间来决定。如当重点预防羔羊痢疾时,应在母羊配种前1~2个月或配种后1个月左右进行预防注射。

4. 定期消毒 消毒是贯彻"预防为主"方针的一项重要措施。其目的是消灭传染源散播于外界环境中的病原微生物,切断传播途径,阻止疫病继续蔓延。规模较大的羊群应建立切实可行的消毒制度,定期对羊舍(包括用具)、地面土壤、粪便、污水、皮毛等进行消毒。常用的消毒药有10%~20%的石灰乳、0.5%~1%的菌毒敌(原名农乐,同类产品有农棉、农富、菌毒灭等)、0.5%~1%的二氯异氰尿酸钠(以此药为主要成分的商品消毒剂有"强力消毒灵"、"灭菌净"、"抗毒威"等)、0.5%的过氧乙酸等。

5. 定期驱虫 为了预防羊的寄生虫病,应在发病季节来临之前,用药物给羊群进行预防性驱虫。一般每年对全群羊驱虫两次,第一次在

2—3月份,第二次在8—9月份;对寄生虫严重的地区5—6月份再加一次;怀孕母羊在接近分娩时进行产前驱虫。

6. 定期进行药浴 药浴是防治羊的外寄生虫病,特别是羊螨虫病的有效措施,可在剪毛后10天左右进行。药浴液可用0.1%~0.2%杀虫脒(氯苯脒)水溶液、1%敌百虫水溶液或速灭杀丁80~200 mg/L、溴氰菊酯50~80 mg/L。也可用石硫合剂,其配法为生石灰7.5 kg,硫磺粉末12.5 kg,用水拌成糊状,加水150 L,边煮边拌,直至煮沸呈浓茶色为止,弃去下面的沉渣,上清液便是母液。在母液内加500 L温水,即成药浴液。药浴可在特建的药浴池内进行,或在特设的淋浴场淋浴,也可用人工方法抓羊在大盆(缸)中逐只盆(缸)浴处理。

第五节 养禽基本知识与新技术

一、我国养禽业现状及特点

家禽养殖在我国有着悠久的历史,我国的家禽养殖在20世纪70年代以前一直是小农经济式的庭院饲养,规模化生产的水平很低,改革开放以后我国的规模化养禽事业得到快速的发展,尤其是规模化养鸡业的发展更是另世人瞩目。据联合国粮农组织统计,2007年我国禽肉总产量为1 603.4万吨,占肉类总产量的17.70%;蛋类总产量为3 045.4万吨,占世界蛋类总产量的44.95%,人均占有禽蛋量已超过20 kg。蛋鸡和肉鸡在数量上已经处于饱和状态。我国的水禽养殖在20世纪末得到快速发展。鸭存栏达到近7亿只,鹅的数量最近几年也增加很快。

在一段时间内,我国养禽的主体是农区相对欠发达地区的农民个体饲养。农村个体规模化养鸡场的规模从几百只、上千只到几万只。由于鸡场的数量较多,形成一些存栏上千万只的基地乡、县、市,使鸡蛋和鸡肉的产量迅速增加。农村个体规模化养鸡是符合我国人口和资源状况的最佳形式。我国已经形成了良种繁育体系,尤其是鸡的良种繁育体系已经很成熟。规模化养鸡场所饲养的品种均为优良杂交商业品种。同时,也形成了比较完整的从种鸡饲养、孵化、饲料、兽药、疫苗、设备、技术咨询服务到鸡蛋收购、运销的配套服务体系。

今后我国养禽业的发展趋势:一是要依靠科技进步提高生产效率,这些先进技术主要表现在品种、饲料添加剂、兽医防疫和环境控制等方面；二是发展有一定规模的龙头企业,带动养殖专业户形成规模优势;三是特色产品、高品质产品将受到市场欢迎。

二、国内主要良种禽种

1. 鸡的主要品种 现代养鸡生产中,把鸡分为蛋鸡和肉鸡两大类型。

（1）**蛋鸡** 蛋鸡一般分为白壳蛋鸡、褐壳蛋鸡和浅褐壳（粉壳）蛋鸡3种类型。白壳蛋鸡体型小,性成熟早,产蛋多,饲料效率高,主要品种有美国的保万斯、迪卡XL-link、海赛克斯、海兰、巴布考克B300、罗曼FS、罗曼LSL、星杂288、北京白鸡等。褐壳蛋鸡体型稍大,耗料稍多,占笼空间大,产蛋量与白壳蛋鸡相仿,蛋大,主要品种有罗曼褐、海兰褐、保万斯高兰、伊沙褐、海赛克斯褐、尼克褐、农大1号、新杨褐等。浅褐壳蛋鸡常见的品种有海兰灰、尼克粉、罗曼粉、农大3号粉、京白939等。

（2）**肉鸡** 一般分为快大型肉鸡和优质肉鸡。快大型肉鸡为白羽或有色羽（多为红羽）,优质肉鸡多为黄羽或少量麻羽、黑羽。因白羽肉鸡生长速度、饲料转化率、经济效益等普遍优于有色羽肉鸡,故白羽肉鸡在当代世界肉鸡业中占绝对多数。常见的白羽快大型肉鸡品种有艾维茵、爱拔益加（AA鸡）、科宝、哈巴德等,常见的有色羽快大型肉鸡品种有红宝、安纳克、狄高鸡等。优质肉鸡多为黄羽,主要集中在我国南方。

2. 鸭的主要品种 鸭的品种按经济用途分为肉用型、蛋用型和兼用型3种。

（1）**肉鸭** 我国地方优良肉鸭品种主要有北京鸭、吉安红鸭、四川天府肉鸭等,国外引进的品种主要有樱桃谷鸭、狄高鸭、番鸭等。

（2）**蛋鸭** 我国蛋鸭的优良品种主要有绍兴鸭、金定鸭、攸县麻鸭、荆江麻鸭、三穗鸭、莆田黑鸭、连城白鸭、中山麻鸭等,引进的蛋鸭品种主要有卡基-康贝尔鸭。

（3）**兼用型品种** 包括高邮鸭、建昌鸭、巢湖鸭、大余鸭等。

3. 鹅的主要品种 鹅根据体型大小可分为大型鹅、中型鹅和小型鹅。大型鹅的主要品种有狮头鹅,中型鹅有浙东白鹅、溆浦鹅、四川白鹅、皖西白鹅等,小型鹅有太湖鹅、仔鹅、豁眼鹅等。

三、产蛋鸡的饲养管理技术

育成鸡饲养到17周龄左右即转入产蛋鸡舍,准备进入产蛋期。目前绝大多数商品蛋鸡采用笼养,因此,除了专门说明的地方之外,叙述的都是笼养蛋鸡的饲养管理技术。

1. 预产期的管理 在产蛋鸡即将开产时,在生理和管理方面必须有以下变化。

(1) 增加光照。

(2) 更换产蛋鸡料 产蛋鸡饲料和育成鸡饲料的重要区别是产蛋鸡料钙磷含量高。一般在产蛋鸡产蛋率达到5%时更换产蛋鸡料。在产蛋前饲喂2～4周的过渡料。性成熟阶段,即开产前2～3周至开产(产蛋率50%)后1周,母鸡体重增加很快。因此,高峰前饲喂营养物质浓度比较大的高峰期料,对鸡群生产潜力的发挥有利。

(3) 出现三高 开产阶段,鸡群会出现采食量增高、产蛋率升高和死亡率升高。出现死亡率升高的原因是有些鸡的产道狭窄,产出鸡蛋带血,引起其他鸡只啄肛。预防啄肛的方法是鸡的体重达标,光照增加适度,必要时补充维生素和补液盐。

2. 产蛋高峰期的管理

(1) 自由采食 要使鸡群维持较高的产蛋高峰,在产蛋高峰期一般采取自由采食,保证鸡的采食量能够满足产蛋需要。

(2) 避免应激 小的应激都会造成产蛋高峰期产蛋率的波动。为了防止产蛋率出现波动,产蛋高峰期尽量避免进行免疫、抓鸡等工作,保持鸡舍的相对安静。控制鸡舍的环境,使温度、湿度和空气质量适合鸡群的需要,光照时间达到16 h以上。

(3) 使鸡群体重适宜 整齐而体重适宜的鸡群能达到最佳的产蛋高峰——鸡群产蛋率达到90%以上。

3. 产蛋后期的管理

(1) 控制给料量 产蛋高峰阶段一直采用自由采食,高峰期之后鸡的产蛋率下降,蛋重增加,对营养的需要量减少,但是鸡自己不能控制进食量。因此,高峰过后2周开始限制饲喂。限饲的主要优点是降低饲料成本。

(2) 增加饲料中钙的含量 产蛋后期鸡蛋变大,蛋壳质量变差,破损率上升,饲料中钙的含量需要适当增加,一般40周龄以后的鸡饲料中钙的含量需要增加到4%。

(3) 控制蛋重增加 产蛋后期蛋重增加,蛋重太大不仅破损率高,而且不利于包装和运输,成本增加。控制蛋重增加的方法首先是降低1%的饲料粗蛋白含量,其次是减少甲硫氨酸添加量的 0.05% 和亚油酸的量。

4. 生产控制技术

(1) 限制饮水 为减少粪便中的水分,可限制饮水量。但是在夏季不要限制饮水,熄灯前 1~2 h 不要停水。

(2) 维持一定大小的体重 要达到较高的产蛋水平,产蛋母鸡必须有合适的成年体重,白壳蛋鸡合适的成年体重为 1 700 g 左右,褐壳蛋鸡为 2 100 g 左右,矮小型蛋鸡为 1 550 g 左右。

(3) 减少饲料浪费。

(4) 防止啄癖 啄癖是一种异常行为,啄癖严重时会给养鸡场造成较大的经济损失,占到死亡数的 80% 以上,必须对此病加以重视。诱发啄癖的原因有许多,断喙是防止鸡群发生啄癖最经济、最有效的方法。

(5) 提高蛋壳质量 蛋壳质量指蛋壳的强度、厚度、颜色和光滑度。蛋壳质量影响鸡蛋的破损率。品种、光照、钙磷比例和含量、水中的盐分、维生素 D_3 的含量以及疾病等均可影响蛋壳质量。

四、填肥鸭的生产技术

1. 填肥鸭生产的特点 填鸭是一种快速育肥的方法,它主要用于制作烤鸭。由于填鸭是一种用高热能饲料强制育肥的方法,可使鸭体重快速增加并大量积聚脂肪,特别是肌间脂肪含量增加,从而改善了屠体品质。填肥鸭是在中雏鸭养到 5~6 周龄、体重在 1.75 kg 以上时,转入强制饲喂阶段。一般经 10~15 天填饲期后,体重达到 2.6 kg 以上即可上市,供制作烤鸭用。

2. 填肥鸭的营养水平与日量配合技术 进入填饲期的雏鸭还处在发育尚未成熟阶段,因此,填肥饲料的蛋白质水平不能过低,并要注意矿物质特别是钙和磷的含量及适当比例,以免影响矿物质不足或钙磷失调,影响增重和引起弱腿症。

3. 填饲技术

(1) 填肥鸭的分群 填饲开始前应按体重大小和体质强弱分群饲养。这有利于填饲量的掌握和肥度的整齐。

(2) 填料的调制 现在的填料主要用水稀释,将混合料加水调成稠粥状,饮水各占一半左右。填饲初期可稀一些,后期应调整。为了有利于填鸭的消化,填饲前 4 h 先用水充分地浸泡饲料,用填饲机搅拌均匀以后再进行填饲。当温度较高时,填饲前可不必浸泡或者短时间浸泡即可,以免引起填料的变质。

(3) 填饲量和填饲操作 填饲量随填饲日龄的增加和消化情况逐渐增加,避免填饲量增加过快。开始填饲量以每次 150 g 水料(水料比为 62∶38 或者 56∶44)为宜,一般填饲 8 天以后每次水料增至 350～400 g。凉爽季节,鸭群消化好,每次水料可适当增加。填饲时间为每昼夜 4 次,填饲时间间隔均匀分配。

(4) 采用填饲机操作的技术要点 使鸭体平,开嘴要快,压舌要准,进食要慢,撒鸭要快。

五、鸡场设备介绍

1. 饮水设备 饮水设备分为以下 5 种:乳头式、杯式、水槽式、吊塔式和真空式(图 3-9)。雏鸡开始阶段和散养鸡多用真空式、吊塔式和水槽式饮水设备,散养鸡现在趋向使用乳头式饮水器。各种饮水系统性能及优缺点见表 3-7。

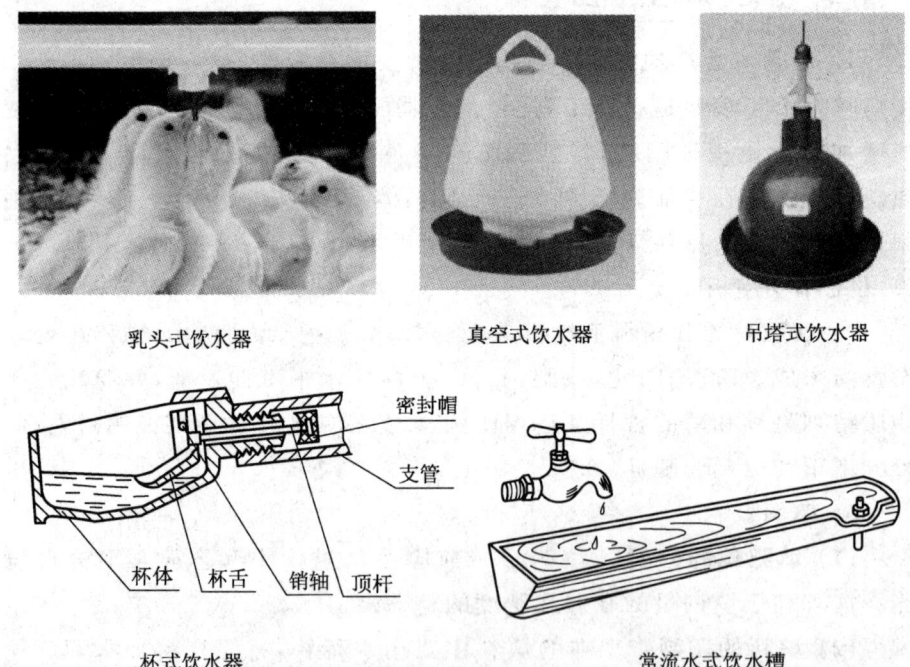

图 3-9 各种形式的饮水设备

表3-7 各种饮水系统的主要部件、性能和优缺点

名称	主要部件及性能	优缺点
水槽	1. 常流水式由进水龙头、水槽、溢流水塞和下水管组成。当供水超过溢流水塞时,水即由下水管流进下水道 2. 控制水面式由水槽、水箱和浮阀等组成。适用于短鸡舍的笼养和平养	结构简单。但耗水量大,疾病传播机会多,刷洗工作量大。安装要求精度大,长鸡舍很难水平,供水不匀,易溢水
真空式饮水器	由聚乙烯塑料筒和水盘组成。筒倒装在盘上,水通过筒壁小孔流入饮水盘,当水将小孔盖住时即停止流出,保持一定水面。适用于雏鸡和平养鸡	自动供水,无溢水现象,供水均衡,使用方便 不适于饮水量较大时使用,每天清洗工作量大
吊塔式饮水器	由钟形体、滤网、大小弹簧、饮水盘、阀门体等组成。水从阀门体留出,通过钟形体上的水孔流入饮水盘,保持一定水面。适用于大群平养	灵敏度高,利于防疫,性能稳定,自动化程度高 洗刷费力
乳头式饮水器	由饮水乳头、水管、减压阀或水箱组成,还可以配置加药器。乳头由阀体、阀芯和阀座等组成。阀座和阀芯是不锈钢制成,装在阀体中并保持一定间隙,利用毛细管作用使阀芯底端经常保持一个水滴,鸡啄水滴时即顶开阀座使水流出。平养和笼养都可以使用。雏鸡可配各种水杯	节省用水,清洁卫生,只需定期清洗过滤器和水箱,节省劳力。经久耐用,不需更换。对材料和制造精度要求较高 质量低劣的乳头饮水器容易漏水

2. 环境控制设备

(1) 光照设备 光照设备除了光源之外,主要是光照自动控制器,光照自动控制器的作用是能够按时开灯和关灯。

(2) 通风设备 通风设备的作用是将鸡舍内的污浊空气、湿气和多余的热量排出,同时补充新鲜空气。鸡舍内常用的通风设备是风机,一般采用大直径、低转速的轴流风机。

(3) 湿垫风机降温系统 湿垫风机降温系统的主要作用是夏季空气通过湿垫进入鸡舍,可以降低进入鸡舍空气的温度,起到降温的效果。湿垫风机降温系统由纸质波纹多孔湿垫、湿垫冷风机、水循环系统及控制装置组成。在夏季,空气经过湿垫进入鸡舍可降低舍内温度 5～8 ℃,尤其在我国华北干热地区湿垫降温系统的降温效果非常理想。

(4) 热风炉供暖系统 热风炉供暖系统主要由热风炉、轴流风机、有孔通气管和调节风门等设备组成。它是以空气为介质,煤为燃料,为空间提供无污染的洁净热空气,用于鸡舍的加温。该设备结构简单,热效率高,送热快,成本低。

3. 鸡笼设备 主要有层叠式电热育雏笼、全阶梯式鸡笼、半阶梯式

鸡笼、层叠式鸡笼、育雏育成一段式鸡笼、产蛋鸡笼等。

4. 清粪设备 鸡舍内的清粪方式有人工清粪和机械清粪两种。机械清粪常用设备有：刮板式清粪机、带式清粪机和抽屉式清粪机。刮板式清粪机多用于阶梯式笼养和网上平养，带式清粪机多用于叠层式笼养，抽屉式清粪机多用于小型叠层式鸡笼。

六、鸡舍环境控制技术

1. 温度 鸡舍内的热量主要来自鸡自身的产热量。在夏季需要通过通风将鸡产生的过多热量排出鸡舍，以降低舍内温度；在天气寒冷时，鸡所产生的大部分热量必须保持在舍内以提高舍内温度。环境温度会对鸡的生产性能产生影响。对生长鸡和产蛋鸡来讲，适宜的温度范围（13～25 ℃）对其能够达到理想生产指标很重要。超出或低于这个温度范围时饲料转化率降低。

鸡舍控制温度的措施包括：

（1）**鸡舍结构** 鸡舍的墙壁的隔热标准要求较高，尤其是屋顶的隔热性能要求较高。隔热性能受所用的隔热材料的影响。房舍的内外都要防潮，地面必须经过夯实。外墙和屋顶应当涂成白色或覆盖其他反射热量的物质。顶棚对开放式鸡舍很有用处，不仅能防雨，而且提供阴凉。开放鸡舍在我国非常普遍。

（2）**通风** 一定的风速可以降低鸡舍的温度。环境控制鸡舍必须安装机械通风，以提供鸡群适当的空气运动，并通过对流进行降温。

（3）**蒸发降温** 蒸发降温有几种方法：房舍外喷水，降低进入鸡舍空气的温度，使用风机进行负压通风使空气通过湿垫进入鸡舍，良好的鸡舍低压或高压喷雾系统形成均匀分布的水蒸气。开放式鸡舍可以在鸡舍的阳面悬挂湿布帘或湿麻袋包。

（4）**鸡群密度** 减少单位面积的存栏数能降低环境温度。

（5）**足够饮水器**。

2. 相对湿度 鸡舍内湿度的来源主要是鸡呼吸产生的水蒸气、粪便带出的水分、大气中的水分。

湿度对鸡的影响只有在高温或低温情况下才明显，在适宜温度下无大的影响。高温时，鸡主要通过蒸发散热，如果湿度较大，会阻碍蒸发散热，造成高温应激。低温高湿环境下，鸡失热较多，采食量加大，饲料消耗增加,严寒时会降低生产性能。低湿容易引起雏鸡的脱水反应,羽毛生长不良。

鸡只适宜的相对湿度为60%～65%,但是只要环境温度不偏高或偏低,在40%～72%范围内也能适应。

控制相对湿度的方法,主要是饮水器不漏水或滴水,适当控制鸡的饮水,加强通风把湿气排出鸡舍。如果鸡舍湿度过低,可以采取喷雾的方法,雏鸡舍可以采用在火炉上加热开水的方法。

3. 空气质量　鸡舍内的有害气体包括粪尿分解产生的氨气和硫化氢,鸡呼吸或物体燃烧产生的二氧化碳,以及垫料发酵产生的甲烷,另外用煤炉加热燃烧不完全还会产生一氧化碳。这些气体对鸡体的健康和生产性能均有负面影响,而且有害气体浓度的增加会相对降低氧气的含量。因此,鸡舍内各种气体的浓度有一个允许范围值(表3-8)。

表3-8　鸡舍内各种气体的致死浓度和最大允许浓度

气体	致死浓度/%	最大允许浓度/%
二氧化碳	>30	<1
甲烷	>5	<5
硫化氢	>0.05	<0.004
氨	>0.05	<0.0025
氧	<6	

4. 光照　光照不仅使鸡看到饮水和饲料,促进鸡的生长发育,而且对鸡的性成熟、排卵和产蛋均有影响。

(1) 光照强度　光照太强不仅浪费电能,而且鸡显得神经质,易惊群,活动量大,消耗能量,易发生斗殴和啄癖。光照过弱,影响采食和饮水,起不到刺激作用,影响产蛋量。表3-9列出了不同类型的鸡需要的光照强度。

表3-9　鸡对光照强度的需求

项目	年龄	光照强度			
		/(W·m^{-2})	最佳/lx	最大/lx	最小/lx
雏鸡	1～7日龄	4～5	20	—	10
育雏育成鸡	2～20周龄	2	5	10	2

续表

项目	年龄	光照强度/(W·m^{-2})	最佳/lx	最大/lx	最小/lx
产蛋鸡	20周龄以上	3~4	10	20	5
肉种鸡	30周龄以上	5~6	30	30	10

(2) 光照制度

1) 密闭鸡舍 环境控制鸡舍由于完全采用人工光照,所以光照程序比较简单。表3-10列出了褐壳蛋鸡的参考光照制度。

表3-10 环境控制鸡舍的光照制度

周龄	光照/h	周龄	光照/h
1	22	21	12
2	18	22	12.5
3	16	23	13
4~17	8	24	13.5
18	9	25	14
19	10	26	14.5
20	11	27~72	15

2) 开放式鸡舍 开放式鸡舍的光照制度应根据当地实际日照情况确定。表3-11是北京北农大种禽公司提供的农大褐3号蛋鸡开放式鸡舍的光照制度,华北地区的鸡场可参考执行。

表3-11 开放式鸡舍的光照制度

光照时间\出雏日期\周龄	顺季5月4日—8月25日	逆季8月26日—翌年5月3日
0~1	22~23	22~23
2~7	逐渐降到自然光照	逐渐降到自然光照
8~17	自然光照	恒定期间最长光照
18~68	每周增加0.5~1h至16h恒定	每周增加0.5~1h至16h恒定
69~72	17	17

5. 通风换气 通风换气可以起到降温、除湿和净化空气的作用。鸡

舍通风按通风的动力可分为自然通风、机械通风和混合通风3种,机械通风又分为正压通风、负压通风和零压通风3种。根据鸡舍内气流组织方向,鸡舍通风分为横向通风和纵向通风。

(1) 自然通风　依靠自然风的风压作用和鸡舍内外温差的热压作用,形成空气的自然流动,使舍内外的空气得以交换。开放式鸡舍采用的是自然通风,空气通过通风带和窗户进行流通。

(2) 机械通风　依靠机械动力强制进行舍内外空气的交换。一般使用轴流式通风机进行通风。

七、鸡常见病免疫接种程序

免疫程序不能照搬硬套,应根据该疾病流行的种类和具体情况,制定该地区的免疫程序。良好的免疫程序,能使鸡群保持高度、持久、一致的免疫力。表3-12是我们推荐的免疫程序,希望在实践中根据当地实际情况参考执行。

有其他流行病如支原体(慢性)、鼻炎等的地区建议使用疫苗。

表3-12　种鸡和商品鸡免疫程序表

日龄	疫苗种类	免疫方法	剂量	选择厂家
1	MD-CVI988	皮下注射	0.25 mL	进口液氮苗
3~4	MA5+C-30	滴鼻点眼	1羽份	英特威
10	ND+28/86	滴鼻点眼	1羽份	ABIC
14	IBD-D78	饮水+脱脂奶粉2%	2羽份	英特威
18	FP(机动)+C-30	双刺+活苗饮水	2羽份+2羽份	国产
24	ND灭活苗+IBD-MB	皮下注射+滴口	0.25mL+2羽份	ABIC
20~30	H5+H9	皮下注射	0.25 mL	国产
52	H52	滴鼻点眼	2羽份	英特威
60	ILT	擦肛	1羽份	进口
70	AE+FP(机动)		1羽份	进口
	IC(机动)	皮下注射	0.25 mL	国产
	检测效价,免疫一次ND-4系	饮水+脱脂奶粉2%	2羽份	进口
90	ILT	擦肛	1羽份	进口
100	AE、FP(机动)	双刺	2羽份	进口

续表

日龄	疫苗种类	免疫方法	剂量	选择厂家
110~130	IC（机动）	皮下注射	0.5 mL	国产
	H5+H9	皮下注射	0.5 mL	国产
	EDS（改用二联苗）+ND 活苗+IB28/86、ND+IB	皮下注射+饮水	0.5 mL+2 羽份活苗	国产/进口
	IBD-Killed	皮下注射	0.5 mL	国产

注：① 130 日龄后每 2 个月检测 1 次效价，根据结果决定是否免疫，取样比例 5‰。
② 根据鸡场情况决定是否免疫支原体。
③ 活苗全采用进口苗或国产苗，灭活苗采用国产苗。
④ 饮水免疫注意控水时间。
⑤ 鸡白痢净化普检与抽检结合，依据情况确定检验数量和检验时间。
⑥ 免疫抑制性疾病 REV、AIV、ALV 等不定期抽检了解感染程度及对免疫的影响。

注解：MD-CVI988　　　　马立克液氮活疫苗
　　　H5+H9　　　　　禽流感灭死疫苗
　　　MA5+C-30　　　　鸡支气管炎和新城疫活疫苗
　　　H52　　　　　　　支气管炎活疫苗
　　　ND+28/86　　　　新城疫和肾型支气管炎活疫苗
　　　ILT　　　　　　　喉气管炎活疫苗
　　　IBD-D78　　　　　法氏囊活疫苗
　　　AE+FP　　　　　脑脊髓炎和鸡痘活疫苗
　　　FP+C-30　　　　鸡痘和新城疫活疫苗
　　　IC　　　　　　　　鸡传染性鼻炎
　　　ND 灭活苗+IBD-MB　新城疫死苗和法氏囊活疫苗
　　　EDS　　　　　　　鸡产蛋减少综合征
　　　IBD-Killed　　　　　鸡传染性支气管炎死苗

第六节　养兔基本知识与新技术

一、我国养兔产业现状及特点

家兔养殖是畜牧业中的一项新兴饲养业，具有投资小、周期短、效益高和节粮多等特点。

我国是养兔大国。2007 年，我国家兔年末存栏数为 22 182.12 万只，出栏量为 44 087.25 万只，兔肉产量 60.18 万吨，分别比 2006 年增长了 4.07%、9.21% 和 10.47%。我国的养兔大国地位主要体现在兔毛产量和出口量世界第一，兔肉产量和出口量世界第一，獭兔皮产量和出口量世界第一。

我国兔业生产主要集中在全国 1/3 的省市区，重点分布于华东（山东、江苏、福建、浙江)、华北(河北、河南、山西)、西南(四川、重庆)、东北(辽宁)及内蒙古等地,这些主产区家兔存栏量、出栏量及兔产品产量约占全国总量的92%。

根据经济用途,家兔可分为肉用兔、毛用兔和皮用兔3类。其中,肉用兔主要品种有新西兰兔、加利福尼亚兔、比利时兔、齐卡肉兔配套系及伊拉配套系等;长毛兔只有一个品种——安哥拉兔(包括法系、英系、德系、中系和日系),分粗毛型和绒毛型两种类型;獭兔是专门的皮用兔,也称力克斯兔,是珍贵的裘皮用兔。

改革开放以来,在农村家庭副业形式的基础上,我国兔业得到了长足的发展。主要表现在以下几个方面:一是兔产品的数量和质量总体上保持上升趋势;二是适度规模饲养的比重逐渐增大,正处于一个由粗放型向集约化、由零星散养型向规模化、由家庭副业型向专业化和由传统型向科学化过渡时期;三是教学、科研、技术推广和管理队伍水平不断提高,并且在一些研究领域,如兔种培育、兔病防治等方面取得了新的突破,有的甚至达到了国际先进水平;四是适应市场经济的生产体系逐步形成,兔业生产者及经营者抵御市场风险的能力有所增强。

二、提高母兔繁殖力的技术

兔繁殖力受到品种、年龄、个体、营养、配种制度和管理、气温、光照、生殖器官疾病等因素的影响。提高繁殖力,可以极大地提高养兔的经济效益。

首先,要加强选种,做到母优父强,合理地供给营养,适时配种,保证良好的饲养管理水平。除此之外,还可采用以下措施:

1. 人工催情 在实际生产中遇到长期不发情,拒绝交配的母兔时,除加强饲养管理外,可以对其进行人工催情。

(1) **激素催情** 可注射雌二醇、孕马血清促性腺激素等诱导发情,促排卵素3号对促使母兔发情、排卵也有较好的效果。

(2) **性诱(挑逗)催情** 对长期不发情或拒绝交配的母兔,可以采用性诱催情法。将母兔放入公兔笼内,进行追逐、爬跨等刺激后,仍将母兔送回原笼,经过2~3次就能诱发母兔分泌性激素,促使发情、排卵。一般采用早上催情,傍晚配种的方法。

(3) **剪毛催情** 配种前1~2天对长毛兔母兔进行剪毛,有明显的催情效果。

(4) **食物催情** 喂给母兔大麦芽、黄豆芽,也能促进其发情。

2. 重复配种和双重配种 重复配种是指第一次配种后,再用同一只公兔重配。此法可增加受精机会,提高受胎率和防止假孕,尤其是长时间未配过种的公兔,必须实行重复配种。这类公兔第一次射出的精液中,死精子较多。

双重配种是指第一次配种后再用另一只公兔进行交配,双重配种只适宜于商品兔生产,不宜用于种兔生产,以防弄混血缘。双重配种可避免因公兔原因而引起的不孕,可明显提高受胎率和产仔数。在实施中须注意,要等第一只公兔气味消失后再与另一只公兔交配,否则,因母兔身上有其他公兔的气味而可能引起斗殴,如此一来,不但不能顺利配种,还可能咬伤母兔。

3. 频密繁殖法 频密繁殖又称血配。即母兔在产仔当天或第二天就配种,泌乳与怀孕同时进行。可加快繁殖速度,使每年繁殖胎数提高到8~10胎,获得活仔兔数50只以上。但由于哺乳和怀孕同时进行,对营养物质的需要量很大,易损坏母兔体况,使得种兔利用年限缩短,自然淘汰率高,所以要及时更新繁殖母兔群,并加强饲养管理和营养水平。对母兔必须进行定期称重,发现体重明显减轻时,就要停止进行下一次血配。该方法只用于商品兔生产。

三、兔场环境控制技术

兔场环境控制技术即根据家兔的生理特点和生活习性,将兔场内部的环境因素调节在适宜家兔生长的范围之内。技术关键控制点如下:

1. 温度 家兔是恒温动物,汗腺不发达,非常怕热。最适宜的环境温度为15~25 ℃,临界温度为5 ℃和30 ℃。夏季降温方法有:通过种植植物、设挡阳板、搭遮阳网、挂窗帘防止日光直射,舍内安装风扇等通风设备,用冷却水喷洒地面以及笼内放置湿砖的方法帮助降温。冬季保温方法有:通过锅炉和空气预热装置集中供热;也可在兔舍内单独安装火炉、火墙、电热器、保温伞、散热板、红外线灯等供热设备进行局部供热。

2. 湿度 家兔适宜的相对湿度为60%~70%。湿度过大,易发生球虫病、疥癣病和脚皮炎等疾病。湿度过低也是有害的,会引起兔舍尘土和污毛飞扬,家兔的呼吸道黏膜干裂,容易爆发病毒性和细菌性疾病。降低湿度的有效方法有:加强通风,增加清粪次数,粪沟中撒草木灰、石灰等吸附剂。

3. 通风 空气的卫生状况对于家兔的影响很大。通风可以及时排除兔舍内的二氧化碳、氨、硫化氢等有害气体,污毛、灰尘及水汽等,有效地减少呼吸道疾病的发生率。另外,还可以有效调节舍内温湿度。通风方式有自然通风和机械通风。自然通风是靠门、窗和洞口等进行;机械通风是利用风机来进行,可分为负压通风(用风机向外抽风)、正压通风(用风机将风强制送入舍内)和联合通风。

4. 光照 光照对家兔的生理机能有着重要的调节作用,影响兔的生长和繁殖。一般来讲,种兔的光照时间,每天不低于 14 h。通常采取自然光照和人工补充光照相结合的方法。在舍内安装 25～40 W 的灯泡或 40 W 的荧光灯,距地 2 m 左右。

5. 噪声 家兔胆小怕惊,突然的噪声可引起妊娠母兔流产,哺乳母兔拒绝哺乳,甚至蚕食仔兔等。在选址、选择通风设备以及日常管理时要注意考虑对噪声的控制。

四、全价颗粒饲料饲喂技术

1. 全价颗粒饲料的概念和优点 颗粒饲料是依据家兔饲养标准设计饲料配方,将各种原料粉碎称量、混匀、经制粒机加工压制而成的粒状料。

饲喂全价颗粒饲料有以下优点:

(1) 避免家兔挑食,防止浪费。

(2) 满足家兔营养需要,促进消化管蠕动,刺激消化液分泌,提高消化率。

(3) 在制作颗粒料的过程中,使淀粉糊化,产生一定的香味,能刺激家兔食欲,增加采食量,短时间内的高温可破坏豆类及谷物中的抗营养因子,杀死一部分寄生虫卵和其他病原微生物。

(4) 颗粒料含水量少,利于长期保存,可避免由于饲料变换频繁所导致的家兔消化机能紊乱,克服了水拌料剩料夏季发霉,冬季冰冻现象。

(5) 颗粒料投喂方便,配合自动饮水器,可实现半自动化作业。如颗粒料一次加料可供家兔采食一天,甚至长达一周之久。一个饲养员可管理种兔上百只,育肥兔数千只,工作效率很高,利于养兔向规模化方向发展。

2. 制作颗粒饲料的技术关键

(1) 原料选择 依据饲料配方,一般要求原料的含水量不超过安全贮藏水分,无霉变,重金属含量在允许范围内。

(2) 原料粉碎 粉碎后可扩大表面积,易被家兔消化吸收。玉米、大麦、豆饼、粗饲料均需粉碎后混合。同批饲料原料宜用孔径相同的筛板粉碎,原料易混合均匀。

(3) 原料混合 该过程为颗粒饲料加工的重要环节。为保证混合均匀度,要做好以下几方面工作:一是将微量添加物制成预混料;二是确定合理的加料顺序,配比量大的先加,量小的后加,相对密度小的先加,相对密度大的后加;三是控制混合时间。

(4) 颗粒压制 控制粉化率不高于5%;控制含水量,北方不高于14%,南方不高于12%;家兔颗粒料以直径5 mm,长度10 mm为宜;保证颗粒结实完整,较光滑。

表3-13中给出了各阶段生长兔推荐颗粒饲料饲喂量。

表3-13 生长兔颗粒饲料推荐饲喂量

周龄	体重/g	日增重/g	日饲喂量/g
4	600	20	45
5	800	30	70
6	1 100	40	100
7	1 420	45	135
8	1 780	50	140
9	2 025	40	140
10	2 300	35	140

五、家兔的去势技术

凡不留作种用的公兔或淘汰的成年公兔,尤其是毛兔,为使其性情温驯,便于群养和提高产毛量或皮、肉品质,均要去势。一般在3月龄左右去势(淘汰成年公兔除外)。

公兔去势方法有3种:

1. 阉割法 使待阉割的公兔腹部向上,并将四肢分别保定好。术者左手将睾丸由近腹股沟处挤入阴囊,左手大拇指、示指和中指由上向下捏紧固定好睾丸,不使睾丸滑动。用75%乙醇消毒切口处,然后用已消毒过的手术刀,将阴囊纵向切开1 cm长小口,并用力挤出睾丸,分离并切断精索,摘除睾丸后在切口处涂碘酊消毒。放入消毒过的清洁兔笼中饲养,

3天后伤口即可愈合,恢复健康。在整个操作过程中,要严格消毒,以防伤口感染。

2. 结扎法 按阉割法的步骤将睾丸捏紧后,用橡皮筋或缝线将睾丸连同阴囊扎紧,使血流不通,经10天左右睾丸会枯萎脱落。这种方法简单易行,不流血。

3. 药物注射法 将3月龄以上需去势的公兔保定好,在阴囊纵轴前方用碘酒消毒后,按公兔大小,给每个睾丸注入1~2 mL药液即可。注射后睾丸开始肿胀,3天后自然消退,7天后明显萎缩,公兔丧失性欲。药液的配制:10 g氯化钙溶于100 mL水,加入1 mL甲醛,摇匀过滤待用。用药物注射法去势简单易行,效果很好。

六、家兔分阶段饲养技术

分阶段饲养技术即按照家兔不同生长阶段的生理特点和营养需要,采用分阶段分群饲养方式饲喂家兔的技术。从出生到断奶期的兔称为仔兔,从断奶至3月龄的兔称为幼兔,3~6月龄的兔为青年兔(亦称中兔)。仔兔和幼兔的死亡率最高,且主要由饲养管理不到位引起。

1. 仔兔的饲养管理技术关键

(1) **及时吃初乳** 仔兔在出生后6~10 h内一定要吃到足量的初乳,这对于仔兔获得免疫力有重要作用。对有奶不喂的母兔,要实行人工强制哺乳。另外,要确保仔兔排出胎粪。

(2) **按时哺乳** 乳腺分泌以黎明前后最为活跃。规模大、种母兔多的兔场,应实行早上哺乳1次的办法。对带仔数较多的母兔,可采用早、晚2次哺乳办法。

(3) **及早补饲** 仔兔补饲料可单独配制,也可采取母子同料。饲料要新鲜,容易消化。从16日龄开始诱食,18~20日龄开始将全窝仔兔移入特制的补饲栏或空笼内实行补饲。

(4) **科学断奶** 实行"离奶不离笼"的方法,做到饲料、环境、管理三不变,可以减少仔兔因断奶而发生"应激并发症"。

(5) **保暖防冻** 在冬春季节和舍温低的兔场,首先要做好接产工作。睡眠期的仔兔,室温应不低于30 ℃。在炎热的夏季,要注意舍内降温,取出部分巢箱内的垫草和覆盖的兔毛,以保证窝温不超过40 ℃。幼兔宜生活在20 ℃、无大风而安静的环境中。

2. 幼兔的饲养管理技术关键

（1）饲料　断奶后第一周的幼兔，日粮中的精饲料（仔兔补料）应占80%，随日龄的增长，混合精饲料的比例逐步下降，直到占日粮的40%。同时逐渐改仔兔料为幼兔料，增加青粗饲料。要坚持少吃多餐，定时定量（采用自动食槽的除外）。

（2）管理　特别注意保持舍内温暖和安静，不要轻易挪动幼兔的位置，注意笼具、饮水、食料的卫生和饲养密度。一般在 55 cm×75 cm 的箱内，养 3～5 只幼兔为宜。

3. 青年兔的饲养管理技术关键

（1）饲料　青年兔采食量大，生长发育快。饲养以青粗饲料为主，适当补充矿物质饲料。

（2）管理　加强运动，使青年兔得到充分发育。青年兔已开始发情，为了防止早配，必须将公、母兔分开饲养。对 4 月龄以上的公兔要进行选择，凡是发育优良的留作种用，单笼饲养，不宜留种的公兔，要及时去势群饲育肥。

七、种兔的饲养管理技术

种兔包括种公兔和种母兔。种兔因配种的特殊需要，在营养需要和饲养管理上与生长兔存在很大差别。尤其是种公兔，需要单独分群饲养。

1. 种公兔的饲养管理技术关键

（1）饲料　种公兔的饲养可划分为配种期和非配种期。非配种期期间应给予中等营养水平的日粮，使其保持中等以上膘情，不宜过肥和过瘦。公兔过肥时，睾丸往往发生脂肪变性，严重削弱以后的配种能力；太瘦时，会对精细胞的发育产生不利的影响。配种期期间种公兔的合理饲养更为重要。精料要种类多、质量好，含丰富的蛋白质、维生素和钙、磷等，同时饲喂优质青饲料，冬季还应补充胡萝卜、大葱、榆树叶等。

（2）配种　合理安排种公兔的配种次数和配种时间。公、母兔的配种比例可因公兔的个体情况和饲养水平不同而有所区别，一般在 1：(8～10)的范围之内变动。在人工监督配种情况下，1 只公兔可固定轮流配母兔 15～20 只。1 天交配 1 次或 2 次，连续使用 2 天休息 1 天。青年公兔初次配种，每周交配不应超过 2 次。配种时，应把母兔捉到公兔笼内,因为陌生的环境对公兔性活动机能有应激,影响配种效果。将3月龄以后的公、母兔分开饲养,防止乱配和早配。另外,发现公兔中食欲下降,粪便不正常,精神不佳者,应立即停止配种,注意观察情况。

(3)管理 公兔笼和母兔笼要保持较远距离,避免异性刺激影响公兔性欲。种公兔宜一笼一兔,以防相互殴斗。公兔宜多运动,多晒太阳,锻炼身体,提高配种能力。

2. 种母兔的饲养管理技术关键 成年母兔在空怀、妊娠、哺乳3个阶段的生理状态有显著的差异,饲养管理技术也有较大差异。

(1)空怀母兔

1)饲料 该时期的母兔哺乳期消耗了大量养分,身体比较瘦弱,需要补充多种营养物质。要供给优质的青饲料,并适当喂给精料,以补给哺乳期中落膘以及复膘所需的养分。使它能正常排卵,以便适时配种。但要保持适当肥度,防止过肥,7成膘情即可。

2)管理 对长期不发情的母兔可进行催情。适时配种,采用复配或双重交配来提高受胎率。

(2)妊娠母兔

1)饲料 母兔的怀孕期平均为30天,变动范围为29~34天。胚胎在整个发育阶段对营养物质的需要量不同,应根据不同发育阶段对怀孕母兔进行不同条件的饲养。妊娠前12天称为胚期,该阶段胎盘没有形成,胚胎没有任何保障,此时母兔若吃了腐败霉烂的饲料则胎儿很容易中毒死亡;13—19天为胚胎期,这个时期胎儿对营养物质需要量不多,不需补充大量精料;20天以后为胎儿期,发育最快,该阶段对营养物质需要量较大,应适当提高精料的比例,降低青饲料、多汁料、粗料的比例,并保证日粮中矿物质饲料和维生素的供给。

2)管理 主要工作是防止流产。具体措施如下:保持兔舍安静;妊娠母兔一兔一笼;防止饲料霉变;夏季降温,冬季保暖。做好产前准备、接产以及产后护理工作。

(3)哺乳母兔

1)饲料 哺乳期的母兔营养消耗量大,应增加饲料量。除喂给新鲜的青绿、多汁饲料外,还应补加一些精料和矿物质饲料,如豆饼、麸皮、豆渣以及食盐、骨粉等。另外,要想多出奶,还必须供给充足的清洁饮水,以满足哺乳母兔对水分的要求。

2）管理 母兔与仔兔最好隔离饲养,要注意养成母兔每天有规律地定时哺乳习惯。定时检查产仔箱。每天观察一次,了解母兔的哺乳状况和护仔能力,及时清除死亡的仔兔。箱内不要过分拥挤,及时更换垫草。经常注意母兔的吃食和排粪情况,防止发生疾病,改变哺乳母兔饲料要逐渐进行,否则会因奶汁成分改变引起仔兔肠胃炎。另外,要防止乳房炎的发生。兔笼内或产仔箱内切勿有钉、钩及其他各种锋利物,以防刺破乳房感染发炎;及时检查母兔体况及泌乳情况,如母乳不足时,易造成仔兔吸破奶头而引起乳房炎;采用人工辅助喂奶如不按时进行,也可导致乳房炎。

八、消毒技术

消毒是家兔疫病综合性预防措施中的重要环节。目的在于消灭环境中的病原体,杜绝一切传染源,阻止疫病继续蔓延。消毒胜过投药,消毒可以减少投药,投药不能代替消毒。

1. 消毒类型

(1) 预防消毒 平时对兔舍环境、兔笼、饮水器、食盆和用具等进行定期消毒,以达到预防一般传染病的目的。

(2) 随时消毒 当兔场发生传染病时或个别兔发病时,为及时消灭从兔体内排出的病原体而采取的消毒措施。

(3) 终末消毒 在病兔解除隔离、痊愈或死亡后或者在疫区解除封锁之前,为了消灭疫区内可能残留的病原体所进行的全面彻底的大消毒。

2. 消毒方法

(1) 物理消毒法 包括以下消毒方式:

1）机械性消毒 如通过清扫、洗刷板和用具以及通风等措施来清除病原体。

2）火焰消毒 用火焰喷灯喷出的火焰来消毒,可用于消毒兔笼、笼底板、产仔箱等。

3）煮沸消毒 经煮沸 30 min,一般微生物可被杀死,适用于医疗器械及工作服等的消毒,在水中加入少量碱,如小苏打、肥皂或氢氧化钠等可增强杀菌作用。

4）阳光、紫外线、干燥消毒　兔的产仔箱、垫草、饲草等在直射阳光下照射2～3h,可杀死大多数病原微生物。

　　（2）化学消毒法　用化学药品溶液进行消毒。选择消毒剂时,应选择对该病原的消毒力强,对人、畜的毒性小,不损害被消毒的物体,易溶于水,在消毒环境中作用比较稳定,不易失效,而且价廉易得,使用方便的消毒药,例如来苏尔、氢氧化钠、漂白粉、生石灰、草木灰、新洁尔灭、过氧乙酸、福尔马林、高锰酸钾、消毒王、农福、百毒杀和除菌净等。常用方法有熏蒸消毒法、浸泡消毒法、喷雾消毒法和饮水消毒法等。

　　（3）生物热消毒法　主要用于污染物及粪便的无害化处理。兔场应将兔粪和污物集中堆放在远离兔舍较偏僻处,使粪便等堆积后利用粪便中微生物发酵产热,可使粪堆的温度达70 ℃以上。经过一段时间,可以杀死病毒、病菌、寄生虫虫卵等而达到消毒目的,同时又可保持粪便的肥效以及减少对环境的污染。

第七节　水产养殖基本知识与新技术

一、我国水产产业生产概况

　　我国是世界淡水养殖大国,2008年,我国水产品总产量4 895万吨,比上年增长3.1%。其中,养殖水产品产量3 426万吨,增长4.5%;捕捞水产品产量1 469万吨,与上年持平。随着我国淡水鱼纷纷走出国门,开拓海外市场,淡水养殖的发展空间更加广阔,水产品养殖的比重还将进一步提高,水产品养殖将成为水产品数量增长的主要动力。根据联合国粮农组织的预测,2030年中国水产品产量将达到7 611.5万吨。

　　广东、湖北、江苏、湖南和江西等地,是中国淡水养殖的主要基地,淡水养殖业相当发达。从养殖的品种上看,青鱼、草鱼、鲢鱼、鳙鱼、鲤鱼、鲫鱼、鳊鱼等鱼是我国淡水养殖的主要品种,养殖面积大,产量高,市场需求旺盛。山东、浙江、广东、福建、辽宁等省海水养殖发达,小黄鱼和带鱼多为捕捞,海水养殖品种前三位是鲈鱼、大黄鱼和鲆鲽类。表3-14和表3-15分别列出了我国主要的海水和淡水渔场。

表 3-14 我国主要海区渔场

渔区	特点	主要水产
渤海海区	渤海近乎封闭,陆地河注入有机质,浮游生物丰富,天然饵料多	对虾、毛虾、海蟹、小黄鱼
黄海海区	北部是我国冷水鱼类分布海区,南部鱼类丰富	北部产鳕鱼,南部主要有大小黄鱼、带鱼、乌贼、对虾
东海海区	海岸曲折,岛屿密布,给海洋生物提供栖息产卵场所,是我国最大的海洋渔业区	约有700种水产,主要有带鱼、大小黄鱼、乌贼
南海海区	海域辽阔,水温高,岛屿众多	沙丁鱼、金枪鱼、鲨鱼

表 3-15 我国主要淡水鱼渔场

渔区	特点	主要水产
长江淮河流域渔区	天然河道稠密,人工河道交织,水质肥沃,淡水鱼产量居全国第一	四大家鱼、鲤鱼、鲫鱼、鳜鱼、白鱼、鳗鱼等
珠江流域渔区	地处亚热带,鱼类生长期长,淡水水面占全国总水面的17%	盛产四大家鱼及暖水性的鲮鱼
黄河海河流域渔区	湖泊多,水面宽	鲤鱼、鲫鱼、白鱼、草鱼、河蟹等
黑龙江辽河流域渔区	水域广阔	鲟鱼、草鱼、鲤鱼、鲫鱼、鲑鱼
新、青、藏内陆渔区	湖泊多,以咸水湖为主,鱼类资源丰富,但未充分开发	黄鱼、细鳞鱼、无鳞鱼

二、围栏人工生态养殖技术

1. 围栏人工生态养殖的适用区域 围栏养鱼每公顷产量一般为 3 750~4 500 kg,高的达 12 000 kg 以上。适用于水位落差小、天然饵料丰富、底质平坦且较浅的大中型水域。

2. 围栏人工生态养殖技术关键

(1) 根据湖泊、水库和一些不通航的河流、河汊地形,把网片一头插入水底,与石龙相连,一头露出水面,打桩固定。

(2) 把湖泊、水库围成一定面积和形状的若干块,面积可大可小,分而治之。

(3) 创造这一个半人工生态系统,实行精养和粗养相结合,利用天然饵料为主和辅以人工投喂饲料相结合,对于被围成的小块水面可以像池塘一样实行精养。

三、网箱养殖技术

1. 网箱养殖的概念和意义　网箱养鱼是利用竹、木、金属网片或合成纤维等为网身材料,装配成一定形状、开放式或密闭式的箱体,设置在流水中,通过高密度的投饵精养或不给饵而利用水中的浮游生物作为食物达到高产的一种养殖方式。

这种方式具有机动、简便、产量高及适应水域广等优点,有着广阔的发展前途。特别是一些大中型水库,为网箱养鱼提供了广阔的空间。由于山区池塘少、面积小,池塘养殖没有经济效益,水库网箱养殖效益可观。

2. 网箱养殖技术关键

(1) 网箱由聚乙烯单丝编织而成的网片经裁剪缝合而成,网目根据进箱鱼种规格而定,一般为 0.5~1.1 cm,长方形或正方形面积为 12~32 m^2,网深 2~4 m。

(2) 要经常洗箱,如网衣上附着藻类,大多要将网箱换掉,以保证网箱内外水交换良好,保持箱内溶氧充足。

(3) 注意天气变化,夏季天气发生突变,要高度注意大风、泛箱等自然灾害,避免造成重大损失。

(4) 做好每天的饲养管理工作日记,记录水温、气温、天气、投饵量、摄食情况、鱼的活动情况、鱼病与用药情况等。每月做 1 次抽样检查,测定饲料系数,全面掌握网箱养鱼生产的运行情况。

(5) 网箱养鱼的疾病防治是日常管理工作的重中之重,千万不能掉以轻心。网箱养殖是高密度养殖,病害较多,各种疾病与池塘中的疾病基本相同,治疗药物也大致相同,但其防治手段与池塘相比有明显的不同,常见的网箱养鱼疾病防治方法有以下几种:

1) 药浴法　将鱼驱赶到箱中的一侧,根据箱体的大小,将一定面积的彩条布平放到箱中的另一侧,铺成一凹槽,并倒上称重过的水,将箱中的鱼拉起,放入彩条塑料布中,按不同鱼病症状,配成所需的药浴浓度,浸洗鱼体数分钟至数十分钟,直到鱼出现轻度的不良反应时,撤掉彩条布,放鱼入箱。另外,也可以在箱中铺一块密眼网布或在箱外套一个密眼网箱,把鱼转入到密眼网中药浴。药浴法由于用药经济,效果显著,可操作性强,所以目前在网箱养殖中多用此法防治鱼病。

2) 药饵投喂法　网箱养殖也经常将对症的药物拌入饲料投喂,药物能被鱼体充分吸收,达到防治的目的。

3) 肌肉注射法 网箱养殖草鱼时,最好先用疫苗注射后,再将鱼种投放入箱。

4) 涂抹法 对鱼类的外伤,或发生赤皮病、打印病等时,可以结合拉网检查对病鱼药物涂抹。

四、池塘养殖技术

1. 池塘养殖基本情况 我国池塘养殖划分为 7 个地区,即东北、华北、西北(简称"三北地区")、西南地区、长江中上游、长江下游地区及珠江三角洲地区。鲢鱼、草鱼仍为池塘养殖的当家种类。

2. 池塘养殖技术关键

(1) 池塘选择及放养前处理

1) 水源充足,无污染,水的物理和化学特性符合国家渔业用水水质标准。注排水渠道分开,避免互相污染,在工业污染和市政污染污水排放地带建立的养殖场应建有蓄水池,水源经沉淀、净化或必要的消毒后再灌入池塘中。

2) 池塘无渗漏,淤泥厚度应小于 10 cm;进水口加密网(40 目)过滤,避免野杂鱼和敌害生物进入鱼池。

3) 放养鱼种前 10~15 天进行池塘药物清塘,以杀灭池塘中的病原体和敌害生物。常用方法为:干法清塘用生石灰 1 125 kg/公顷或漂白粉 10^{-6} 全地泼洒。

4) 当水温上升至 8 ℃以上时应立即施足基肥肥水,对底质贫瘠和新推的池塘应在放水前施足基肥,一般施基肥 3 570~4 500 kg/公顷,以促进池塘浮游生物的生长,为苗种提供充足的饵料。

(2) 苗种选择、消毒及投放

1) 选择体质健壮,规格整齐,体表光滑,无伤无病,游泳活泼,溯水力强的鱼苗。

2) 苗种放养前必须先进行鱼体消毒,以防鱼种带病下塘。一般采用药浴方法,苗种消毒操作时动作要轻、快,防止鱼体受到损伤,一次药浴的数量不宜太多。

3) 应选择无风的晴天,入水的地点应选在向阳背风处,将盛苗种的容器倾斜于池塘水中,让鱼儿自行游入池塘。

(3) 混养

1) 根据自身池塘条件、市场需求、鱼种情况、饲料来源及管理水平等综合因素合理确定主养和配养品种及其投放比例,合理的混养不仅可提高单位面积产量,对鱼病的预防也有较好的作用。

2) 混养不同食性的鱼类,特别是混养杂食性的鱼类,能吃掉水中的有机碎屑和部分病原细菌,起到净化水质的作用,减少鱼病发生的机会。在有条件的情况下提倡早放养,改春季放养为冬季放养或秋季放养,使鱼类提早适应环境。深秋、冬季水温较低,鱼体亦不易患病,同时开春水温回升即开始投饵,鱼体很快得到恢复,增强了抗病力。

五、流水养鱼技术

1. 流水养鱼技术的概念和适用区域 流水养鱼是比一般的池塘养鱼产量更高的养殖方式。因为鱼池里的水经常不断地流动,所以水质清新,溶氧充足,放养密度大。

流水养鱼用水常见水库排水、山泉水、河渠水、发电厂的温排水等。

2. 流水养鱼技术关键

(1) 一年中必须保持 6 个月以上适宜水温(16~30 ℃),水的酸碱度要求是中性或弱碱性。

(2) 农村的流水养鱼池可根据地形因陋就简,不必要求过高,面积不能太大,否则池水交换不均匀,水深要保持 1.5 m 左右,从进水口到出水口池底要有一定的坡度,可使排水畅通,也使池底的污物易于排出。两个水口都要牢靠地安装铁丝网以防止逃鱼。

(3) 放鱼的鱼种一定要规格大,草鱼、鲤鱼在 15 cm 以上。放养密度可根据水的流量和饲料供给情况灵活掌握。一般的家庭流水养鱼池,每平方米可放养 15 cm 的草鱼 5~10 尾。

(4) 水流的大小也应根据鱼体的大小和季节来掌握,水温低、鱼活动量小时,给予微量的流水即可。

(5) 投喂饵料的方法也与一般静水养鱼不同,鱼种刚放入池内时不宜立即喂食,一般可在放养 2~3 天后开始少量饲喂,因鱼初入流水池对环境不适应,喜跳跃或成群地顺池边游动,不争食。喂食强调少量多次。

六、温室特种水产养殖技术

1. 温室特种水产养殖的种类和意义 特种水产类如蟹、龟、鳖等,一般在自然温度下生长需要 3~5 年,利用温室恒温养殖只需 10 个月到一年半的时间就可长成上市,能显著缩短饲养周期,加快资金周转,充分利用时间和季节性差价,获取较大的经济效益。

2. 温室特种水产养殖的类型

(1) 室内温室养殖　室内温室一般多是以育苗与暂养为主的小面积温室,室外温室是以养殖为主的,面积一般都大于室内温室,它是利用太阳能与加温相结合的日光温室。室内温室是在保温性能好的简易房屋内,再用砖砌成空心墙,内填保温材料,顶可用双层农膜覆盖,正面开门,门也应做成双层保温门,内填泡沫板,在门的上面开一个 10 cm^2 的孔,嵌上双层玻璃,以便观察温室内养殖情况与温度变化,在门顶上面安装换气扇,用以通风换气,调节温室内的空气新鲜和水中的溶解氧。在一边墙角处安装一根长 6 cm 的水管,用以换水时排放废水。

(2) 室外温室养殖　应选避风向阳、空气新鲜、水源方便清洁的地方,建长方形东西走向双坡式日光温室。北面应建厚 50 cm、高 1.8 m 的空心墙,内填保温物,两头山墙也要建成空心墙,填满保温物,东山墙开门,并安装换气扇。用木料、竹竿、铁丝做成支架,上扣双层无滴农膜,然后用铁丝固定,以防风雨袭击,上覆盖 3~5 cm 厚的草苫,晴天上午 8 点到下午 5 点掀开,充分利用太阳能,节约燃料,并通过太阳的自然紫外线给温室内空气与水体消毒,以保持空气新鲜。建池子时,选用薄膜垫在地上,然后在薄膜上建养殖池,并用水泥石子做底,这样容易使池内水温升高,但这样的池子夏季不能用于养殖,以免高温。温室建好后要进行消毒与脱碱处理才能进行养殖。要及时换水,换水要缓慢进行,水温与养殖池内水温差不能超出 3 ℃。要定期进行水体消毒,结合使用光合细菌进行水质净化。

七、循环水养殖系统应用

1. 循环水养殖系统应用范围　循环水养殖系统原理已应用于鳗鱼、罗非鱼、鳟鱼、鲑鱼、鲑鱼苗、石斑鱼苗、鲈鱼、虾苗、草虾、白虾等的养殖。

2. 循环水养殖系统案例　鳗鱼循环水养殖系统流程图如图 3-10 所示。

养鳗池排水经微筛网去除固体物,pH 调整池升高 pH 为 7.0 以上,生物滤床将氨氮转换为硝酸氮,脱硝池将氮化合物转换为氮气去除,滴滤

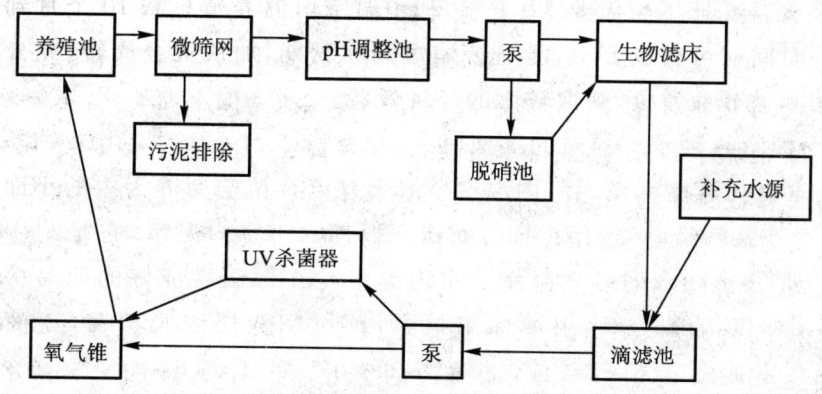

图 3-10 鳗鱼循环水养殖系统流程图

池转换氨氮与去除二氧化碳，UV 灯杀菌，氧气锥增氧，使水质回复干净后，回流养鳗池。微筛网去除固体物时，有部分水与污泥一起排除，因此由滴滤池底部储水池补充新水。养鳗池中设有投饵机及溶氧电极，将溶氧值信号传输至溶氧控制器，当溶氧不足时可启动紧急供氧设备补充溶氧。一般在操作时，每隔 1.5 个月后，鳗鱼体型增大，体型大小增加不一，必须加以分级，分级时常使用自动分级机进行，以节省人力。

八、陆基生态养殖技术

陆基生态养殖主要包括以下几种类型：

1. 鱼-猪综合养殖　鱼-猪综合养殖的池塘要求水质良好，排灌系统配套，水深 2.5 m 左右，池底淤泥 10～20 cm，不能过厚，最好配备增氧设备，鱼池埂要宽，便于就塘建猪圈，每 2 m² 可养一头猪，猪粪需先入发酵池，加入生石灰消毒后才可流入池塘。鱼种要冬放，放养时水深 1～1.2 m，随水温升高鱼体增大，每 10～15 天加水 1 次，每次 10～15 cm，7 月初加至最大水位，以后定期 5～7 天加水一次，6—9 月每天开动增氧设备 1 h。

2. 鱼-鸭综合养殖

（1）鱼-鸭综合养殖的概念和意义　鱼鸭结合模式是在国内外应用广泛的一种综合养鱼模式。鱼池为养鸭提供了一个清洁和良好的生活环境条件，可以有效减少鸭寄生虫和其他病害的发生。鸭子排泄粪便可为池水施肥，1 只鸭子在饲养期所产生的粪肥可生产 2～3 kg 鲜鱼。除此之外，鸭还是鱼池的义务增氧者。鸭子每天在鱼池中不断地游动、嬉水、扑打，搅动池水，为池水起到增氧作用。

(2) 鱼-鸭综合养殖操作技术关键

1）池塘面积以 0.33~0.67 公顷为宜,长方形为好,长宽比为 2∶1~4∶1,池埂内坡比为 1∶2~1∶3。池底平坦,池塘保水性能好,不渗漏。

2）池塘水源充足,注排水方便,水质良好。鱼种入池前 10 天用生石灰彻底清塘消毒,每公顷池塘用生石灰 1 125~1 500 kg。

3）养鸭池塘不宜用来培育鱼苗,因为易被鸭捕食。养鸭池塘可养殖商品鱼,放养规格较大的鱼种。

4）鱼种以鲢、鳙鱼为主,鱼种规格以 100~250 g 为宜。鱼种放养时,池塘注水水深 0.8~1 m,随着气温的上升,7~10 天加注一次新水,至 7 月份水深达到 1.5~2 m,以后随时加注新水,保持这一水深。每隔15~20 天泼洒一次生石灰水。

3. 鱼-猪-草综合养殖

(1) 鱼-猪-草综合养殖的概念和意义 鱼-猪-草综合养殖技术是根据生态良性循环的原理,采用农牧渔相结合的方法进行的立体养殖方式。它既改变了"人放天养"的粗养鱼塘低产低效的问题,又克服了"以人工投喂为主"的精养鱼塘高产不高效的弊端。

(2) 鱼-猪-草综合养殖技术要点

1）池塘、猪、饲料地的比例以每 0.067 公顷配养 2~4 头猪、种草 0.02 公顷为宜。

2）猪舍应建在池塘背风向阳处,以每平方米养 0.5 头猪的要求建造。

3）饲料地应选择在池埂或池塘周围的稻田或旱地,在夏、冬季轮流种植苏丹草和黑麦草。

4）放养的鱼种应以滤食性鱼类和杂食性鱼类为主,并搭配适量的草食性鱼类,放养比例:鲢、鳙为 50%,鲤、鲫为 30%,草鱼为 20%,每 0.067 公顷放养大规格鱼种 800 尾左右,质量为 20~30 kg,以利于当年上市。

总的来说,前两种方式养殖鱼类的品质很难控制,肉质差,很多专家有质疑。如果条件允许,最好采用鱼-猪-草综合养殖方式养殖。

九、淡水小龙虾养殖技术

淡水小龙虾中文学名为克氏原螯虾,英文名称"红沼泽螯虾",形态与海水龙虾相似。淡水小龙虾对环境的适应性较强,病害少,养殖成本低,而且生长快,产量高,具有可观的经济效益。

其繁殖方式有人工增殖、半人工繁殖和全人工繁殖3种。

淡水小龙虾养殖技术要点:

1. 幼虾培育方式 包括水泥池培育和土池培育两种模式。下面以水泥池模式为例,介绍幼虾的培育方法。

(1) 培育池一般面积在 20~100 m²,面积大比较好。培育池要求内壁光滑,进排水设施完备,池底有一定的倾斜度,存出水口有集虾槽和水位保持装置。幼虾培育用水一般用河水、湖水和地下水。

(2) 不同条件的幼虾培育池,幼虾放养的密度不同。有增氧条件的水泥池,每平方米可放养刚离开母体的幼虾 500~800 尾,采用微流水培育的水泥池,可放养刚离开母体的幼虾 800~1 000 尾。

(3) 定时向池中投喂浮游动物或人工饲料。可投喂的人工饲料有磨碎的豆浆,或者用小鱼虾、螺蚌肉、蚯蚓、蚕蛹、鱼粉等动物性饲料,适当搭配玉米、小麦,粉碎混合成糜状或加工成软颗粒饲料。

(4) 定期排污、换水、增氧,保持良好的水质。

(5) 幼虾在水泥培育池中,饲养 15 天左右,即可长到 2~3 cm,此时可将幼虾收获投放到池塘中养殖。

(6) 幼虾收获的方法主要有两种:一是拉网捕捞法,二是放水收虾法。

2. 淡水小龙虾的成虾养殖 主要有3种方式:

(1) 大水体放养增殖 不需投喂饲料,要培植水体中的水生植物,使得小龙虾有充足的食物。培植的方法是定期往水体中投放一些带根的沉水植物即可。第二年的4月开始用地笼、虾笼捕捞,捕大留小。

(2) 池塘养殖

1) 池塘单养 据投放种虾时间的不同,又可分为夏季投放种虾模式、秋季投放种虾模式和春季投放幼虾模式。下面以夏季投放模式为例介绍池塘单养:

7—9月每公顷投放 300~375 kg 经人工挑选的淡水小龙虾亲虾,雌雄比例为 3∶1。投放前对池塘进行清整、消毒、除野、植草、施肥。9—10月培肥水质,如发现池塘中有大量幼虾活动,应加强投喂并及时将繁殖过的亲虾捕起上市。投放亲虾的池塘,基本不对亲虾投饲料。整个秋冬季可少投饲料,10—11月,每个月每公顷投放发酵过的牛粪或猪粪 1 500~3 000 kg,培养天然饵料生物如枝角类、桡足类等。如天然饵料生物不足,则适当对幼虾投喂人工饲料。3月中下旬可用地笼等网具开始捕捞,捕大留小,一直到6月底、7月初可用拉网拉捕或干塘收获。

2)鱼虾混养　淡水小龙虾与鱼种混养、淡水小龙虾与非肉食性鱼类混养、淡水小龙虾与肉食性优质鱼类混养和淡水小龙虾与经济作物的混作与轮作。

(3)稻田养虾　在稻田中饲养淡水小龙虾,除要上足底肥外,一般不要求投喂人工饲料,但可在环形虾沟及田间沟内投一些水草、旱草和腐熟的牛粪,在小龙虾的生长旺季还可适当地投喂一些动物性饲料如锤碎的螺、蚌肉及屠宰厂的下脚料等。田间管理的工作主要集中在水稻晒田、施肥、用药、防逃、防敌害等工作。稻田饲养淡水小龙虾,只要一次放足虾种,经过2～3个月的饲养,就有一部分小龙虾能够达到商品规格。长期捕捞、捕大留小是降低成本、增加产量的一项重要措施。

淡水小龙虾捕捞的方法很多,可用虾笼、地笼网、手抄网等工具捕捉,也可用钓竿钓捕或用拉网拉捕,最后再干池捕捉。在3月中旬至7月上旬,采用虾笼、地笼网起捕,效果较好。

十、水质管控技术

1. 冬季干池　除过多淤泥,同时经曝晒和冰冻,使土壤干燥疏松,淤泥中的有机物氧化分解和消除积存的还原性中间产物及杀死鱼类寄生虫和致病菌。

2. 保持池水氧气充足,追施有机肥或无机肥培养水质　利用生物增氧,适时合理使用增氧机增氧;经常注入地下水。补充池水溶氧。

3. 控制池水呈弱碱性　放养前用生石灰彻底清塘。改善淤泥通气状况,使其呈弱碱性。养殖期间,每10～15天施生石灰375～450 kg/公顷。增加水体透明度和光合作用,使亚硝酸盐矿化成硝酸盐。减少亚硝酸盐。

4. 控制非离子氨、亚硝酸盐含量　经常注入新水,降低非离子氨、亚硝酸盐的浓度。每20天用食盐150 kg/公顷施用1次,可杀菌,还可降低亚硝酸盐的毒性,对鱼鳃起到保护作用。

5. 控制池水透明度和 COD[①]　一般来讲,应控制水体的透明度在

[①] COD 即化学需氧量,是在一定的条件下,采用一定的强氧化剂处理水样时,所消耗的氧化剂量。它是表示水中还原性物质多少的一个指标。

30 cm以上。COD处于较低水平,但当池水透明度高于或COD低于适宜指标,应适量全池泼洒发酵过的有机肥或化肥以降低池水透明度和提高COD值。

6. 培肥水质 培养浮游生物精养鲢鳙或罗非鱼的池塘采用有机肥和无机磷肥相结合的方法培肥水质(春秋两季水温低时施有机肥。夏季水温高,重施无机肥)。精养草、鲂鱼或鲤鱼的池塘,一般不施有机肥。追施有机肥要做到勤施、少施。鱼类生长旺季根据水质情况补充磷肥,保证有效磷在 0.02 mg/L 以上。有效氮和有效磷比例达到(35~50):1。池水过肥,则注入新水冲淡池水肥度。池水老化,则应排出一半池水。泼洒漂白粉 1 g/m^2,次日注入新水至原水位。全池泼洒生石灰使池水呈弱碱性,再泼一部分有机氮肥,可使池水逐渐转好。精养草鲂或鲤鱼池塘应注意鳙鱼的搭配数量以控制浮游动物大量繁生。

十一、增氧技术

能起到增氧作用的技术有:

1. 应用增氧机充气泵 加大空气与水的接触面,加速空气氧进入水中变成溶解氧。

2. 抽水过滤式增氧技术 借助动力,将池水抽提出,进入过滤槽、水沟等,扩大空气与水的接触面,增加水中溶解氧。

3. 使用纯氧 在室内循环水和苗种运输中使用。

4. 培养水色 施用光合细菌等,在阳光充足条件下,利用光合作用反应,起到增氧作用。

5. 化学增氧 通过投入过氧化物,过氧化物在水中释放氧气。还有部分氧化性药物,如含氯消毒剂等,既有消毒作用,又有释放氧作用,还可以氧化有机物,减少化学耗氧。

6. 减少化学耗氧 改善水环境,节约水体溶解氧的消耗。

7. 调整水生生物结构 控制异养生物量,减少无谓的生物耗氧。

8. 控制水生生物的生态平衡 减少异氧或自养生物死亡而造成的化学耗氧突然提升,及充分利用饲料等投入营养有机物,减少耗氧。

十二、有害生物防控技术

1. 藻类的防控技术 蓝藻藻类死亡之后,蛋白质很容易分解,并且产生羟胺、硫化氢等有毒物质。养殖生产中,要施足基肥,高温季节经常加注新水。池塘中发生蓝藻时,用 0.7×10^{-6} 硫酸铜全池泼洒。硫酸铜在水中可分解为铜离子与硫酸根离子,并且铜离子能与藻类的蛋白质结合,改变其原来的性质,所以藻类死亡后,虽然会分解,但不会产生毒素了。

甲藻多为单细胞浮游植物,死后产生的甲藻素会引起鱼类的中毒死亡。当甲藻大量繁殖时,应及时换水,使水温和水质突然改变,从而抑制它们的繁殖。甲藻已经发生后,用生石灰全池泼洒,提高池水pH,突然改变其生存环境,进而达到杀死甲藻的目的,然后排换新水。

2. 水生昆虫的防控技术 水生昆虫的主要种类有水蜈蚣、水蚤、田鳖、红娘华、水斧虫、松藻虫等。漂白粉清塘,漂白粉有效氯含量一般为30%左右,以每立方米水体用量 20 g 计,水深 1 m 时,每公顷水面用量为 202.5 kg。使用时,将漂白粉加水溶化后立即全池均匀泼洒,接着用桨或竹竿在池塘内搅动,以使药物分布均匀。漂白粉杀菌能力强,还能杀灭野杂鱼、蝌蚪、水生昆虫和螺蛳等。漂白粉投施后 3~4 天药力可完全消失。

拓展读物

王爱国. 现代实用养猪技术. 3 版. 北京:中国农业出版社,2008.
陈幼春,吴克谦. 实用养牛大全. 北京:中国农业出版社,2007.
赵有璋. 现代中国养羊. 北京:金盾出版社,2005.
杨宁. 家禽生产学. 北京:中国农业出版社,2002.
谷子林. 现代养兔实用百科全书. 北京:中国农业出版社,2007.

第四章
农产品贮藏、加工基本知识与新技术

第一节 我国农产品加工产业发展概况

一、我国农产品加工业的产业特征

农产品加工是联系工业和农业的纽带,是农业发展的导向产业,是农民增收致富的支柱产业。农产品加工业的发展,可以促进农业增效、农民增收,推动传统农业向现代农业的转变,引导我国实现从农业大国向农业强国质的飞跃,是新时期新的经济增长点和支柱产业,是新农村建设的物质基础,是小康社会建设的现实性需求,是构建和谐社会的重要支撑。

1. 与农业产业关联性大 农产品加工业,是指以农、林、牧、渔产品及其加工品为原料所进行的工业生产活动。按照国际产业分类标准,农产品加工业可划分为5大类,即:食品、饮料和烟草加工,纺织、服装和皮革工业,木材和木材产品,纸张和纸产品加工、印刷和出版,橡胶产品加工。由于农产品加工业是以初级产品为原料加工生产产品,因此其发展速度和规模将极大地刺激农业发展。

2. 对国民经济发展影响力强 农产品加工业是我国经济发展的第一支柱产业,为我国的经济发展作出了巨大贡献。改革开放后,我国农产品加工业得到迅速发展,2007年我国农产品加工业实现增加值24 175亿元,农产品加工出口额现已占中国出口总额的33%以上,预计到2010年农产品加工业总产值将达到7万亿元。我国农产品加工业涉及食品、饮料、纺织、服装和皮革等12个行业,形成了多层次、多特色、多样化特点。

全国规模以上的农产品加工企业达10.7万多家,从业人数达2 225万人,占全部工业从业人员的30%,成为国内生产总值的主要贡献行业。农产品加工业总产值自2003年就已经超过了农业总产值,二者的比值达到了1.04∶1的水平,成为促进农村经济发展、农民增收的主要产业,是解决三农问题的基本保障。

3. 农产品加工业是新农村建设的经济基础 社会主义新农村建设的核心是农村产业发展和农民生活富裕,发展农产品加工业是促进农民就业和增收的重要途径。通过推进农产品加工业发展,实现农产品多层次、多环节的转化增值,提高农业综合效益,增加农民收入。据测算,我国农产品加工业与农业的比值,每增加0.1个点,就可以带动230万人就业,带动农民增收人均193元。发展农产品加工业是建设现代农业的核心环节。通过农产品加工业的带动,把农业产前、产中、产后的各个环节相互连接在一起,延长农业价值链、产业链、效益链和就业链,形成较高程度的产业纵向一体化,促进农业的专业化、规模化、标准化和市场化,进而打通一、二、三产业,充分调动、诱发和整合贮藏、运输、保鲜、包装、营销等相关产业,同时利用生物质资源制造新的工业品、能源替代品,来为农业母体提供发展动因,把农产品资源优势变为加工增值后的产品优势,增强了农业的国际竞争力,提高了农业的产业体系效应,找到了改造传统农业、迈向现代农业的切入点。

4. 农产品加工业是我国区域经济发展的主要力量 我国农产品加工业的区域特色明显,发展格局初步形成。根据资源禀赋和区位优势,以加工业为龙头,以种植业为基础,中国现已形成诸多有特色的产业带,出现了一批农产品加工业专业乡、专业村,或在一定区域内形成了特色块状经济格局。如浙江的水产品加工,山东、陕西的果品贮藏与加工,黑龙江的优质大米和土特产加工,内蒙古的乳品和羊绒加工,新疆的棉花、葡萄和番茄加工等。农业部在确立13种优势农产品区域布局的基础上,构建了我国农产品加工9大产业带和以大城市郊区为依托的加工区,使农产品加工向产区和大城市郊区集中,初步形成了一批优势产业集群,使规模优势、区域优势和市场优势得以充分发挥,成为区域经济发展的主要推动力量,特别是对于经济欠发达地区的经济发展具有重要的推动作用。

5. 农产品加工业拉动我国其他相关产业的发展 农产品加工业的发展带动了上下游产业的发展,以与农产品加工密切相关的食品机械和包装机械工业为例：2003年我国食品机械和包装机械工业产值达到460亿元，同比增长16.75%，2006年我国食品机械和包装机械行业销售额达到828.37亿元，增长22.96%，其中食品机械422.47亿元，包装机械405.9亿元。出口交货值8.36亿美元，增长32.98%，其中：食品机械出口30 824.3万美元，包装机械出口52 819.79万美元。

二、我国农产品加工业存在的主要问题

1. 原料与加工需求矛盾突出，制约着加工业的大发展 一是农产品品质不能满足加工需要，缺乏农产品加工业发展需要的专用、优质原料。二是原料生产分散，规模化、标准化程度低，使农产品加工企业的发展规模受到影响。三是农产品加工企业与农户之间利益联结机制不完善，履行合同的信用程度差，农产品加工业发展缺乏稳定可靠的原料基地保障。农产品原料品质状况是决定加工产品品质和企业效益的重要因素。分散的农业生产提供的原料在品种、品质、规格等方面远不能适应食品工业的要求，例如，我国小麦种植面积和产量均为世界第一，但适宜加工的高面筋蛋白含量的小麦品种严重缺乏。导致部分农产品加工原料要依赖进口，例如，我国面粉行业的骨干企业上海面粉有限公司1997年销售收入达11亿元以上，专用粉占其产品的30%~40%，但其原料大多依赖从国外进口。我国苹果、柑橘种植面积和产量均为世界第一，但适宜生产高档苹果汁的苹果种植基地基本没有。

只有专门的品种和稳定的规模化、专业化的原料基地，才能保证加工品的质量。加工原料在形状、大小、质地、颜色、香味、气味、酸度、黏度、成熟度和维生素含量等方面的性状对制成品质量都起决定性作用。比如，要生产优质面条与面包，必须有面筋强度大、蛋白质含量高、可供磨制强力粉的小麦品种；要大力发展蔬菜、水果加工，就要选育适于制罐、腌制、脱水等各种用途的专用品种；要扩大肉类精深加工，就要更多地饲养瘦肉率达60%的瘦肉猪以及出肉率高的肉牛等。长期以来，由于忽视加工业对农产品品质和品种的要求，农产品资源普遍存在品种单一、质量不高、专用性差等问题。一方面，我国农民存在卖难，农产品大量积压，另一方面，适合企业深加工要求的优质专用"原材料"短缺，直接影响了农产品制成品的质量和知名品牌的开发。

2. 农产品加工转化程度不高 农产品的加工转化程度直接关系到

农业生产的效益。农产品加工转化程度越高,表明农业向工业转化的程度越高,农产品的增值空间和利用范围也越广泛。发达国家农产品加工率都在90%左右,我国只有30%左右(粗加工以上);发达国家深加工(二次以上加工)农产品占80%,而我国只有20%左右;发达国家加工制造食品占食物消费总量的比重大约为80%,而我国还不到30%;发达国家农产品加工业的产值一般为农业产值的2~3倍,而我国只有80%左右;发达国家从事农产品加工业的劳动力远远多于从事农业生产的劳动力,而我国正好相反。较低的农产品加工率,使农产品只能在初级产品阶段流通,限制了农产品的增值空间,这很不利于农业经济的发展。

3. 加工企业规模化和生产集中度仍然较低 加工企业普遍存在生产规模小的问题,中小企业居多,缺乏具有强大竞争力的大型名牌企业或企业集团,无法形成规模化效益,造成行业整体效益低下,竞争力弱。比如,我国粮油加工厂有17 000多个,社会上饲料加工企业12 000多个。世界上油料浸出加工企业平均日处理量6 000吨,而我国仅300吨。粮油加工企业合理的经济规模为面粉加工400~600吨/日,稻谷加工200~400吨/日,而我国78.9%的面粉企业为日处理小麦50~100吨的生产规模,80%的稻谷加工设备为日处理50吨以下的小机组;啤酒生产企业合理经济规模为20万吨/年,而我国啤酒生产企业的平均规模不到4万吨/年;浓缩苹果汁企业国际先进水平为5万吨/年以上,而我国浓缩苹果汁厂平均规模不到1万吨/年;制糖行业平均日处理甘蔗约为1 500吨,大大低于6 000吨的国际平均日处理量。

加工企业规模过小,无法大规模投入技术改造资金,落后的加工工艺和落后的加工装备,很难生产高质量的产品,农产品资源利用率低,耗水、耗能高,造成加工成本居高不下,无法与国外的大企业竞争。许多企业,特别是国有和集体企业产权制度不健全,导致企业无法按照规范的公司制建立现代企业制度。企业结构不合理造成的直接后果是大多数企业缺乏市场开拓能力,难以建立自己的优秀品牌,只能在低层次运行。

4. 宏观调控乏力,企业布局和规模结构不尽合理 农产品加工企业缺乏必要的宏观指导和信息服务,一些产品结构滞后于市场需求和消费结构的变化。有些行业在低水平上盲目扩张,高档产品生产能力不足,低档产品生产能力过剩。在布局上,70%以上的农产品加工企业集中在东南沿海地区,拥有原料和市场优势的中西部地区农产品加工企业很少;乡镇企业接近原料产地,与农业关系密切,但是以农产品为原料的乡镇企业工业增加值只占其工业增加值的不到1/3。

5. 加工技术相对落后,创新能力较差 长期以来,我国农业重田间生产,轻农产品的再加工,我国农业科技工作的重点在产中领域,80%以上的科技经费和研究力量投入在产中,出口深加工产品仅占总出口量的20%,对产后领域的科研工作一直忽视,而且,科技成果转化率低,科技成果在农产品加工上的转化率为30%,而发达国家一般为60%~80%,造成了农产品加工领域技术创新能力较低。科技储备,特别是基础性的技术储备严重缺乏,使得我国农产品加工业的发展依靠技术创新的动力不足。技术水平落后,发展只能依赖硬件进口。据统计,中国农产品加工业的科技进步率只有35%左右,农产品加工领域技术储备严重不足。许多农产品加工企业规模较小,设备简陋,有的甚至还停留在手工作坊式的生产阶段,劳动生产率低下。多数企业缺乏产品自主开发能力,新工艺、新材料、新技术的应用程度低。在技术引进过程中重视硬件,忽视软件,配套性差,自我创新不够,影响了国产化程度的提高。企业技术人才缺乏,在全国食品加工企业职工中,大中专毕业生只占1.5%左右。

6. 农产品附加值低,综合利用率不高 我国农产品加工程度低,大多停留在粗加工上,缺少深加工和精加工以及综合利用。发达国家农产品综合利用率高达90%,而我国只有45%。如目前我国每年豆粕500万吨和棉籽饼200万吨,只有1%用于转化为食品。我国有小麦胚芽300万吨,可提炼36万吨油,但基本没有进一步开发。我国有玉米胚芽1 300万吨,可提炼270万吨油,但年产仅3万~4万吨玉米芽油,尚有99%玉米胚芽没有开发。我国有1 000万吨米糠,可提炼180万吨油,但年产4万~5万吨米糠油,有97%米糠油没有开发。30万吨玉米蛋白粉、近100万吨的米糠蛋白、近100万吨麦麸蛋白、1 200万吨麦麸、1 000万吨玉米芯、700万吨蔗渣等蛋白质资源基本没有利用。还有5亿~6亿吨秸秆、2 000万吨的稻壳等纤维资源没有深度开发。美国淀粉糖制造设备加工淀粉糖能做到无废渣、废水或废气,而我国多数农产品加工企业各种下脚料和副产品,大都埋掉、流走或堆积,使农产品加工业成为"污染密集型"产业。有些农产品加工企业物耗、能耗很高。

以农产品加工副产品为原料生产的深加工产品,往往具有更高的附加值。在农副产品加工方面,发达国家从玉米芯、果皮、果籽和果渣中提取膳食纤维、香精油、果胶物质、单宁和色素等高附加值产品,这些产品的价格一般比初级加工产品高40%~300%,并已能形成规模化生产,而在我国,据统计,仅植物纤维资源,每年有5亿吨左右的秸秆、1 000万吨的米糠、1 000万吨的玉米芯、700万吨的蔗渣、2 000万吨的稻壳,这些资源目前开发转化的比例极小,甚至成为环境污染源。这种废弃影响了农业的整体效益。同时,还对环境等造成污染。

7. 质量保障体系不完善,安全问题日益突出 食品安全问题不仅是公共卫生问题,而且还直接影响农业与农产品加工业产业的结构调整。随着我国农产品加工业与国际市场的进一步融合,国际技术壁垒对我国农产品加工业的影响日益突显。我国农产品加工业从原料生产到加工过程管理分散,尚未形成完整有效的质量管理和保障体系,产品质量和安全问题十分突出。农、兽药残留、土壤重金属污染、畜禽疫病、使用违法禁用药物、添加剂等问题,严重影响了产品质量和消费的安全,使我国有价格竞争优势的产品在国际市场上缺乏竞争力,严重影响到我国的农产品贸易。

综上所述,我国农产品加工从农业生产本身的加工原料到参与市场竞争的质量保障体系都存在一定的问题,这些问题造成我国农产品加工业整体水平还不高,产品竞争力差。

三、农产品加工产业发展趋势

农业纳入市场,农产品和加工产品也要纳入市场,参与市场竞争,农产品深加工的发展趋势必然要适应现代农业的发展和农产品加工市场的需求。在完整的农业产业体系下,加工产品的市场竞争力来源于农产品加工业的产业化经营水平、农产品加工的集中度和规模、现代化的企业运营机制、加工新技术和装备的应用及企业自身科技创新能力的提高。

1. 农产品加工原料专用化 国内外经验表明,专用化的加工原料是影响农产品加工业发展的重要因素之一,只有使用优质专用原料才能生产出高质量的加工制品。国外发展农产品加工业非常重视加工用原料品种的开发和加工原料基地的建设,农产品加工企业大都建有自己的种植园或有合同关系的种植园来种植农产品加工专用品种,如美国薯条加工采用专用品种"夏波蒂",薯片加工采用"大西洋"品种,有效保障了产品质量;再如国外加工小麦品种分类很细,不同的加工专用粉有特定的加工品种。虽然我国是农产品生产大国,但农产品加工专用品种较为缺乏。

2. 农产品加工技术高新化 发达国家农产品加工业的快速发展,主要是高新技术发挥了重要作用,通过采用高新技术对农产品进行深加工,提高了农产品的国际竞争力和经济效益。目前农产品加工高新技术不断被开发和利用,如微电子技术、超高温短时杀菌技术、超高压技术、冷冻浓缩技术、反渗透浓缩技术、真空冷冻干燥技术、微波技术、无菌包装技术、超微粉碎技术、膜分离技术、超临界流体萃取技术、分子蒸馏技术、膨化与挤压技术、微胶囊技术、生物工程技术等已在农产品加工领域得到广泛应用,从而提高了劳动生产率、产品质量和经济效益,大大降低了生产成本,减少了生产损耗。

3. 农产品加工装备智能化 农产品加工装备的智能化主要体现在目前农产品加工装备的连续化、自动化程度日益提高,以及对生产过程的控制更人性化。农产品加工装备的智能化主要是采用机电一体化技术和光电液自动化控制技术来实现的,由连续式生产设备代替间歇式生产设备,由专业化生产设备代替通用化生产设备,由大型化生产设备代替中小型生产设备。使生产线实现连续化生产、专业化作业、自动化调节、规模化经营等,可显著提高生产效率和经济效益,改善劳动条件,提高产品质量,降低加工成本,增强产品和企业的市场竞争力。

4. 农产品资源利用高效化 农产品资源高效利用是农产品增值的重要途径。发达国家对农产品资源深加工程度和综合利用水平越来越高,其主要通过高新加工技术提升农产品加工水平,延长农业产业链,并采用"清洁生产技术",加工过程中做到"零排放",从而把农产品转化成高附加值的产品。农产品资源的高效利用主要表现在两个方面,一方面对传统产品通过高新技术改造传统工艺和开发新产品,形成多层次、多品种的产品,降低成本,另一方面对农产品加工过程中产生的副产品和下脚料进行深度开发,实现资源的全效利用。综合利用不仅可提高经济效益,也减少了环境污染。

5. 产业化经营水平日益提高 在农业产业化经营中,农产品加工业处于重要地位。产加销一体化的农业产业化经营,必然成为我国农产品深加工发展的趋势。我国各类农业产业化经营组织已发展到 66 000 多个。其中,龙头企业带动型的为 27 000 多个,占 41%;中介组织带动型的为 22 000 多个,占 33%;专业市场带动型的为 7 600 多个,占 12%;经纪人、专业大户带动型的为 9 600 多个,占 14%。这些产业化经营组织通过合同(占49%)、合作(占14%)、股份合作(占13%)等较为稳定的联结方式密切与农民的利益联结,带动的农户达5 900万户,占全国农户总数的25%,平均每户从事产业化经营增收900元,带动的种植面积达4亿亩,带动的牲畜饲养量达5.3亿头,带动的禽类饲养量达53亿只,带动的养殖水面达4 280万亩。

6. 产业集中度逐步提高,农产品加工能力规模化 规模化生产是产业发展获得成功的必由之路。发达国家农产品加工业已经实现规模化加工生产,降低了生产成本,取得了巨大的经济效益。美国玉米加工企业年加工能力达到120万~300万吨,是我国同类最大加工企业生产能力的2~5倍。

近年,国内已经出现了一批高速度、大规模、超常规、跳跃式、高起点的、具有较强经济实力和市场竞争优势的农产品深加工大中型骨干企业和企业集团,产业集中度不断提高。这些崭露头角的骨干企业带动了农产品加工业的跨越式发展。内蒙古的乳品加工,河南、河北的小麦和肉类加工,吉林的玉米和肉牛加工,湖南的水稻加工,江苏、福建的茶叶加工,新疆的葡萄和番茄加工等,都已形成特色鲜明的产业体系和区域经济格局。河南省漯河市双汇实业集团有限责任公司、杭州娃哈哈集团公司、青岛啤酒集团有限公司、山东金锣企业集团总公司等大型食品企业集团的销售收入已超过40亿元。产业集中度提高和企业规模扩大意味着企业有更强的新技术消化吸收能力,有更强的自我技术创新能力,有利于提高农产品深加工企业的经营效益和产品市场竞争力,从而参与国际大市场的竞争。企业规模化发展必然成为我国农产品深加工发展的最终趋势。

7. 农产品质量体系标准化 农产品加工质量体系的标准化是农产品加工产品质量与安全的保障。发达国家大都建立了完善的、科学的农产品加工产品标准体系和质量保证体系,加工产品标准内容详细、分类明确。国外农产品加工企业采用GMP进行厂房、车间与工艺设计,普遍建立了基于HACCP的食品安全保证体系,对生产过程的风险进行控制,企业管理方面进行ISO 9000认证,对管理和生产过程进行监督。英国在其《食品安全法令》中明确规定,食品生产企业必须建立和实施"危害与关键控制点技术(HACCP)",并以法规形式制定了《地方官员应用HACCP进行管理的资格标准》。通过农产品加工质量体系标准化的实施,实现了农产品加工品的质量安全。

第二节 粮油储藏、加工基本知识与新技术

一、粮食储藏基本知识

粮食常用的储藏技术包括控制接受粮食的质量、安排储藏仓位、采用适当的堆放形式以及使用经济合理的储藏技术等。

1. 控制接受粮食的质量 对入仓粮食按国家标准进行严格检验。不符合标准的,如含水量大、杂质含量高等,须经过整理达标后才可接受;禁止接受出现过发热、霉变、发芽的粮食,误收的应分仓存放。

对所含有毒有害物质超过国家卫生标准的粮食,以及由于使用化学药剂不当造成药剂残留超标的粮食,应禁止接受。已误收入仓的,应单独封存,并及时报上一级主管部门研究处理,未经上级同意,不得随意处理。

2. 安排储藏仓位应做到"五分开"

(1) **种类分开** 粮食种类不同,其用途和加工要求亦不同,故入仓时要按粮食的种类或品种分开存放。例如,稻谷按粳、籼、糯稻和早、晚稻分存,小麦按红皮、白皮、硬质、软质分存,玉米按皮色分存,大豆按皮色、粒形大小分存,种子粮按农业生产的品种分存,名贵品种要单独存放。

(2) **好次分开** 好次是指粮食质量的好坏,例如杂质和不完善粒的多少、色泽和气味是否正常等。质量差的粮食不耐储藏,商品价值和使用价值低,故应分开存放。有条件的应尽量做到分等存放。

(3) **不同水分分开** 干湿粮混存会引起粮堆内水分的再分配,引起局部发热霉变,甚至扩大到全仓。故在储粮时尽可能做到同一粮堆内的粮食水分差异不超过1%。

(4) **新陈分开** 新粮与陈粮生理活性不同,食用品种也有差异,种用价值差异更大。分开存放,有利于安全储藏、加工和供应。

(5) **有虫无虫分开** 有虫粮与无虫粮分开存放,防止害虫交叉感染,也便于及时处理虫粮,同时还可节约处理费用。

3. 采用适当的堆放形式 接受粮食入仓时,应根据储粮任务、仓库条件、粮食品种、粮质、用途、储存期限以及入仓季节等进行合理的堆放。

粮食堆放形式有多种,如散装粮食有整仓散装、围包散装、隔仓板散装、围囤散装,包装粮食有实垛平装、通风装,另外还有露天囤、露天垛和

土堤仓等堆放形式。

4. 使用经济合理的储藏技术 粮食在储藏期间能否确保安全,关键要经常进行检查和分析,掌握粮情的变化,以便采取有针对性的储粮技术。粮情检查的主要内容有:

(1) 储粮温度 储粮温度包括大气温度、仓内空间温度和粮堆温度3种,又称气温、仓温和粮温,简称"三温"。"三温"之间相互影响,气温变化影响仓温,仓温变化影响粮温。应根据季节、粮堆部位等,掌握"三温"的变化规律与检查分析方法,以便准确掌握粮情。

粮温的变化比较复杂,影响因素也比较多,正常情况下(干燥无虫)以外温(气温、仓温)影响为主。一年中粮温变化的规律是:粮温随外温升降而升降,但迟于外温;气温上升季节,粮温也逐渐上升,但低于外温;气温下降季节,粮温也逐渐下降,但高于外温;粮温最高值和最低值的出现通常比气温(或仓温)推迟一个月左右。露天储存的粮食,气温变化可直接影响粮温。

(2) 粮堆湿度 粮堆湿度是指粮堆孔隙中的空气湿度。粮堆湿度的变化既受空气湿度的影响,又受粮食吸湿和散湿的影响。

粮堆表层湿度的变化受仓湿的影响较大,粮堆内部的湿度变化,在静止状态下受平衡水分规律的支配,在空气流动状态下则受空气对流作用和扩散作用的影响。一般地,粮堆内部的低温部位及高水分部位的湿度最大。粮堆中湿度变化与粮食本身的水分变化基本一致。

(3) 粮食水分含量 粮食含水量大小与粮食生理变化及安全储藏有直接关系,是粮食稳定储藏的重要条件之一。粮食水分增高,导致酶的活性加强,呼吸旺盛,储藏物质水解,使粮食的储藏稳定性大大降低,同时还降低了粮食对虫、霉及其他不良外界条件(如高、低温)的抗性。因此,控制粮食含水量是粮食安全储藏的关键问题。例如,新收获的谷类含水量可达20%左右,须经日晒或干燥将其含水量降至12%~14%才可入仓储藏。

在一定温度范围内,能保持粮食安全状态的水分值称为粮食的相对安全水分。禾谷类粮食的相对安全水分,在0~30℃的温度范围内,以0℃为起点,水分以18%为基点,以后温度每增高5℃,粮食的安全水分相应降低1%。根据实践经验,水分14%~15%的谷类粮食在冬春季节中,若无特殊原因,很少发热霉变;而水分12%~13%的在夏秋季节中也是安全的。

二、粮食储藏技术

1. 面粉类 面粉类包括的种类很多,依制粉原料而异,如小麦粉、玉米粉、米粉、谷粉和豆粉等。虽然它们的品种名称各异,但其共同特点是具有粉质状态,而与空气接触广泛,含水量低而容易吸潮,脱离种皮保护而易被污染,在储藏中仍然进行着生理生化变化等。

案例

小麦粉的储藏

小麦粉在长期储藏期间,面粉质量的保持主要取决于其水分含量。面粉具有吸湿性,因而其水分含量随周围大气的相对湿度的变化而变化。以袋装方式储藏的面粉,其水分变化的速度往往比散装储藏的变化慢。

大气相对湿度为70%时,面粉的水分含量基本保持平衡不变;大气相对湿度超过75%,面粉将较多地吸收水分。常温下真菌孢子萌发所需要的最低相对湿度为75%,因而相对湿度为75%及更高时,面粉水分如果超过规定标准,真菌生长很快,易导致面粉霉变发热,使水溶性含氮物增加,蛋白质含量降低,面筋性质变坏,硬度增加。

本着经济、实用、有效的原则,面粉储藏在大气相对湿度55%～65%、温度18～24℃的条件下较为适宜。

2. 大米

(1) 大米的储藏特性

1) 稳定性差 大米无外壳保护层,胚乳直接与空气接触,所以容易吸湿。大米的平衡水分在各种温度、湿度条件下均较稻谷高。大米的吸湿能力还与糠粉的碎米含量有关,糠粉与碎米含量高,增加了吸附面积,吸湿能力就增强。大米易受昆虫和真菌侵害,许多蛀粮害虫不能侵害完整的稻谷,却可以侵害大米。大米上的真菌主要有白曲霉、黄曲霉、烟曲霉,其次为黑曲霉、棒曲霉、禾黑芽枝霉等。由于大米上带有大量微生物,所以大米的呼吸强度很高,容易发热。如果粮堆中含有较多的糠粉与碎米,孔隙中空气流通受阻,则呼吸放出的热量不易散发,更易发热。

2) 容易爆腰 爆腰是指米粒上出现一条或多条横裂纹或纵裂纹的

现象。大米迅速吸湿或迅速散湿时,都能造成大量爆腰。低温的大米急剧加热或高温的大米急剧冷却,都能造成大量爆腰。所以高水分大米不能烘干或曝晒,热机米与发热米不能冷冻或猛烈吹风,大米降水或降温都要缓慢进行。米粒的爆腰也可能在稻谷中发生,不过没有大米爆腰时那样容易和严重。稻谷曝晒时,阳光过强也能爆腰,故盛夏不宜晒稻谷。稻米爆腰后,加工易碎,出米率降低,加工后的大米难以储藏,爆腰大米蒸煮的米饭细碎黏稠,食用品质下降。

3) 容易陈化 随着储藏时间的延长,特别是到了夏季,大米会出现明显的陈化现象。陈化的表现为表面光泽减退,酸度增加,香味消失,黏性下降,出现陈米气味,蒸煮品质变劣等。水分大、温度高、加工精度低的大米陈化更快。就品种而言,陈化速度以糯米最快,粳米次之,籼米较慢。

(2) 大米的储藏管理 常规储藏大米时,首先要考虑的是大米的相对安全含水量与温度的关系。如果水分偏高,到了梅雨高温季节,很容易发生霉变,因此有"大米过夏难"的习惯说法。不过大米发热霉变前,有许多预兆可通过感官察觉,例如脱糠(或称挂灰、起毛),即米粒表面出现灰粉状碎屑,是米粒上未碾尽的糠皮浮起所造成;起筋,即米粒侧面与背面的各条纵沟内呈现灰白色,像一条条的筋;散落性降低,即大米由检验筒倾出时,不滑溜,断断续续,用手紧捏大米,可以暂时成团不散。发现这些预兆后,就应及时采取相应措施。

粮食生霉一般都伴随发热现象,但也有个别的生霉不伴随发热现象,对此需要特别注意。例如籼米包装堆垛的外层靠近地面1m的部位就有这种情况,主要是靠地面湿度大,大米吸湿而生霉,但由于霉层很薄,一般不超过5cm,并且热量容易散发,故生霉时不伴随发热。防止这种生霉的办法,可在包装大米的桩脚四周靠近地面1m高的范围内,用麻袋片或塑料薄膜围起来,可防止大米吸湿生霉。

(3) 大米的储藏方式

1) 常规储藏 常规储藏是大米储藏的主要方式。大米水分控制在相对安全的水分标准以内,可以采取常规储藏法,即散装或包装储藏,秋冬通风,春夏密闭。大米的包装一般采用麻袋,以便于运输和供应。但从储藏安全的角度看,麻袋并不理想,不如塑料袋。大米常规储藏时采用自然降温法就能取得较好的保鲜效果。但长江以南地区,单靠自然低温储藏大米不宜度夏,可以运用低温、低氧、低药量的"三低"储藏法:低温季节入仓的大米,采取低温(冬季通风或冷冻)→低氧(2月份以后密闭)→低药量(有虫时或有发热趋势时施药)方式;高温季节入仓的大米,采取低氧(密封)→低药量(有虫时或有发热趋势时施药)→低温(10月份以后降温)方式。通过低氧低药量处理度过了夏季的大米,到了10月份应撤除密封,利用冬季低温干燥空气降温散湿。因为密封大米度夏以后,粮堆内的温度和湿度均高,而外界气温已经下降,如果继续密封,就会在薄膜内产生结露,结露的水分被表层大米吸收,易导致表层大米生霉。

2) 真空包装储藏 真空包装储藏是利用包装材料良好的气密性和防潮性,使大米处于绝氧稳定状态,从而防虫防霉,保持品质。为使大米能长期安全储藏,大米的水分不应超过15.5%,精度应为特二级或标一级大米。真空包装用的薄膜是聚酯聚乙烯复合薄膜,厚度0.13～0.14 mm,气密性良好。聚酯聚乙烯复合薄膜不宜焊接封口,可以采用高频热焊法,热焊时刀口上需加垫聚氯乙烯塑料薄膜条,上面再复垫四氟乙烯塑料薄膜条。抽真空包装是先将特二级或标一级大米装袋,每袋2.5 kg、5 kg、10 kg或20 kg,然后放在真空包装机的真空室内,将米袋铺平,再将袋口用钢条压牢,盖上真空式的盖子,真空室即能自动抽空后送入储气室。真空包装的大米经17个月的储藏,感官品质及食用品质明显优于聚氯乙烯薄膜包装和麻袋包装的大米。

3) 低温储藏 低温储藏是目前大米储藏保鲜最先进有效的方法,其优点是:① 能抑制储粮的呼吸作用,延缓粮食陈化,有利于保鲜;② 有利于抑制昆虫和真菌对粮食的危害,降低储粮损耗;③ 有利于解决大米度夏问题;④ 还可以保持储粮卫生,防止污染。低温储藏有自然低温储藏和机械制冷储藏。自然低温储藏的技术措施主要是利用冬季干冷空气使粮温下降到≤0 ℃或≤5 ℃,再采取隔热保冷措施,以延长保冷时间,达到使大米安全度夏的目的。机械制冷储藏大米主要在少数大城市局部采用,这种冷藏法无疑是储藏大米较好的方法,其管理简单,效果好,但储藏费用较高。

三、粮食产品加工技术

1. 稻谷加工技术 根据稻谷的组织结构和营养特点,稻谷制米食用。这是稻谷食品加工的主要途径。此外,以大米为原料还可制作多种食品,稻谷加工的副产品还可开展广泛的综合利用。现将稻谷食品加工的主要途径分述如下：

(1) 精白米 稻谷经砻完后，糙米继续用精米机剥掉糠层。根据大米表层留皮留胚的程度不同，可得到各种不同精度的大米。

(2) 胚芽米 胚芽米精度接近普通精白米，但保留有80%以上的胚芽。胚芽米的加工方法与精白米略有区别，不是采用螺旋式碾米机，而是使用摩擦式碾米机，使糙米表层和旋转中的金刚砂轮的粗糙面接触摩擦，因为摩擦时的压力较小，所以可保留大部分胚芽。生产胚芽米时一般采用单机循环式或多机连续式加工。胚芽米的营养成分（蛋白质、维生素等）与糙米接近，食味与精白米接近。胚芽米的缺点是颜色不如精白米，而且不耐储存。

(3) 蒸谷米 先将稻谷浸油，皮层中的水溶性维生素渗透到米粒中心。再将稻谷汽蒸并干燥，然后砻完碾米。各种蒸谷米的维生素、蛋白质、脂肪和矿物质含量都比普通大米多，营养价值高。我国以浙江省湖州生产的蒸谷米历史悠久，久负盛名。

(4) 免淘洗小包装米 这是一种在工艺过程中严格控制卫生条件的适合消费者的小包装精白米，食用时不用淘洗。

(5) 各种营养强化米 采用合适的工艺，在大米中添加各种营养素，如氨基酸强化米、维生素强化米等。

(6) 大米及米粉类食品 方便米饭，各种糯米食品如糍粑、粽子等，普通米粉与快食米粉，以及以大米为原料的各种糕点、快餐食品和小吃食品等。大米还可以制取淀粉，并进一步转化成淀粉糖。

(7) 大米加工副产品的食品利用途径 大米加工的主要副产品是米糠。一般米糠中含蛋白质14%～17%，含脂肪16%～22%，含淀粉36%～38%。故米糠可用于制油，通常每吨米糠可以生产精炼米糠油50 kg。米糠饼还可用于酿酒、制饴糖或提取植酸钙等。

2. 小麦加工技术 小麦整个皮层的结构都较紧密而坚韧，而且有很深的腹沟，因此不可能将皮层碾下来而又保持胚乳不碎，故小麦不能制米，只能磨粉。目前全世界的小麦一般都用于磨粉，这是小麦食品加工的主要途径。由于小麦面粉能形成面筋，具有良好的烘焙特点，以面粉为原料能生产多种多样的烘烤食品。小麦加工的副产品麸皮等，也可开展广泛的综合利用。

(1) 小麦制粉 我国现行小麦面粉按质量可分为4类，即特制一等粉、特制二等粉、标准粉、普通粉。国外面粉的种类也很多,按用途不同可分为面包粉、饼干糕点粉、家庭用粉和其他用粉4类。一般面包粉的蛋白质含量在12%以上,要求有良好的面团性能和烘焙特性。饼干粉又分为软、硬两种,软饼干粉的蛋白质含量为7.5%~9.5%,硬饼干粉的蛋白质含量不得低于10.2%。糕点粉要求有良好的保水能力,在做糕点时能保持高配比的糖和液体配料。家庭用粉一般用软麦加工。要求强度适中,色泽好,蛋白质含量为10.5%,适合家庭使用。其他用途粉的品种很多,各有不同的质量要求。如汤用面粉,系用软麦粉以蒸汽加热2 min,要求吸水量高,色泽好;酿酒用粉的蛋白质低于6%,用风选法制成;煎鱼用浆粉是家庭用粉添加苏打、磷酸钙和色素制成。

(2) **营养强化面粉** 一般先制成面粉预混合添加剂,预混合添加剂中含有各种所需强化的营养素。使用时,将预混合添加剂适量加入到面粉中。也有直接在面粉中进行营养强化的。主要强化剂如各种维生素、氨基酸、矿物元素等。

(3) **发酵烘焙类食品** 在面粉食品中,发酵烘焙类食品占有重要比例。国际上以面包为主。我国流行的馒头,虽然不烘烤,但也属发酵食品,生产过程与面包是相似的,只是熟化工序不同,面包靠烘烤熟化,馒头则用汽蒸熟化。各种各样的烘烤(发酵或不发酵)小吃食品在我国也相当流行,在面粉的食品加工中也占有一定的地位。

3. 玉米加工技术

(1) **全玉米粉** 将玉米带胚磨粉,经数次反复研磨和筛理,直到把玉米全部磨成粉。全玉米粉出品率高达96%~98%,但食味差,消化吸收率也较低。

(2) **提胚玉米粉** 先用压轧设备处理玉米,胚乳被轧碎,而胚保持完整。再经筛理设备筛出玉米胚。提胚玉米粉的食味较好,消化吸收率较高。

(3) **玉米渣** 生产玉米渣一般采用联产品加工法。即在加工过程中,同时制出玉米渣和玉米粉,然后从玉米渣中分离出玉米胚。因此,可同时得到玉米渣、玉米粉、玉米胚等产品。

(4) **特制玉米粉** 普通玉米粉有苦味,而且色泽不佳,在食品加工中受到很大限制。采用合适的工艺生产的特制玉米粉,去掉了玉米中的苦味物质及影响玉米烘焙性能的物质。生产特制玉米粉的工艺是从生产玉米淀粉的方法发展而来。先将普通玉米粉进行浸泡，浸泡时加入焦硫酸钠或二氧化硫，以破坏淀粉与蛋白质的结合，再分离除去蛋白质，最后将粉浆干燥并进一步研磨，即得特制玉米粉。

四、食用油加工技术

目前，食用植物油制取采用的主要方法仍然是压榨法和浸出法。所谓压榨，定义为借助机械外力的作用，将油脂从油料中挤压出来。

浸出则是应用固-液萃取原理，利用能够溶解油脂的有机溶剂，经过对油料的喷淋和浸泡作用，使油料中的油脂被萃取出来。对于花生、菜籽、葵花籽等高含油量的油料，也可运用先预榨取出部分油脂，再浸出其余油脂的方法分两步取油。

1. 传统油脂生产技术

（1）压榨工艺 传统油脂压榨工艺中原料的蒸炒是必不可少的环节。压榨工艺主要分为剥壳（花生、葵花籽等油料）、破碎、蒸炒、压榨、水化、过滤几个步骤，通过压榨可以得到压榨原油，再通过水化和过滤就可以得到食用压榨油。压榨工艺流程为：

油料→剥壳→破碎→蒸炒→压榨→原油→水化→过滤→压榨油
　　　　　　　　　　　↓　　　　　　↓
　　　　　　　　　　　饼　　　　　　渣

（2）浸出工艺

1）浸出制油 浸出工艺主要分为剥壳、破碎、轧胚、蒸炒、浸出、蒸发、汽提几个步骤，通过浸出可以得到浸出原油。浸出制油流程为：

　　　　　　　　　　　　　　　　　溶剂回收
　　　　　　　　　　　　　　　　　　↕
油料→剥壳→破碎→轧胚→蒸炒→浸出→蒸发→汽提→浸出原油
　　　　　　　　　　　　　　　↓
　　　　　　　　　　　　　　　粕→脱溶烘干→加工饲料

2）浸出原油的加工 从浸出器出来的混合油中，油脂含量为12%～15%，通过第一次蒸发可达65%左右，通过第二次蒸发，油脂含量可达99%以上，最后通过汽提可以得到较纯的浸出原油。因为浸出原油中还含有大量杂质，仍然不能直接食用，必须经过进一步加工才能得到可以进入市场销售的浸出成品油。

浸出原油的加工工艺主要可分为：水化脱胶、中和脱酸、吸附脱色和蒸馏脱臭几个步骤，通过加工可以得到浸出成品油。浸出原油的加工流

程为:

原油→水化脱胶→中和脱酸→吸附脱色→蒸馏脱臭→浸出成品油

在日常生活中人们已经观察到,与二级压榨油相比,在使用浸出成品油进行烹调时,煎炸食品的色泽明显变浅,烹调时冒烟温度显著提高,烟量明显减少,这些都能说明其中的油脂成分纯度更高,杂质含量更低。当然,在国家标准中,还要用先进的检测手段来限制浸出成品油中的诸多指标,如色泽、透明度、水分及挥发物、不溶性杂质、酸值、过氧化值、溶剂残留量等。

2. 油脂冷榨技术 冷榨制油是指油料在入榨前不经蒸炒等高温处理,入榨温度为常温或略高于常温及压榨过程料温较低的榨油方法。冷榨制油有利于保留油料中所含的生理活性物质,并可避免高温压榨过程中油脂、蛋白质、糖类、类脂物等物质变性所产生的有害物质。

油菜籽冷榨工艺流程为:

```
                        回榨(1/3)
                           ↑
    油菜籽→清理→轧坯→冷榨→冷榨饼→出饼(2/3)
                           ↓
                         冷榨油
```

预榨机榨膛内的挤压、剪切和摩擦作用不足以将整粒油菜籽挤碎出油,所以在入榨前必须进行轧坯,且要求坯片薄而均匀,粉末度小,表面不露油,坯片厚度以 3 mm 左右为宜。

预榨机冷榨对油菜籽入榨水分有严格的要求。预榨机榨膛升温平缓,入榨水分可控制低一些,一般在 8% 以下比较好,否则冷榨出油困难。当然水分也不能太低,否则轧坯时易产生过多的粉末。为了提高冷榨效果,增加出油率,应将冷榨饼部分回榨,回榨量应根据生产情况适当掌握。回榨量增大,可降低出饼含油,提高冷榨出油率,但会降低产量,并加深出油色泽;回榨量减少,虽然可提高产量,降低出油色泽,但会减少冷榨出油率,使出饼含油升高,结构松散,粉末度增大,给后续的浸出过程带来不利影响。一般,回榨量可控制在冷榨饼总量的 1/3 左右。

冷榨时可用榨机蒸锅对料坯进行适当预热,这样可提高冷榨出油率,减少冷榨饼回榨量。但出油色泽对入榨温度反应敏感,温度升高则油色明显加深,且油中磷脂等杂质的含量也有所增加。当入榨温度升至 60 ℃

以上时,出油色泽已与热榨无明显区别。因此,为生产出色浅、质优的冷榨油,料坯在入榨前应尽量不预热。

(1) 冷榨菜籽饼浸出技术 油菜籽经预榨机冷榨后,饼中尚含有17%左右的油脂,必须加以浸出。冷榨饼未经高温处理,胶黏物含量高,结构柔韧密实,浸出时溶剂与油脂的相互扩散阻力大,对降低浸出粕残油不利。对此,可将冷榨饼进行破碎,以减少扩散路径。

(2) 冷榨油的精炼 未经过滤的冷榨毛油,含有较多的水分及杂质,外观浑浊,另外还有少量的丝状黏质,这可能是未变性的蛋白质、黏液质、糖类等物质。由于冷榨温度低,磷脂、色素等难以进入油中,故冷榨油色泽较浅,磷脂含量低,只需经机械过滤,无需任何化学精炼,即可达到新国标四级油标准。

3. 食用植物油加工新技术

(1) 低温脱溶技术 在油脂制取过程中,需要对饼粕进行脱溶和烘干,一般操作温度为105℃左右,这样在加工大豆粕时就会使其中的蛋白质变性,从而降低了饼粕中蛋白质的质量。为了避免这一现象的发生,可采用低温脱溶技术,让饼粕在低于85℃的条件下脱去其中所含溶剂,就可以有效防止蛋白质变性,从而保证制作饲料的原料——饼粕的营养成分。

(2) 膜分离技术 利用膜分离技术可以得到高品质的大豆分离蛋白和花生蛋白,在国际市场上很有前景。

(3) 物理精炼技术 在中和游离脂肪酸的加工过程中,要在油脂中加入NaOH溶液进行中和反应,以延长油脂的保质期。目前已有新的技术——物理精炼代替此项操作,即利用直接蒸汽与油脂接触,使游离脂肪酸在蒸汽作用下被提出。利用物理精炼技术可以有效降低油脂精炼带来的环境污染,同时提高油脂炼厂的经济效益。

(4) 超临界气体萃取技术 由于浸出工厂目前广泛使用的6号溶剂油为易燃易爆介质,必须采取相当严密的安全措施并加强管理,才能完全避免重大安全事故的发生。国际、国内正在研究用超临界气体萃取技术代替溶剂浸出工艺来制取食用植物油,比如利用超临界CO_2制油,不但可以避免爆炸等安全事故的发生,而且可以使分离过程变得更加简单、易行,且彻底。

(5) 微胶囊技术 利用植物胶、多糖、淀粉、纤维素等包膜材料,包合在油脂分子外表,形成微胶囊表壳,能够使油脂分子与空气隔绝,从而降低油脂的氧化速度,延长油脂产品的保质期限。利用此项技术还可以使液态油脂固态粉末化,便于运输、贮藏和包装,添加于面包、糕点、汤料和方便食品之中。

(6) **分子蒸馏技术** 分子蒸馏是一种特殊的液-液分离技术,它不同于传统蒸馏依靠沸点差分离原理,而是靠不同物质分子运动平均自由程的差别来实现分离。目前国际上采用分子蒸馏技术提取植物油中的天然维生素 E。

第三节 果蔬贮藏、加工基本知识与新技术

一、果蔬贮藏基本知识与新技术

1. 简易贮藏技术 简易贮藏方式包括沟藏、窑窖贮藏、通风库贮藏等。沟藏是北方苹果产区的贮藏方式之一。因其条件所限,适于贮藏耐藏的晚熟品种,贮藏期可达 5 个月左右,损耗较少,保鲜效果良好。窑窖贮藏苹果,是我国黄土高原地区古老的贮藏方式,结构合理的窑窖,可为苹果提供较理想的温度、湿度条件。如山西祁县,窑内年均温不超过 10 ℃,最高月均温不超过 15 ℃。通风库在我国的许多地方大量地应用于苹果贮藏。由于它是靠自然气温调节库内温度,所以,其主要的缺点也是秋季果实入库时库温偏高,初春以后也无法控制气温回升引起的库温回升,严重地制约了苹果贮藏寿命。

案例

苹果简易贮藏技术

在适当场地上沿东西长的方向挖沟,宽 1~1.5 m,深 1 m 左右,长度随贮量和地形而定,一般长 20~25 m,可贮苹果 10 000 kg。沟底要整平,在沟底铺 3~7 cm 厚的湿砂。果实在 10 月下旬至 11 月上旬入沟贮藏,经过预贮的果实温度应为 10~15 ℃,果堆厚度为 33~67 cm,苹果入沟后的一段时间果温和气温都较高,应该白天遮盖,夜晚揭开降温。至 11 月下旬气温明显下降时用草盖等覆盖物进行保温,随着气温的下降,逐渐加

厚保温层至 33 cm。为防止雨雪落入沟里,应在覆盖物上加盖塑料薄膜,或者用席搭成屋脊形棚盖。入冬后要维持果温在 $-2 \sim 2$ ℃之间,一般贮至翌年 6 月份左右。春季气温回升时,苹果需迅速出沟,否则会很快腐烂变质。

2. 机械冷藏保鲜技术 机械冷藏是在有良好隔热性能的库房中借助机械冷凝系统的作用,把热量由高温物体转移到低温物体(环境介质)中去,即将库内的热量传递到库外,使库内温度降低并保持在有利于果蔬长期贮藏的范围内。机械冷藏的优点是不受外界环境条件的影响,可以迅速均匀地降低库温,库内的温度、湿度和通风都可以根据贮藏对象的要求而调节控制。

桃机械冷藏

桃和油桃的适宜贮温为 0 ℃,相对湿度为 90%～95%,贮期可达 3～4 周。若贮期过长,果实风味变淡,产生冷害且移至常温后不能正常后熟。冷藏中采用塑料小包装,可延长贮期,获得更好的贮藏效果。

3. 气调贮藏保鲜技术 气调贮藏设备主要由气调机、制冷系统、加湿器和气密保温材料组成。其原理是把果蔬放在特殊的密封库房内,同时改变贮藏环境的气体成分,在果蔬贮藏中降低温度,减少氧气含量,提高二氧化碳浓度,降低果蔬的呼吸强度和自我消耗,从而达到长期贮藏保鲜的目的。目前,常用的气调保鲜方法主要有 4 种:塑料薄膜帐气调、自然降氧法、混合降氧法和人工改变空气组成法。

苹果气调贮藏

在冷藏库、土窑洞和通风库内,用塑料薄膜帐将果垛封闭起来进行贮藏,薄膜大帐一般选用 0.1～0.2 mm 厚的高压聚氯乙烯薄膜,黏合成长方形的帐子,可以装果数百到数千千克。控制帐内 O_2 浓度可采用快速降氧、自然降氧和半自然降氧等方法。将硅橡胶薄膜扩散窗按一定面积黏合在聚乙烯或聚氯乙烯塑料薄膜帐或袋上,自发调整苹果气调帐(或袋)内的气体成分,使用和管理都较方便。硅窗的面积是根据贮藏量和要求的气体比例,经过实验和计算确定。例如,贮藏 1 t 金冠苹果,为使 O_2 维持在 2% ~ 3%,CO_2 3% ~ 5%,在约 5 ℃条件下,扩散窗面积为 0.6 mm×0.6 mm 较为适宜。

4. 其他保鲜技术

(1) 防腐剂保鲜技术 防腐剂按其来源不同可分为两类,即化学合成防腐剂和天然防腐剂。化学合成防腐剂由人工合成,种类多,包括有机和无机的防腐剂 50 多种,其中世界各国常用的主要化学合成防腐剂有苯甲酸钠、山梨酸钾、二氧化硫、亚硫酸盐、丙酸盐及硝酸盐和亚硝酸盐等。我国批准可使用的化学合成防腐剂只有苯甲酸、苯甲酸钠、山梨酸钾和二氧化硫等少数几种。使用化学合成防腐剂虽有较好的保鲜效果,但对人体健康却有一定的影响,甚至出现致癌、致畸等毒性。天然防腐剂是生物体分泌或体内存在的防腐物质,经人工提取后即可用作食品防腐,具有安全、无毒、高效和增进食品风味、品质等特点。目前,在国内外常用的天然果蔬保鲜剂主要有茶多酚、蜂胶提取物、橘皮提取物、魔芋甘露聚糖、鱼精蛋白、植酸、连翘提取物、大蒜提取物和壳聚糖等。

案例

沙糖橘的防腐剂保鲜技术

沙糖橘贮藏期间的病害主要是青霉病和绿霉病,其次是酸腐病和蒂腐病。柑橘防腐保鲜剂的组成成分、使用浓度决定着防腐效果。2,4-D、施保功、多菌灵、特克多结合可溶性果蜡的不同配方处理都表现出有较强的防腐作用。采用 0.010% 2,4-D,0.025% ~ 0.050% 杀菌剂,0.50% 蜡液,沙糖橘常温贮藏 40 d 和 60 d 期间保持了较高的好果率。

(2) 生物保鲜技术 生物保鲜技术是一种正在兴起的食品保鲜技术,目前应用较多的是酶法保鲜,其原理是利用酶的催化作用,防止或消除外界因素对食品的不良影响,从而保持食品原有的品质。酶的催化作用具有专一性、高效性和温和性,因此可应用于各种果蔬保鲜,有效防止氧化和微生物对果蔬所造成的不良影响。当前用于保鲜的生物酶种类主要有葡萄糖氧化酶和细胞壁溶解酶。

樱桃番茄的生物保鲜技术

选择大小均匀的新采摘的樱桃番茄用自来水冲洗干净,放于阴凉处阴干。壳聚糖质量浓度为 2%,抑菌剂质量浓度为 50%,涂膜液为酸性浓度,pH 为 5.4,采用刷涂法用细软毛刷蘸上配制成的壳聚糖保鲜液,将果品在刷子表面辗转擦刷,使果蔬表面涂上一层保鲜剂膜。樱桃番茄的最佳贮藏条件是温度 10 ℃左右。

(3) 臭氧保鲜技术 臭氧的氧化能力很强,它与微生物细胞中的多种成分产生不可逆的反应,达到杀灭微生物的作用。臭氧能够有效地快速分解乙烯,将乙烯分解为二氧化碳和水,从而减缓了果蔬的新陈代谢,降低了成熟速度,同时还可促进创伤愈合,增加对真菌传染的抵抗力,延长果蔬的贮藏期。

猕猴桃臭氧保鲜技术

贮藏温度为 $-1\sim0$ ℃,相对湿度为 85%,库内采用臭氧杀菌保鲜机(臭氧产量 5 g/h),每天开机 8 h,每隔 2 h 开机 1 h,70 多天后猕猴桃质地仍较硬。

二、果蔬加工基本知识与新技术

1. 果蔬速冻 果蔬速冻是将新鲜果蔬经过一系列加工后快速冻结成中心温度 -18 ℃的速冻食品,能较大程度地保持蔬菜原有的营养成分和色、香、味等品质,便于长期贮藏和运输,其主要特点是能够调节市场供应、新鲜、卫生、方便多样等。速冻的方法按使用的冷却介质与食品接触的状况可分为间接接触冷冻法和直接接触冷冻法两大类。

蔬菜的速冻加工,要求原料新鲜,组织脆嫩,内部纤维含量少。同时,蔬菜一定要新鲜,要求及时采收,及时加工。适宜速冻加工的果品主要有:葡萄、樱桃、李子、草莓、杏、板栗等可整果冻结的原料,以及桃、梨、苹果、西瓜等需切分后冷冻的原料。用于速冻的蔬菜的种类很多,果菜类

(可食部分为菜的果实和幼嫩的种子)有:青刀豆、荷兰豆、嫩蚕豆、豌豆、青椒、茄子、番茄、黄瓜、南瓜等;叶菜类(可食部分为植物的叶和嫩茎)有:菠菜、油菜、韭菜、香菜、香椿、芹菜、苋菜、荠菜等;块茎根菜类(可食用部分为根部和变态茎)有:马铃薯、芋头、芦笋、莴苣、竹笋、胡萝卜、山药、甘薯、牛蒡等;食用菌类(可食部分是无毒真菌的子实体)有:双孢菇、香菇、凤菇、金针菇、草菇等;花菜类(可食部分为植物的花部器官)有:花椰菜和绿菜花。

果蔬速冻生产的一般工艺流程为:

新鲜原料→挑选→清洗→去皮、切分→烫漂→冷却→沥干→速冻→包装→冻藏

案例

速冻笋片加工

采用新鲜毛笋,无霉腐,根部不宜过老,掌握用刀能切片的原则。按原料要求验收,验收后及时剥壳加工,剩余部分宜进冷风库储存。用锋利刀将毛笋轻轻划破壳后用手工剥壳。笋的老根不可食用,掌握用刀能切片为原则,切不动的根部应舍去,然后剖成两片。取笋从根部始切,先切后片,中部宜切丁,嫩尖部宜切段。沸水热烫至口嚼无笋涩味为度。将漂烫后的原料迅速冷却至10 ℃以下,沥去其表面的水分。将处理好的原料送入速冻装置内冻结10 min,定量包装后冷藏。

2. 果蔬干制　果蔬干制又称果蔬脱水,即利用一定技术脱除果蔬中水分,将其水分活度降低到微生物难以生存繁殖的程度,从而使产品具有良好保藏性。干制方法可分为自然干制、人工干制两大类。大部分果蔬均可干制,一般对果品原料的总体要求有干物质含量高,纤维素含量低,风味好,核小皮薄;蔬菜原料要求肉质厚,组织致密,粗纤维少,新鲜饱满,色泽好,废弃部分少。根据果蔬干制产品的状态,可以分为水果干、脱水菜、果蔬脆片和果蔬粉等。

果蔬干制一般工艺流程为:

新鲜原料→挑选→清洗→去皮、切分→烫漂→冷却→沥干→干制→包装→冷藏

 **案例**

南瓜粉加工

在南瓜盛产期,选择皮较硬、成熟期长、肉质呈橘红色的瓜,洗净,去蒂、去皮、去籽。将处理好的南瓜,用切割机切成丝,放入清水中浸泡 1 h,脱水取出。选一块干净地方,铺上纱布,把洗好的南瓜丝摊在上面,自然风晾干或晒干。将南瓜丝摊开放入烘箱,温度到 60~80 ℃,烘 8 h 左右,手感干透时取出。先将粉碎机消毒、晒干,然后把南瓜丝粉碎成细粉状。把粉碎好的粉末过筛,放入陶瓷盘中。粗粒可再粉碎。把过筛的粉末放入烘箱,温度调节到 80 ℃,烘干 2 h 即可包装。南瓜粉的下脚料则可做南瓜糕点,或加入面粉制成南瓜面、南瓜酱。

3. 果蔬糖制 水果的糖制就是让食糖渗入组织内部,从而降低水分活度,提高渗透压,可有效地抑制微生物的生长繁殖,防止腐败变质,达到长期保藏不坏的目的。水果糖制品具有高糖、高酸等特点,这不仅改善了原料的食用品质,赋予产品良好的色泽和风味,而且提高了产品在保藏和贮运期的品质,延长了期限。依据加工方法和成品的形态,一般分为蜜饯和果酱两大类。

果脯蜜饯加工方法:糖制是果脯蜜饯加工的重要工序。根据糖制工艺不同可以分为:蜜制(又称为腌制、冷制、糖腌)和煮制(又称为糖煮、热制)两种。

水果糖制一般工艺流程为:

原料→去皮→切片→预护色→护色、硬化→真空渗糖→糖液浸泡→冲洗→烘干→整形→包装→成品

果酱类的加工主要有果酱、果泥、果糕、果冻和果丹皮等。果酱是用果肉加糖、调酸煮制而成,中等稠度无需保持果块原有形状的制品,要求制品具有较好的凝胶状态。如杏酱、草莓酱等。果泥呈糊状,即果实必须在加热软化后打浆过滤,所以酱体细腻,如苹果酱、山楂酱等。果糕是将果泥加糖和增稠剂后加热浓缩而制成的凝胶制品。果冻是将果汁和食糖加热浓缩而制成的透明凝胶制品。果丹皮是将果泥加糖浓缩后,刮片烘干制成的柔软薄片。山楂片是将富含酸分及果胶的一类果实制成果泥,刮片烘干后制成的干燥的果片。

加糖浓缩是制作果酱类制品最关键的工艺,常用的浓缩法有常压浓缩法和减压浓缩法。常压浓缩是将原料置于夹层锅内,在常压下加热浓缩。常压浓缩的主要缺点是温度高,水分蒸发慢,芳香物质和维生素C损失严重,制品色泽差。减压浓缩又称真空浓缩,有单效浓缩和双效浓缩两种。浓缩过程应保持物料超过加热面,防止焦锅。当浓缩至接近终点时,关闭真空泵开关,破坏锅内真空,在搅拌下将果酱加热升温至90~95℃,然后迅速关闭进气阀出锅。

果酱加工一般工艺流程为:

原料→浸泡→打浆过筛→混合→加热化糖→配料→均质、脱气→装罐密封→杀菌→冷却→成品

案例

桃脯加工

配方:鲜桃5 000 g,食盐250 g,白砂糖3 000 g,清水适量。采用青黄色坚实的中粒桃子,先用食盐腌擦匀透,静放3 h,不必去皮去核。然后将每个桃子的外皮用特制梳刀划成横条纹,再用刀把每个桃子对开砍成两片,漂洗去咸味待用。将桃片加清水5 000 g,煮沸20 min。取出沥干后放入缸中,用白糖1 500 g层层撒入腌渍12 h。最后,把桃片和糖汁一起放入锅中,加白糖1 500 g,煮2 h,至糖汁浓稠,取出晒两天,即成桃脯。

4. 蔬菜腌制 蔬菜腌制是以蔬菜为原料,按照腌渍的保藏措施,所得的各类加工制品,如各类咸菜、泡菜、糖醋菜等。这些制品以糖、盐、醋等作为主要辅料,不但可以调味,而且起到保藏作用。按蔬菜原料分类可将腌制菜分为根菜类、茎菜类、叶菜类、花菜类、果菜类和其他类。按腌制菜生产中是否发酵,将腌制菜分为发酵性腌制品和非发酵性腌制品两大类。腌制菜按加工工艺可分为以下几类:酱渍菜类、糟渍菜类、糠渍菜类、盐水渍菜和盐渍菜。

腌渍一般工艺流程为:

选料→清洗→切块→盐渍→漂洗→腌渍→分装→封罐→灭菌

(1) 盐渍菜类加工方法 盐渍菜是酱腌菜产品中量最大的一类,它不仅以成品直接销售,而且可作为酱渍菜和其他渍菜的半成品。所以其品质的好坏,直接影响到其他渍制品的质量。盐渍菜的生产工艺一般都

采用干压腌法和干腌法。干压腌法即把菜洗净后,按菜盐一定比例,顺序放在容器内,中部以下用盐40%,中部以上用盐60%,顶部封闭一层盐。压盖后再放上重石,利用重石的压力和盐的渗透作用,使菜汁外渗,菜汁逐渐把菜体浸没,食盐渗入菜体内,达到渍制、保鲜和储存的目的。干腌法和干压腌法的不同之处是:干腌法不用重石,也不用加水,用盐直接渍制,其用盐量按具体品种而定,一般来说,随产随销的盐腌菜每100 kg用盐6~8 kg,需长期储存的盐渍菜每100 kg用盐16~18 kg。干腌法中还有一种分批下盐法,即盐渍时分两次或三次下盐,本法常用于水分较大的蔬菜。

(2) 酱菜类加工方法 酱菜的种类很多,口味不一,但其基本制作过程和操作方法是一致的。一般酱菜都要先经过盐腌成为半成品(即咸坯),有些咸坯需要切制成各种形状,如片、条、丝等。然后,用清水漂洗去一部分盐,再腌制;若腌后即进行酱制可减少用盐量,经过盐腌的蔬菜浸入酱或酱油内进行浸渍,使酱液中的鲜味、芳香、色素和营养物质等渗入蔬菜组织内,增进制品的风味。也有少数的蔬菜,可以不经腌制直接制成酱菜。在酱制期间,白天每隔2~4 h须搅拌一次,使缸内的菜均匀地吸收酱液。为提高酱制效率,一般酱菜酱两次,第一次用使用过的酱,第二次用新酱,第二次用过的酱还可压制次等酱油,剩下的酱渣作饲料。

(3) 泡菜类加工方法 泡菜的加工一般需经过原料选择、原料预处理、配制泡菜水、入坛发酵。制作泡菜时需注意:用做泡菜的水一般应为硬水,泡菜坛要预先洗净。装坛时应先加盐水,质量浓度为8%~10%,等盐水冷却后再加入原料。装坛时应装满,并淹没在盐水的下面,装好后,液面距坛口6~7 cm,然后盖上坛盖,并在坛口边的槽内加清洁的水以封闭坛口。应注意槽内的水切不可带到坛内,且应经常保持清洁。坛子应放在温暖的地方进行发酵。这样10~14天即可食用,这时,应将坛移到阴凉处。使用过的泡菜液,只要不变质可继续使用,而且泡制的时间将比第一次缩短,泡菜水的时间越长,菜的风味越浓厚。但是,在用陈泡水时,应同时加适量的食盐,以保持一定的浓度,一般按每千克菜加50~70 g盐的比例,方法是装一层菜撒一层盐。其他的如白酒、黄酒、醪糟及红糖等也应适当添加。

(4) 糖醋菜加工方法 蔬菜经过盐腌后,经过整形脱盐,使含盐1%入配制好的糖醋液中,糖醋液的配方一般为糖20%~25%,食醋20%~

25%,盐1%(脱盐完才加),其余的加清水(要求调至酸甜可口即可),浸渍5~7天即为成品。

糖醋黄瓜腌制

选择幼嫩短小、肉质坚实的黄瓜,洗净,放入8%~10%的盐水中,任其自然发酵两周,发酵完毕后,取出黄瓜。先将沸水冷却到80 ℃,用以浸泡黄瓜,维持60~70 ℃约15 min,使黄瓜内部绝大部分食盐脱去,取出,再用冷水浸漂30 min,沥干待用。糖醋香液的配制:100 kg黄瓜用60 kg食醋、50 kg糖、27 kg水,食醋与水混合加热,将包有丁香、豆粉、生姜、桂皮、白胡椒粉的香粉包放入食醋中加热至80~82 ℃,维持1 h,温度不可超过82 ℃,以免醋酸和香油挥发,1 h后将香料袋取出,趁热加入蔗糖,使其充分溶解,即成糖醋香液。也可用冰醋酸配制成2.55%~3%的醋酸溶液2 000 mL、蔗糖400~500 g来配制糖醋液。将黄瓜放在糖醋香液中浸泡15天,即成酸甜适度的糖醋黄瓜。

5. 水果罐头 罐藏食品即先把整理好的原料连同辅料(盐水、糖液等)密封于气密性的容器中,以隔绝外界空气和微生物,再进行加热杀菌,使内容物达到"商业无菌"状态,且维持密封状态,防止食品继续感染,借以获得在室温下较长时间的贮藏。所以,凡是密封容器包装,并经加热杀菌保藏的食品,都称为罐藏食品,习惯上称之为罐头。

水果罐头加工一般工艺流程为:

新鲜原料→挑选→清洗→去皮、切分→预煮→原料装罐→糖水注入→排气→封罐→杀菌→冷却→贮藏

黄桃罐头

选用成熟的黄桃,剔除机械损伤果、腐烂果和残次果等。用流动清水冲洗黄桃,洗净表皮污物。配制4%~8%的氢氧化钠溶液,加热至90~95 ℃,倒入黄桃,浸泡时间30~60 s。经浸碱处理后的黄桃,用清水冲洗,反复搓擦,使表皮脱落。再将黄桃倒入0.3%的盐酸液中,中和2~

3 min。沿缝线用刀对切,注意防止切偏。用挖核刀挖去果核,防止挖破,保持核洼处光滑。在 95~100 ℃的热水中预煮 4~8 min,以煮透为度。煮后急速冷却。用小刀削去毛边和残留皮屑,挖去斑疤等。并选出果形完整、表面光滑、核洼圆滑、果肉呈金黄色或黄色的桃块,供装罐头之用,剔除不合格的果块。每罐装果肉 330 g,注糖水(每 75 kg 水加 20 kg 的砂糖和 150 g 柠檬酸,煮后用绒布过滤,糖水温度不低于 85 ℃)180 g。罐盖与胶圈在 100 ℃沸水中煮 5 min。将罐头放入排气箱,罐内中心温度在 80 ℃以上。从排气箱中取出后要立即密封,罐盖放正、压紧。密封后及时杀菌,500 g 玻璃罐在沸水中煮 25 min,360 g 装四旋瓶在沸水中煮 20 min。冷却:杀菌后的玻璃罐头要用冷水分段冷却至 35~40 ℃。擦去罐头表面水分,放在 20 ℃左右的仓库内储存 7 天,包装出库。

6. 果蔬汁 所谓果蔬汁是指未添加任何外来物质,直接从新鲜水果或蔬菜中用压榨或其他方法取得的汁液。以果汁或蔬菜汁为基料,加水、糖、酸或香料调配而成的汁称为果汁饮料或蔬菜汁饮料。因为果蔬汁的加工较好地保留了果蔬原料中含有的营养成分,人们称之为"液体果蔬"。

(1) 果蔬汁加工一般工艺流程

果蔬原料→清洗、挑选、分级→制汁→分离→杀菌→冷却→

→调和→均质→脱气→杀菌→罐装→混浊果蔬汁

→离心分离→酶法澄清→过滤→调和→脱气→杀菌→罐装→澄清果蔬汁

→离心分离→浓缩→调和→罐装→浓缩果蔬汁

↗芳香成分

(2) 果蔬汁加工新技术

1) 酶技术 酶在各种果汁加工中具有显著提高出汁率与澄清度的作用,并增加稳定性。如利用淀粉酶去除浓缩苹果汁及梨汁中的淀粉质残渣,利用葡萄糖氧化酶去除果汁中过剩的氧气,利用柚皮苷酶去除柑橘汁的苦味;超过滤中利用漆酶澄清果汁;利用果胶酶分解苹果细胞壁,使其溶于水,利用酯酶可防止苹果汁褐变及减少葡萄汁、葡萄酒的苦味。

2) 膜分离技术 膜分离技术是以膜两侧的压力差为动力,在常温下对溶质与溶剂进行分离、浓缩与纯化。采用膜分离技术能有效地克服传统方法中成本高、风味物质和营养物质损失严重等缺点。膜分离技术包括反渗透技术、超过滤技术、精密过滤技术及电渗析技术等。果汁澄清是生产浓缩清汁的重要环节,超滤作为新兴的分离技术,具有澄清度高、果汁风味较好、保留维生素C、截留可溶性蛋白及果胶、褐变程度小等优点。

3) 冷冻浓缩技术 冷冻浓缩是利用冰与水之间的固液相平衡原理的一种浓缩方法。它是先将果汁冰冻,使果汁中的水分生成冰晶,经多次反复冰冻除冰晶以后,即可成为浓缩果汁。由于在低温下进行操作,所以能较好地保持果汁中原有的营养和风味。该技术设备较昂贵,但与蒸发浓缩法和膜分离技术相比,无需更换新膜,能源成本低,设备保养费低,因此冷冻浓缩法大有发展潜力。

4) 树脂吸附技术 树脂吸附技术用于浓缩苹果汁生产过程中可提高色值、透光率,降低浊度,脱除棒曲霉及农残。用吸附树脂和离子交换树脂可生产无色果汁,用大孔吸附树脂可脱去果汁的色素,提高色值,用大孔强酸阳离子交换树脂可交换除去果汁中的氨基酸,控制果汁的非酶褐变。树脂吸附的高度选择性,使它成为一种直接、无害、高效的生产高品质浓缩果汁的途径。

5) 冷杀菌技术 杀菌是果汁饮料生产中的关键技术。传统的杀菌方法是加热杀菌法,若加热杀菌的温度较低,则会因杀菌不足而导致产品的腐败变质;若加热杀菌的温度过高,则会使果汁中的营养成分受到破坏,风味劣变,产生热臭,造成产品的质量下降。目前先进杀菌技术包括超高压杀菌、高压脉冲电场杀菌、磁力杀菌、微波杀菌、超声波杀菌、紫外线杀菌、臭氧杀菌、抗生酶杀菌等,其中一些已经应用到了果汁的杀菌中。

 **案例**

几种苹果汁的生产

澄清苹果汁的生产工艺流程:

苹果→选果→洗涤→修整→破碎→榨汁→筛滤→杀菌→冷却→离心分离→澄清→过滤→调配→杀菌→罐装→冷却→检验→成品

混浊苹果汁的生产工艺流程:

苹果→选果→洗涤→修整→破碎→榨汁→杀菌→调配→均质→脱气→杀菌→冷却→罐装→检验→成品

浓缩苹果汁的生产工艺流程:

苹果→选果→洗涤→修整→破碎→榨汁→澄清→杀菌→浓缩→罐装→成品

7. 果蔬资源综合利用技术

(1) 色素提取技术 随着科学技术的发展,合成色素对人体的危害已日益引起人们的高度重视,所以目前世界各国使用合成色素的品种和数量日益减少,而天然色素不仅使用安全,还具有一定的营养或药理作用,因此,天然色素将逐渐取代合成色素成为研究开发的热点。

植物体中含的天然色素种类很多,大体可分为叶绿素、黄酮类色素、花色素与花色苷、姜黄色素、甜菜色素等。除花色素及其相似的色素是水溶性色素外,其他都是脂溶性色素。天然色素存在于植物体的不同部位,其结构也不相同,所以浸提天然色素时,要根据其原料来源和处理方法的不同,采取不同的分离方法。

葡萄红色素是天然食用色素的一种,呈紫红色或宝石红色,易溶于水、甲醇、乙醇等溶剂。葡萄色素随 pH 不同,颜色有所不同,在强酸条件下,溶液为紫红,在碱性条件下为蓝色,说明葡萄色素适于作酸性食品的添加剂。自然光照对葡萄色素的影响很大,应避光保存。山楂果实中含有丰富的花色苷和黄酮类化合物,无毒,对人体的心血管疾病有防治作用,有开发利用价值。山楂色素耐氧性很差,在色素使用和山楂产品生产过程中应避免与氧化剂接触。一般提取工艺:将山楂切成薄片,用含 0.1% 的盐酸甲醇溶液在室温下避光浸泡 8 h,过滤后即得到色素提取液,将其真空旋转条件下浓缩,得到色素浓缩液。

叶绿素广泛存在于一切绿色植物中,它的稳定性较差,特别在较高或较低的 pH 条件下,易受到破坏。为了获得稳定的叶绿素,在从植物体中(如菠菜)用乙醇或丙酮分离出叶绿素后,再使之与硫酸铜或氯化铜作用,由铜取代叶绿素中的镁,再将其用钠溶液皂化,制成粉状叶绿素铜钠,其稳定性要远高于叶绿素。

案例

葡萄红色素提取

葡萄皮渣经破碎机破碎,加水搅拌均匀,加热萃取,同时加入二氧化硫作为保护剂,使花色素类物质充分溶出,提取液迅速冷却后,粗滤除去渣子,调节 pH 为 2.5~4.0,以保持红色,然后加入乙醇,搅拌使蛋白质、果胶等沉淀,后离心分离除去沉淀物。将分离后的清液倒入真空浓缩装置中,在加压条件下除去水分，制得膏状红色素成品，同时回收乙醇。

(2) 果胶提取技术　果胶是一种亲水性植物胶，广泛存在于高等植物的根、茎、叶、果的细胞壁中。商品化果胶有液体果胶和果胶粉，果胶的色泽从乳白色到淡黄褐色。根据原料、生产工艺和酯化度（DM）不同，果胶分为高甲氧基（酯化度大于50%）果胶和低甲氧基（酯化度小于50%）果胶。果胶具有良好的乳化、增稠、稳定和胶凝作用，早在食品、纺织、印染、烟草、冶金等领域得到了广泛的应用。由于果胶具有抗菌、止血、消肿、解毒、止泻、降血脂、抗辐射等作用，还是一种优良的药物制剂基质。

目前果胶提取有很多方法，酸提取法是较为普遍采用的一种方法；还有微生物法、浸泡法、离子交换法等。

1) 酸提取法　原果胶在稀酸加热可转变为可溶性果胶，果胶的提取率和质量与抽提时的加水量、pH、温度、酸的种类等有关。酸可用无机酸，也可用有机酸，如盐酸、磷酸、柠檬酸、苹果酸等，生产中多采用盐酸。

2) 离子交换法　经预处理的原料，与离子交换剂和水在pH 1.3～1.6制成料浆，一般方法为：原料先与30～50倍水混合，加入一定的离子交换剂，调节料浆的pH到1.3～1.6，在搅拌下加热2 h，过滤，分离出不溶性的离子交换剂和废渣，即得到含有果胶的滤液。

3) 微生物法　将绞碎的原料浸入杀菌的水中，放入发酵罐中，接种5%的种液，振荡培养，利用微生物产生的酶的作用可使果胶从植物组织中游离出来。这种酶能选择性分解植物组织中的复合多糖体，从而可有效地提取出植物组织中的果胶，其作用一定时间后，过滤培养液，得到果胶提取液。

(3) 膳食纤维提取技术　膳食纤维主要是指不能被人类胃肠道中消化酶所消化的，且不被人体吸收利用的多糖。其主要成分包括纤维素、半纤维素、果胶、树胶、木质素、抗性淀粉等。膳食纤维的资源非常广泛，主要存在于农产品及食品加工过程中的下脚料和废弃物中，如果渣（皮）、蔬菜渣、食用菌下脚料等果蔬类及小麦麸皮、豆渣、荞麦皮、米糠等谷物类。以苹果渣为例，干燥滤渣中总膳食纤维的质量分数为70%，其中水溶性膳食纤维占到15%，水不溶性膳食纤维占到55%，含量非常高，因此，研究生产膳食纤维实际上是研究农副产品综合利用，延长了产业链，提升了农产品附加值，其意义重大。

一般提取膳食纤维的方法有粗分离法、化学分离法及化学试剂与酶结合分离法。悬浮法和气流分级法可作为粗分离法的代表,这类方法得到的产品不纯净,但它可以改变原料中各成分的相对含量,如可减少植酸、淀粉含量,增加膳食纤维的含量,一般用于初分离。化学分离法是指将粗产品或原料干燥、磨碎后,采用化学试剂提取而制备各种膳食纤维的方法。如果采用化学分离法制备的还含有少量的蛋白质和淀粉,要制备极纯净的膳食纤维,必须结合酶处理,即化学试剂与酶结合分离法。

案例

荞麦壳膳食纤维

化学法提取荞麦壳膳食纤维最佳工艺为:pH 5.0,反应温度为 55 ℃,NaOH 质量分数 4%,水解时间 60 min;酶法提取荞麦壳膳食纤维最佳工艺为:pH 7.0±0.2 时,反应温度为 40 ℃,蛋白酶质量分数 0.2%,反应时间 60 min。用 H_2O_2 对所提取的荞麦壳膳食纤维进行脱色,其最佳工艺为 pH 11,H_2O_2 体积分数为 4%,温度为 90 ℃,反应时间为 90 min,膳食纤维色泽为淡黄,可作为食品添加剂。

第四节 畜禽和水产品贮藏、加工基本知识与新技术

一、畜禽和水产品贮藏技术

1. 肉的低温贮藏 低温贮藏是现代肉类贮藏的最好方法之一。这种方法能抑制微生物的生命活动,延缓由酶、氧和光的作用而产生的化学的和生物化学的变化过程,可以较长时间保持肉的品质。方法易行,贮藏量大,安全卫生,因此被广泛应用。

根据采用的温度不同,肉的低温贮藏分为冷却法和冻结法两种。

(1) 肉的冷却贮藏 使肉深处的温度降低到 0~1 ℃,然后在 0 ℃左右贮藏的方法。此种方法不能使肉中的水分冻结(肉的冰点为 -1.2~-0.8 ℃)。由于这种温度下仍有一些嗜低温细菌可以生长,因此,贮藏期不长,一般猪肉可以贮藏 1 周左右。经冷却处理后,肉的颜色、风味、柔软度都变好,这也是肉的"成熟"过程。这一过程是生产高档肉类必不可少的。现在发达国家中消费的大部分生肉均是这种冷却肉。

(2) 肉的冻结贮藏 肉经过冷却后(温度 0 ℃以上)只能作短期贮藏。如果要长期贮藏,需要对肉进行冻结,即将肉的温度降低到 −18 ℃以下,肉中的绝大部分水分(80%以上)形成冰晶,该过程称为肉的冻结。肉类冻结的目的是使肉类保持在低温下,防止肉体内部发生微生物的、化学的、酶的以及一些物理的变化,借以防止肉类的品质下降。

1) 冻结方法 主要采用空气冻结法,即以空气作为与氨蒸发管之间的热传导介质。一般采用温度 −25~−23 ℃(国外多采用 −40~−30 ℃),相对湿度 90% 左右,风速 1.5~2 m/s,冻肉的最终温度以 −18 ℃为宜。

2) 冻结肉的冻藏 冻结肉在冻藏过程中会发生一系列变化,如冻结时形成的冰晶在冻藏过程中会逐渐变大,这会破坏细胞结构,使蛋白质变性,造成解冻后汁液流失,风味和营养价值下降,同时冻藏过程中还会造成一定程度的干耗。要克服这些问题,除采用快速冻结外,在冻藏中温度也应尽量降低、少变动,特别要注意避免在 −18 ℃左右温度的变动。为了防止冻结肉在冻藏期间质量变化,必须要使冻结肉体的中心温度保持在 −15 ℃以下,冻藏间的温度在 −20~−18 ℃(±1 ℃)。相对湿度 95%~98%,空气以自然循环为好。

2. 气调包装技术 气调包装技术也称换气包装,是在密封包装中放入食品,抽掉空气,用选择好的气体代替包装内的气体环境,以抑制微生物的生长,从而延长食品货架期。

气调包装常用的气体有 3 种:

(1) CO_2 抑制细菌和真菌的生长,尤其是细菌繁殖的早期,也能抑制酶的活性,在低温和 25% 浓度时抑菌效果更佳,并具有水溶性。

(2) 氧气 作用是维持氧合肌红蛋白,使肉色鲜艳,并能抑制厌氧细菌,但也为许多有害菌创造了良好的环境。

(3) 氮气 氮气是一种惰性填充气体,氮气不影响肉的色泽,能防止氧化酸败、真菌的生长和寄生虫害。

在肉类保鲜中,二氧化碳和氮气是两种主要的气体,一定量的氧气存在有利于延长肉类保质期,因此,必须选择适当的比例进行混合,在欧洲鲜肉气调保鲜的气体比例为氧气:二氧化碳:氮气 = 70:20:10 或氧气:二氧化碳 = 75:25。目前国际上认为最有效的鲜肉保鲜技术是用高二氧化碳充气包装的 CAP 系统。

二、畜禽和水产品加工技术

1. 腌制技术 腌制加工是用食盐或以食盐为主,并添加硝酸钠、蔗糖、酒糟、香料等其他辅料处理畜水产品的方法,其特点是生产设备简单,操作简易,是防止腐败变质的一种有效方法。腌制也可使制品产生特有的风味,还可以与干制、发酵和低温贮藏等方法相结合,形成多种加工方式和制品品种及风味。常见的腌制品有咸肉、腊肉、中式火腿(金华火腿、宣威火腿)、咸鱼制品、皮蛋(松花蛋)和咸蛋等。主要有干腌法、湿腌法、盐水注射法和混合腌制法。

(1) **干腌法** 干腌是利用食盐或混合盐,涂擦在产品的表面,然后层堆在腌制架上或层装在腌制容器内,依靠外渗汁液形成盐液进行腌制的方法。干腌法腌制时间较长,但腌制品有独特的风味和质地。

(2) **湿腌法** 湿腌法就是将产品浸泡在预先配制好的食盐溶液中,并通过扩散和水分转移,让腌制剂渗入产品内部,并获得比较均匀的分布,常用于腌制分割肉、肋部肉等。

(3) **盐水注射法** 为了加快食盐的渗透,防止腌制品的腐败变质,目前广泛采用盐水注射法。盐水注射法最初出现的是单针头注射,进而发展为由多针头的盐水注射机械进行注射。

(4) **混合腌制法** 这是利用干腌和湿腌互补性的一种腌制方法。用于肉类腌制可先行干腌,而后放入容器内用盐水腌制,如南京板鸭、西式培根的加工。

一般工艺流程为:

选料→原料整修→腌制

2. 肉类斩拌乳化技术 肌肉、脂肪、水和盐混合后经高速剪切,形成水包油型乳胶特性的肉糊。由此形成的肉制品,其质地和稳定性与各种成分之间的物理性状密切相关。肉乳浊液体系中,分散相由固体或液体脂肪粒组成,连续相是含有盐以及溶解的、胶化的和悬浮的蛋白质的水溶液。因此,肉乳浊液也是水包油型的乳浊液。乳浊液通常是不稳定的。脂肪与水接触时,两相间有很高的界面张力,使用乳化剂可减少这种界面张力,以便能以较少的能量形成乳浊液及提高整体的稳定性。

一般工艺:首先将斩拌机盛料盘的温度降至 6 ℃以下,加入瘦肉及大豆分离蛋白和部分冰块进行斩拌,约斩拌 2 min 形成乳化状态后,加入肥肉及其他辅料、调味料、剩余的冰块,最后加入淀粉,抽真空,继续斩拌至1~2 mm大小的肉糜颗粒,应注意保持斩拌过程中尽量控制肉温在12~15 ℃。

3. 肉类烘干技术 肉的干制就是将肉中一部分水分排除的过程,因此又称其为脱水。肉制品干制的目的:一是抑制微生物和酶的活性,提高肉制品的保藏性;二是减轻肉制品的质量,缩小体积,便于运输;三是改善肉制品的风味,适合消费者的嗜好。

(1) 常压干燥 常压干燥就是在大气压下进行干燥的过程。在干燥初期,肉品水分含量高,可适当提高干燥温度,随着水分减少应及时降低干燥温度。除了干燥温度外,湿度、通风量、肉块的大小、摊铺厚度等都影响干燥速度。

(2) 减压干燥 将肉品置于真空环境中,随真空度的不同,在适当温度下,其所含水分蒸发或升华。肉品的减压干燥有真空干燥和冷冻升华干燥两种。

(3) 微波干燥 微波干燥是指微波在透过被干燥食品时,使食品中的极性分子(水、糖、盐)随着微波极性变化而以极高频率转动,产生摩擦热,从而使被干燥食品内、外部同时升温,迅速放出水分,达到干燥的目的。微波干燥速度快,且使肉块内外加热均匀,表面不易焦煳,但存在设备投资费用较高,干肉制品的特征性风味和色泽不明显等缺陷。

4. 畜禽和水产品烟熏技术 烟熏是肉制品加工的主要手段,许多肉制品特别是西式肉制品如灌肠、火腿、培根等均需经过烟熏。肉品经过烟熏,不仅获得特有的烟熏味,而且保存期延长,但是随着冷藏技术的发展,烟熏防腐已降为次要的位置,烟熏技术已成为生产具有特种烟熏风味制品的一种加工方法。

(1) 冷熏法 在低温(15~30 ℃)下,进行较长时间(4~7天)的熏制,熏前原料须经过较长时间的腌渍。冷熏法宜在冬季进行,夏季由于气温高,温度很难控制,特别当发烟很少的情况下,容易发生酸败现象。

(2) 温熏法 原料经过适当的腌渍(有时还可加调味料),后用较高的温度(40~80 ℃,最高90 ℃)经过一段时间的烟熏。

(3) 电熏法 在烟熏室配置电线,电线上吊挂原料后,给电线通10 000~20 000 V高压直流电或交流电,进行电晕放电,熏烟由于放电而带电荷,可以更深地进入肉内,以提高风味,延长贮藏期。电熏法使制品贮藏期延长,不易生霉;缩短烟熏的时间。但用电熏法时在熏烟物体的尖端部分沉积较多,造成烟熏不均匀,且成本较高。

(4) 液熏法 用液态烟熏制剂代替烟熏的方法称为液熏法,又称无烟熏法,目前在国外已广泛使用,代表烟熏技术的发展方向。液态烟熏制剂一般是从硬木干馏制成并经过特殊净化而含有烟熏成分的溶液。

一般工艺流程为:

前处理过程→干燥→烟熏→色泽固定→熟制

5. 超高温瞬时灭菌(UHT)技术 超高温灭菌是指牛乳在连续流动的状态下通过热交换器加热,经135 ℃以上不少于1 s的超高温瞬时灭菌处理(以完全破坏其中可以生长的微生物和芽孢)以达到商业无菌水平,然后在无菌状态下灌装于无菌包装容器中的技术。

案例

UHT 乳

灭菌牛乳加工的工艺流程为:

原料牛乳→预处理→预热均质→超高温瞬时灭菌→冷却→无菌灌装→装箱保存

加工工艺要点:① 原料乳的验收和预处理:用于超高温处理的牛乳质量要求较高,牛乳必须满足新鲜、极低的酸度、正常的盐类平衡及正常的乳清蛋白含量等条件。尤其是乳中的蛋白质在较强的热处理中不能失去稳定性。在乳品工厂中,通常采用酒精试验快速测定牛乳的质量。在我国许多乳品厂采用细菌总数小于10万个/mL,嗜冷菌小于等于1 000个/mL的牛乳为原料生产灭菌乳。② 预热均质:将牛乳在高压泵的作用下强制通过均质阀,使乳脂肪破碎成小脂肪球。③ 超高温瞬时灭菌(UHT):这种方法是将牛乳加热到135~150 ℃保持2 s,可以达到很好的杀菌甚至是灭菌效果。④ 冷却:用片式杀菌器时,乳通过冷却区段后已冷却至4 ℃。⑤ 无菌罐装:包装材料为平展纸卷,先经过过氧化氢溶液(质量浓度为30%)槽,达到化学灭菌的目的。牛乳制品无菌包装的设备主要有:无菌菱形纸袋包装机,灭菌砖形盒包装机,无菌罐装系统。⑥ 装箱保存:常温下可以保存3个月甚至6个月以上。

6. 发酵技术 发酵产品是在特征菌的作用下发酵而成的酸性制品,在保质期内该类产品中的特征菌必须大量存在,并能继续存活且具有活性。常见的发酵畜产品有:发酵香肠、酸奶、干酪等,我国发酵水产品主要有虾油、虾酱、蟹酱、醉香鱼等,出口发酵水产品主要有鱼露、海胆酱。国外水产发酵产品种类较多,如鱼酱油、鱼面点心、鱼裹饭等。

7. 罐制技术 肉类罐头按加工及调味方法可分为:清蒸类罐头、调味类罐头、腌制类罐头、烟熏类罐头、香肠类罐头、内脏类罐头。常见的肉类罐头制品如:午餐肉罐头、红烧牛肉罐头、咸羊肉罐头、红烧兔肉罐头、咖喱鸡罐头、烧鸭罐头等。

(1)罐制工艺流程

原料处理→预热处理→装罐→排气、封口、杀菌、冷却、保温→成品

(2)加工技术要点 原料选料要新鲜、外形完整。处理方法随原料而异,一般包括:流水洗涤,剔除次品,去除不可食部分,洗净胴体和剖切(切段或开片)等。半成品一般需盐渍。盐渍后的预煮、油炸及烟熏等统称预热处理。将称量好的产品装入罐内后,按产品要求加入调味液汁。装罐时,要求块形完整,色泽均匀,排列整齐紧密。罐头封口前进行排气是为了使罐头密封后能形成一定的真空度。罐头排气的方法是经预封后的排气箱中用蒸气加热或用真空封罐机封口。罐头的封口用双重卷边机进行。通过高压蒸汽杀菌杀灭罐头内容物上的细菌、霉菌及酵母菌等微生物。罐头经加热杀菌后必须进行降温。将经杀菌、冷却的罐头堆置在保温室内,温度保持(37 ± 2)℃贮藏7昼夜,冷却至常温。擦净罐体表面,粘贴商标后即可装箱包装。

8. 鱼糜制品加工技术 糜制品是将低等级的鱼或碎鱼擂溃成糜状加以调味成型,再进行水煮、油炸、焙烤等加热或干燥处理而制成的具有一定弹性的水产食品。鱼糜制品风味多样,方便可口,且几乎所有鱼类都可以生产鱼糜,不受品种和规格限制,同时可集中回收鱼皮、鱼骨、鱼头和内脏等弃物进行综合利用。主要的鱼糜制品有鱼丸、虾饼、鱼糕、鱼卷、鱼香肠、模拟虾蟹肉、鱼面等。一些以碎鱼肉为原料,不经擂溃或加热,也不具弹性的制品,如鱼肉汉堡包、生鱼面、虾片等也被视为广义的鱼糜制品。

案例

冷冻鱼糜

冷冻鱼糜是将原料鱼采肉、漂洗、脱水加工后,加入糖类、多聚磷酸盐等蛋白质冷冻变性防止剂,使其在低温下能较长时间保藏的一种生产鱼糜制品的原料。

(1) 原料处理 冷冻鱼糜的加工质量要求比较高,原料鱼清洗后剖片或整条采肉,一般采用第一次采下的鱼肉进行加工。第二次采肉会带一些碎骨屑和鱼皮,不宜作冷冻鱼糜。

(2) 漂洗 漂洗基本方法同上,但新鲜优质原料鱼,漂洗时以不换水为好,若想使鱼糜色白和弹性强,则不论鱼种鲜度如何,都应充分漂洗。

(3) 脱水 鱼肉吸水膨胀造成脱水困难,一般最后一次漂洗使用质量浓度为0.3%的食盐水将离子强度调节到0.02~0.05,使鱼肉水和性降低,容易脱水。

(4) 精滤 多脂红色鱼肉精滤采用精滤机,滤出鱼肉的网眼孔径为1.5 mm,白色鱼肉采用高速精滤分级机分级,分级机网眼孔径为0.5~0.8 mm。

(5) 加入冷冻变性防止剂斩拌或擂溃 冷冻鱼糜制造技术关键是鱼肉在斩拌或擂溃时,要添加蛋白质冷冻变性防止剂。在冷冻鱼糜制造中经常使用的蛋白质冷冻变性防止剂有糖类、山梨醇、多聚磷酸盐等。

(6) 冻结 将混匀后的鱼糜按规格要求用聚乙烯塑袋进行定量包装,包装时应尽量排除袋内的空气防止氧化,包装塑料袋表面需标明鱼糜的名称、等级、生产日期、重量、批号。冷冻鱼糜应尽可能在最短时间内冻结,通常使用平板冻结机,冷冻温度为−35 ℃,时间为4 h左右,使鱼糜中心温度达到−24 ℃。冷冻鱼糜的温度越低,越有利于冷冻鱼糜的长期保藏。

三、畜禽和水产品加工新技术

1. 生物技术 生物技术是在分子生物学、生物化学、应用微生物学、化学工程、发酵工程和电子计算机的最新科学成就基础上所形成的综合性学科,主要包括基因工程、细胞工程、酶工程和发酵工程,被列为当今世界七大高科技领域之一,广泛应用于食品、医药、化工、农业、环保、能源和国防等众多部门,已日益显示出其巨大的发展潜力。在食品生产领域,应用先进的生物学和工程学技术,改变生物特性进行物质转化,以生产人类所需的各种产品。

(1) 在肉类工业中的应用 基因工程技术在肉品工业中主要用于畜禽品种改良。酶工程主要应用于肉类的嫩化。发酵工程主要涉及发酵、腌腊肉制品的发酵机制研究,腌腊肉制品的发酵工序对其色、香、味的形成至关重要,弄清其发酵机制,并在此基础上利用计算机智能控制环境条件,最大限度地调控酶活性或微生物活力,达到既保证原有产品的色、香、味,又缩短发酵周期的目的,是研究和改善我国传统腌腊肉制品的重要手段。

1) 改善肉的嫩度 嫩度是肉类品质的重要指标之一,研究表明,肉的嫩度在很大程度上取决于肉本身存在的钙激活蛋白酶,利用 DNA 技术选择钙激活蛋白酶活性较高的个体,可以有效提高牛肉的嫩度。

2) 增加肌肉内脂肪含量 动物脂肪沉积在肌肉内形成大理石状的花纹,是评价肉品质的重要指标之一。脂肪沉积的顺序受动物体的精确控制,目前,正在研究利用生物技术调整或改变家畜体内的脂肪沉积顺序,提高大理石花纹评分,改善肉的品质。

3) 降低劣质肉的发生 氟烷隐性基因(n)能提高胴体产肉量,但却增加猪应激综合征的发生,造成损失。传统的氟烷测验无法识别杂合子(Nn),随着分子生物学技术的发展和完善,采用成熟的 PCR 技术可以100%准确地标明猪的氟烷基因型(NN,Nn 和 nn),从而更有效地控制猪群的氟烷隐性基因频率,降低 PSE 肉的发生率。

(2) 在乳品工业中的应用

1) 利用外源激素提高乳的产量 采用牛生长激素(BST)提高乳牛的产奶量是近年来迅速发展起来的一项高新技术。在反刍家畜的泌乳中生长激素的浓度与奶牛泌乳量成正比关系。目前利用 DNA 的克隆繁殖技术,把人垂体激素(ST)重组入互补 BST 的 mRNA 中,利用外源 BST 来注射乳牛,可提高 15% 左右的产奶量。

2) 增强乳的免疫功能 新出生的婴儿尚未完成免疫系统的发育,在自身免疫系统活性较差的情况下,依赖于母乳的保护。因为人乳乳清蛋白中存在一定量的乳铁蛋白、溶菌酶、免疫球蛋白等,这些物质的存在使人乳具有抗微生物的效应，所以在婴儿的配方乳粉中，强化这些免疫因子将增强其免疫能力。牛乳中的免疫球蛋白对人体亦有一定的保护作用，如抑制和杀灭肠道病原菌。免疫乳对人体健康所起的作用是全方面的，改善肺和心血管功能，抗破伤风毒素，降血脂，预防龋齿及牙周炎等口腔疾病。免疫学上的每一次新的发展，都会为免疫乳的开发创造一个新的机会。

3）改善乳的组成成分　乳不仅作为一种天然食品，而且还能作为改善特殊人群健康营养成分的载体加以利用。如乳糖不耐症者、牛乳过敏者、苯酮尿症患者等。利用 β-半乳糖苷酶的固定化、生物反应器等方法。如果采用生物反应器连续对乳中所含乳糖进行水解，对众多乳糖不耐症者则是一个难得的好产品。此外，生产无过敏的牛乳，可以采用生物反应器连续式地进行有控制的水解，也可以不使用高昂的凝乳酶而采用生物反应器连续生产干酪，而且这种干酪在成熟期间不发生苦味。这是一项很有发展前景的生物技术。

4）酶工程技术开发乳蛋白生物活性肽　乳蛋白是生产乳制品的重要原料，通过选择性地水解乳蛋白，可获得不同的生物活性肽，活性肽类食品具有易消化、易吸收、抗过敏性、治疗低血压和降低胆固醇等作用。日本每年对来自乳的活性肽消费量达 200～300 吨，目前已有含活性肽的婴儿粉、液态制品和饮料上市。

2. 膜技术　膜技术在乳品工业中的应用已有多年，传统膜技术只用于乳清处理，现在已逐步进入乳品加工业的其他领域。膜分离是一种分子级分离，主要的膜系统按膜孔的紧密程度由密到疏，可分为反渗透（RO）、纳米过滤（NF）、超滤（UF）、微波（MF）。用 NF 膜对牛乳进行浓缩，部分低相对分子质量的离子可以与水共同得到分离，与以前的浓缩牛乳相比，其口味得到明显改善。另外，在脱脂乳粉的浓缩中，可分离低相对分子质量的杂味成分，在脱脂牛乳的制造中还可增加鲜味。目前，国外正在研究将微滤技术和色谱方法及化学处理、酶处理结合起来，将乳蛋白中各种组分分开，得到酪蛋白和乳清蛋白。免疫球蛋白可用于生产高级婴儿奶粉。

超滤是一种新的分离技术，其操作条件较低，成本、能耗亦低。收集经大肠杆菌、沙门菌混合疫苗免疫处理的乳牛产后 3 天之内的初乳，经去脂、去酪蛋白后所得免疫初乳乳清，用中空纤维超滤器进行浓缩分离，浓缩 4.5～7 倍,免疫球蛋白(IgG)回收率在 90% 以上。

3. 冷杀菌技术 冷杀菌技术是近年来研究较多的一种杀菌技术,由于杀菌过程中食品温度并不升高或升高很少,既有利于保持食品中功能成分的生理活性,又有利于保持其色、香、味及营养成分。

(1) 超高压技术 随着现代高压物理学的诞生和发展,国外于 20 世纪 80 年代末出现了食品的超高压加工技术。1899 年,美国化学家首次发现了 450 MPa 的高压能延长牛乳的保存期。目前日本在超高压(100～1 000 MPa)食品加工方面居国际领先地位,而欧美等国也先后对高压食品加工原理、方法及应用前景开展了广泛的研究。

1) 在肉类工业中的应用 在密封的耐高压容器内,以惰性气体、水或油作为媒介对物料施加 100～1 000 MPa 的压力,进而达到灭菌、物料改性和改变物料的某些理化反应速度的目的。高压技术处理具有热处理等其他加工处理方法所没有的一些优点,可以保持肉品原有的风味、成分、营养价值和色泽,并可杀死食品中常见的酵母菌、大肠杆菌、葡萄球菌等而达到商业无菌要求,同时采用 300～400 MPa 的超高压可使肌纤维断裂而提高肉的嫩度。

2) 在乳品工业中的应用 1991 年,Hoover 等发现,23 ℃时经 340 MPa高压处理生乳 60 min,乳中单细胞增生性李斯特菌的致死量达 10^6 cfu/mL。在某些干酪的加工中,采用生乳比巴氏杀菌乳效果更佳,但生乳不能完全保证产品的安全性。高压则可解决这一问题,因高压处理不仅减少乳中微生物,还避免了加热时引起的风味变化、乳酶失活和维生素的破坏,从而可生产出更安全的"生乳"干酪。高压对酪蛋白水解的初期阶段无影响,而酪蛋白胶粒形成的第二阶段时间延长,乳凝块形成的第三阶段时间缩短。乳凝块形成过程是体积减小的反应,高压下反应加速。高压还引起乳清变性,使其进入干酪凝块,从而使产量增加,尤其是其保水性增强。

(2) 高压脉冲电场杀菌 它与一般的加热杀菌有着本质的区别,属于非加热杀菌范畴,是利用电场脉冲的介电阻断原理对食品微生物产生抑制作用。国内外对此技术已作了许多研究,并设计出相应的处理装置,可有效地杀灭与食品腐败有关的几十种细菌。法国、美国一些厂家已将这种强电场破坏细胞的新技术用于实践,避免了加热引起的蛋白质变性和维生素破坏等一系列缺点。

（3）超声波灭菌 超声波对传声媒质的相互作用,蕴藏着巨大的能量,这种能量在极短的时间内足以起到杀灭和破坏微生物的作用,而且能够对食品产生诸如均质、裂解大分子物质等多种作用,具有其他物理灭菌方法难以比拟的效果,从而提高乳品品质,保持其功能成分不受破坏。

（4）抗微生物酶的杀菌 抗微生物酶在食品杀菌中的开发应用,正在日本、美国受到重视。如带有溶菌酶的多糖酶和葡萄糖酶,其主要有效成分是溶菌酶,它可抑制革兰阳性菌,作用机制是破坏细菌的细胞膜。国外公司应用蛋清溶菌酶保存婴幼儿食用的奶粉。国内常在乳制品,如酸奶的保藏中使用,以延长酸奶的保质期。

其他冷杀菌技术有:磁力杀菌、感应电子杀菌、辐射杀菌、脉冲强光杀菌、微波杀菌、紫外线杀菌、臭氧杀菌、电阻杀菌等。

第五节 农产品质量安全控制

一、农产品安全和质量控制的概念和涵义

农产品安全是与农产品质量既有联系又有区别的一个概念。"农产品安全"一词通常是指可能导致农产品对消费者健康产生危害的那些风险。全球对安全农产品和食品有着共同的需要。"农产品和食品质量"事关那些影响消费品价值的所有特性。质量既包括食品的来源、色彩、质地、加工方式等正面特性,也包括像掺假、欺骗、污染等负面特性。可见,安全是质量的必要组成部分。

1. 农产品质量安全的概念和涵义 农产品质量安全是指农产品质量符合保障人的健康、安全的要求。即农产品中不应含有可能损害或威胁人体健康的因素,不应导致消费者急性或慢性毒害,或感染疾病,或产生危害消费者及其后代健康的隐患。

2. 农产品质量控制的概念和涵义 质量控制是为了达到质量要求所采取的作业技术和活动,即为提高工作质量,采取有效的措施和方法,控制影响工作质量的各种因素。质量控制过程包括确立控制标准、评定活动成效、纠正错误3个步骤。质量控制也是保证农产品安全的一系列措施、方法和手段,可操作性很强,是一个信息反馈系统,通过反馈揭示食品安全监测活动中的问题,促使质量管理系统及时进行调节、完善,以达

到最优化状态。

二、我国农产品质量安全问题现状

随着我国温饱问题的解决与加入世界贸易组织,农产品质量安全问题变得越来越突出,已成为新阶段农业和农村经济工作必须解决的重大问题。我国长期以来由于投入性不合理的使用,农产品不科学收获,工业三废和城市生活垃圾不合理排放,市场准入制度没有建立,以及市场监督管理等原因,导致农产品餐桌污染比较严重,因使用有毒、有害物质超标的农产品,引发的中毒事件,出口农产品以及加工期因为农药残留、兽药残留超标,与国外拒收、扣留、退货、索赔、终止合同,停止贸易交往的现象时有发生。随着加入世界贸易组织,这个问题变得更加突出,所以农产品质量安全问题面临着前所未有的挑战。目前我国农产品质量安全存在的问题主要体现在:

1. 化肥农药等残留污染问题越来越严重 在过去50多年的我国的农业发展中,农业的化学投入品的数量急剧增长,每年销售和使用的农药大概为170万吨,其中有相当部分使用的是国家已明令禁止的。有人判断每年使用的170万吨农药中,大约有30%是含有有机磷的,它对于毒性的残留、对消费者的健康都是有很大的影响,我国每年使用的化肥折成存量是4 200万吨,平均每公顷土地所使用的化肥的生成量超过400 kg,和美国及欧洲的标准化肥使用的安全性每顷225 kg相比,化肥在土壤中的残留显然也是非常严重的。

2. 农产品生产中滥用化学制剂,降低了农产品的质量和安全 我国不少农民大量使用催生剂和激素,滥施化学剂,争取果菜早上市,使农产品质量下降,造成水果、蔬菜和肉类普遍口感和安全性较差,有的还含有对人体有害的成分。农民为了争取果菜早日上市,卖个好价钱,普遍使用早熟技术、化学制剂、激素类物质,使农作物超越某个生长阶段和环节的催熟已成为农民经常使用的方法。

3. 食物健康污染问题变得愈来愈严重、愈难控制 随着人类生产和生活的不断进步,食物受到化学污染的机会日益增多。除由于食物意外地被大量农药、铅、砷等有害物质污染而引起急性中毒外,目前更受到关注的是少量化学污染物长期通过食物进入人体而造成的慢性健康危害。如DDT等农药,重金属铅、汞、镉,以及燃煤中的氟等。因为,这些污染物可能在人体内长期蓄积而对健康造成各种慢性危害。

三、农产品质量安全检验检测体系

我国农产品质量安全检验检测由部、省、县三级检测机构完成。截止2006年,农业部已规划建设了12个国家级质检中心和311个部级质检中心,而且已有240多个部级质检中心通过了农业部授权认可和国家计量认证,并正式对外开展工作,省级农产品(含投入品)质检中心30个,地(市)级农产品检验机构439个,县级农产品质检站1 122个,其中部级质检机构中农业环境类占7‰,农业投入品类占40%,农业产出品类占40%,农业转基因类占13%。农产品质量安全检验检测机构按承检样品种类把检验对象划分为农业产出品、投入品、农业环境3个大类。

1. 产出品类 包括对植物产品及其制品(如粮、棉、油、菜、水果、茶叶、食用菌、花卉等)、畜禽产品及其制品(如肉、奶等)、水产品及其制品、转基因产品等农产品的检测。

2. 投入品类 以农业投入品质量安全检测为主要任务,主要检测对象为肥料、兽药、各种生长素或生长调节剂、农膜、农作物种子(种苗)、种畜、种禽、种鱼(水生物种苗)、饲料(饵料)、农药以及各种农业生产用机械设备和农产品加工机械设备等。

3. 农业环境类 从事种植业、畜牧业、渔业产地环境与资源检测的机构,重点检测土壤、水、大气中污染物质及相关生态资源指标等。如土壤中重金属类、农药残留、工业有机污染物等,灌溉水、饮用水、农产品用水中重金属元素、矿物元素、有毒无机化合物、农药残留、工业有机污染物、微生物等,大气中铅、氟化物、硫化物、氮氧化物、总悬浮颗粒物等。

我国已经初步建立起农产品质量安全检验检测体系,并且开展了大量的工作,取得了一定的成绩。但总体而言,目前的农产品质量安全检验检测体系还很不完善,远远不能适应农业和农村经济发展新阶段,以及在加入WTO以后农业应对国际挑战的需要。

四、农产品质量安全认证体系

农产品开发的质量安全标准强调对产地环境、生产投入品,以及生产操作规程等方面的规范性要求。在实践中,我国农产品开发的质量安全标准仍处于不断修改和完善的过程,内容包括产品产地环境标准、生产技术规范、产品质量安全标准以及相应的检测检验标准等。在质量安全标准体系的制定过程中,农产品开发的层次性得到具体体现。目前我国的农产品认证主要有无公害农产品、绿色农产品和有机农产品认证3种。

无公害农产品是指产地环境、生产过程、产品质量符合国家有关标准和规范的要求,经认证合格获得认证证书并允许使用无公害农产品标志的未经加工或初加工的食用农产品。绿色农产品是指产自优良环境,按照规定的技术规范生产,实行全程质量控制,无污染、安全、优质并使用专用标志的食用农产品及加工品,包括A级和AA级。A级绿色农产品指在生态环境质量符合规定标准的产地,生产过程中允许限量使用限定的化学合成物质,按特定的生产操作规程生产、加工,产品质量及包装经检测、检查符合特定标准,并经专门机构认定,许可使用A级绿色农产品标志的产品。AA级绿色农产品则等同有机农产品,指在生态环境质量符合规定标准的产地,生产过程中不使用任何有害化学合成物质,按特定的生产操作规程生产、加工,产品质量及包装经检测、检查符合特定标准,并经专门机构认定。有机农产品这一名词是从英文organic food直译过来的,其认证要求包括有机产品生产的基本要求和有机产品加工、贸易的基本要求。有机农业是一种完全不用化学合成的肥料、农药、生长调节剂、畜禽饲料添加剂等物质,也不使用基因工程生物及其产物的生产体系,其核心是建立和恢复农业生态系统的生物多样性和良性循环,以维持农业的可持续发展。

五、农产品安全与质量控制体系简介

为了保证消费者的身体健康,应对我国加入WTO后的挑战,突破国际食品贸易中的"绿色壁垒",我国食品企业必须尽快提高全员特别是决策者的安全与质量控制意识,加快技术设备改造步伐,积极采用国际标准和发达国家先进标准,提高企业整体素质和产品质量水平。采用GAP、HACCP、ISO 22000等质量认证和质量控制体系是实现食品安全卫生质量管理与国际接轨,保证以高质量的食品取得国内外市场信任的必要手段。

1. 良好农业操作规范(GAP) 农产品安全不仅直接威胁到消费者的健康,影响其消费信心;还直接或间接影响到食品生产、制造、运输和销售组织或其他相关组织的商誉;甚至还影响到食品主管机构或政府的公信度。因此,对从事农产品生产、加工、储运或供应的所有组织而言,安全的要求是首要的。作为食品链的最上游,包括养殖在内的初级生产阶段,其产品的安全性直接或间接地影响到其下游,甚至消费阶段农产品的安全。

GAP是良好农业规范(Good Agricultural Practice)的简称,是主要针对初级农产品生产的种植业和养殖业的一种操作规范,关注动物福利、环境保护、工人的健康、安全和福利,保证初级农产品生产者生产出安全健康的产品。它是以危害分析与关键控制点(HACCP)、良好卫生规范、可持续发展农业和持续改良农场体系为基础,避免在农产品生产过程中受到外来物质的严重污染和农事过程不当操作带来的产品危害。我国良好农业操作规范是国家认监委参照国际上较有影响力的良好农业规范标准结合中国农业国情而起草的中国农产品种养殖规范。它是针对作物、果蔬、肉牛、肉羊、奶牛、生猪和家禽的种植或养殖所进行的良好农业规范认证。良好农业规范——控制点与符合性规范系列国家标准,涵括大田作物、水果和蔬菜、肉牛、肉羊、生猪、家禽等农产品。这套标准已于2006年7月正式发布实施。

通过GAP认证,将成为我国农产品出口的一个重要条件,能够提升农业生产的标准化水平,生产出优质、安全的农、畜产品,有利于增强消费者信心。GAP认证已在国际上得到广泛认可,实施良好农业规范认证正在成为农产品国际贸易中增强国际互信,消除技术壁垒的一项重要措施。通过GAP认证的企业将在欧洲EUREPGAP网站和/或我国认证机构的网站上公布,因此,GAP认证能够提高企业形象和知名度。通过GAP认证的产品,可以形成品牌效应,从而增加认证企业和生产者的收入。同时也有利于增强生产者的安全意识和环保意识,有利于保护劳动者的身体健康,有利于保护生态环境和增加自然界的生物多样性,是自然界的生态平衡和农业可持续性发展的需要。

2. HACCP系统 HACCP作为预防性的食品安全预防控制体系,因其在食品安全管理方面的科学性和严谨性,在全球食品工业界(包括水产业)得到广泛的认可和推广应用,它已成为国际食品贸易的一种技术壁垒。了解HACCP,建立和有效实施HACCP体系,并取得相关认证机构的认证,是食品企业生存和发展的必由之路。所谓HACCP意思是:危害分析与关键控制点。它是一种预防性的食品生产安全控制体系,而非反应性的。体系包括7个基本原理,即:危害分析和预防措施,确定关键控制点(CCP),建立关键限值,监控每一个关键控制点,当发生关键限值偏离时采取纠偏行动,建立记录保持体系和建立验证程序。食品生产企业为了确保生产出的食品是安全的,在食品生产前,首先要根据 HACCP 的7个原理制定出形成文件的 HACCP 计划,针对其工艺流程和生产方式,以及预期的用途和消费群体,对可能影响其安全性的危害(包括生物的、化学的和物理的危害)进行分析,对影响食品安全的显著危害采取预防措施,设立关键控制点(CCP),在关键控制点(CCP)上将危害消除或降低到可接受的水平。对 HACCP 计划、关键控制点、关键限值的监控以及所采取的预防措施等均要进行验证且保持记录,当某一危害不能消除时,就要重新制定 HACCP 计划或停止生产,从而使企业避免因生产不安全的食品而造成的损失。

3. ISO 22000 标准 ISO/DIS 22000 是《食品安全管理体系对整个食品链中组织的要求》标准,标准分别对其引用术语和定义、食品安全管理体系文件要求、管理职责、资源管理、安全产品的策划和实现、体系的验证确认和改进做出要求。该标准可应用于食品链内的各类组织,从饲料生产者、初级生产者,经由食品制造者、运输和仓储经营者,直至零售分包商和餐饮经营者,以及与其关联的组织,如设备、包装材料、清洁剂、添加剂和辅料的生产者。食品安全与消费时(由消费者摄入)食品中食源性危害的存在和水平有关。由于在食品链的任何阶段都可能引入食品安全危害,必须对整个食品链进行充分的控制,因此,食品安全是食品链的所有参与者通过共同努力以确保食品的安全性的共同责任。

ISO/DIS 22000 标准是一个系统化的食品安全管理体系框架,其包含的关键要素有:相互沟通、体系管理、过程控制、HACCP 原理、前提方案。该标准整合了危害分析和关键控制点(HACCP)体系的原理和食品法典委员会(CAC)制定的实施步骤,并与前提方案[PRP(s)]有机结合。前提方案[PRP(s)]分为两种类型:基础设施和维护方案,以及操作性前提方案。安全产品的有效生产要求有机地整合前提方案的两种类型和一个详细的 HACCP 计划。基础设施和维护方案用于阐述食品卫生的基本要求和可接受的、更具永久性的良好(制造、农业、卫生等)规范;而操作性前提方案则用于控制或降低产品或加工环境中确定的食品安全危害的影响。HACCP 计划用于管理危害分析中确定的关键控制点[CCP(s)],以消除、防止或降低产品中特定的并在危害分析中确定的食品安全危害。在危害分析中,组织通过组合前提方案和HACCP计划,确定采用的策略,以确保危害控制。标准要求组织识别、监视、控制和定期更新前提方案和HACCP计划。

4. 食品召回制度 食品召回制度,是指食品的生产商、进口商或者经销商在获悉其生产、进口或经销的食品存在可能危害消费者健康、安全的缺陷时,依法向政府部门报告,及时通知消费者,并从市场和消费者手中收回有问题产品,予以更换、赔偿等积极有效的补救措施,以消除缺陷产品危害风险的制度。实施食品召回制度的目的就是及时收回缺陷食品,避免流入市场的缺陷食品对人身安全损害的发生或扩大,维护消费者的利益。对于食品质量,我国一直强调要从"源头"抓起。但由于我国的种植或饲养的技术、肥料、饲料、产品生长期等很难统一,由政府监督农产品生产过程在实际操作上具有很大困难,事实上也不可能。有的企业广告宣传吹得天花乱坠,一旦产品销售出去后出现质量问题,损害了消费者利益,能推则推,能躲则躲。事实上,实行厂家"三包"、用《消费者权益保护法》来保护消费者权益,都是事后对问题的处理。而且由于诉讼成本和诉讼风险等因素的制约,处于弱势地位的消费者想向企业讨个说法,非常困难。所以,大多数消费者只好"忍气吞声",放弃自己的权利。这实际上又助长了某些企业的侥幸心理,形成恶性循环,最终是损害社会公众的利益。

食品召回制度,召回的是离开生产线、进入流通领域的缺陷食品,是缺陷食品对社会造成重大危害前的预防措施。食品召回制度关注的是最终消费品,由食品的生产商、进口商和经销商承担这个风险。这将促使食品的生产商、进口商和经销商在因召回而产生的经济损失与提高食品质量而增加的成本之间进行博弈。经济刺激和强制的压力将使食品的生产商、进口商和经销商一方面会加强自身的管理,另一方面,严把进货关,在产品质量上提高对供货商的要求,拒绝劣质食品,降低缺陷食品召回的可能性。从最终消费品逆生产顺序进行食品安全管理,对食品这种初级产品质量在很大程度上决定最终产品质量的消费品,具有更重要的意义。这样的食品质量监控,成本低,操作性强,能够产生一个良性循环。

应该说,关于食品召回制度,美国的一些做法值得我国借鉴。美国产品召回制度是在政府行政部门的主导下进行的。负责监管食品召回的是农业部食品安全检疫局(FSIS)、食品和药品管理局(FDA)。美国食品召回的法律依据主要是《联邦肉产品检验法》(FMIA)、《禽产品检验法》(PPIA)、《食品、药品及化妆品法》(FDCA)以及《消费者产品安全法》(CPSA)。FSIS和FDA在法律的授权下监管食品市场,召回缺陷食品。

美国食品召回一般在两种情况下发生:一种是企业得知产品存在缺陷,主动从市场上撤下食品;另一种是FSIS或FDA要求企业召回食品。无论哪种情况,召回都是在FSIS或FDA的监督下进行的,FSIS和FDA在食品召回中发挥着关键作用。从表面上看,美国食品召回是企业的自愿行为,实质是在政府职能部门监管下实施的强制行为。食品召回的范围、规模和告知大众的内容,最终都是按照FSIS或FDA要求进行的。如果企业发现食品存在安全问题,主动提交问题报告要求召回问题食品,一般能得到宽松的处理。反之,如果企业不与政府合作,发现问题有意隐瞒,不仅要承担行政责任,还要承担刑事责任后果,企业产品还可能因被禁止在各州之间流通而迅速导致企业倒闭。因此,直到现在,美国还没有企业敢于拒绝FSIS和FDA对食品召回的要求。

拓展读物

姚惠源. 稻米深加工. 北京:化学工业出版社,2004.

郭祯祥. 小麦加工技术. 北京:化学工业出版社,2003.

叶兴乾. 果品蔬菜加工工艺学. 北京:中国农业出版社,2002.

周光宏. 畜产品加工学. 北京:中国农业出版社,2002.

参 考 文 献

于振文.作物栽培学各论(北方本).北京:中国农业出版社,2003.

杨文钰,屠乃美.作物栽培学各论(南方本).北京:中国农业出版社,2003.

王璞.农作物概论.北京:中国农业大学出版社,2004.

曹卫星.作物栽培学总论.北京:科学出版社,2006.

陆景陵.植物营养学 上册.北京:中国农业大学出版社,2003.

胡蔼堂.植物营养学 下册.北京:中国农业大学出版社,2003.

张福墁.设施园艺学.北京:中国农业大学出版社,2001.

杜纪格,宋建华,杨学奎.设施园艺栽培新技术.北京:中国农业科学技术出版社,2008.

王宇欣,段红平.设施园艺工程与栽培技术.北京:化学工业出版社,2008.

张振贤.蔬菜栽培学.北京:中国农业大学出版社,2003.

卢育华.蔬菜栽培学各论(北方本).北京:中国农业出版社,2000.

高志奎,李明.蔬菜栽培学各论.北京:中国农业科学技术出版社,2006.

郗荣庭.果树栽培学总论.3版.北京:中国农业出版社,1995.

张玉星.果树栽培学各论(北方本).3版.北京:中国农业出版社,2003.

董启凤.中国果树实用新技术大全(落叶果树卷).北京:中国农业科技出版社,1998.

常明昌.食用菌栽培学.北京:中国农业出版社,2003.

李建民,等.冬小麦水肥高效利用栽培技术原理.北京:中国农业大学出版社,2000.

庞正盛.水稻抛秧栽培技术.南宁:广西科学技术出版社,1999.

中华人民共和国农业部.2006年农业主导品种和主推技术.北京:中国农业出版社,2006.

中华人民共和国农业部.2007年农业主导品种和主推技术.北京:中

国农业出版社,2006.

中华人民共和国农业部.2008年农业主导品种和主推技术.北京:中国农业出版社,2006.

李胜利.养牛养羊学.北京:中国农业大学出版社,2003:124-235.

李伟国.中国学生饮用奶奶源管理技术手册.北京:中国农业出版社,2006:48-61.

王爱国.现代实用养猪技术.3版.北京:中国农业出版社,2008:119-130,230-260.

杨子森,郝瑞荣.现代养猪大全.北京:中国农业出版社,2008:255-262.

卢中华,张卫宪,袁逢新.实用养羊养病防治技术.北京:中国农业科学技术出版社,2004:247-281.

赵有璋.现代中国养羊.北京:金盾出版社,2005:384-394,490-496.

张振华,董亚芳.养兔生产大全.南京:江苏科学技术出版社,2002:33-36,93-100,145.

郑军.养兔技术指导.3版.北京:金盾出版社,2006:200-214.

叶元土,陈昌齐.水产集约化健康养殖新技术.北京:中国农业出版社,2007:6-15,199-202,212-299.

舒新亚,龚珞军.淡水小龙虾健康养殖实用技术.北京:中国农业出版社,2006:20-40.

胡小松.农产品深加工技术.北京:中国农业技术出版社,2007.

周显青.稻谷精深加工技术.北京:化学工业出版社,2006.

郭祯祥.小麦加工技术.北京:化学工业出版社,2003.

贾友苏,张武平.食用植物油制取及加工技术进展.农产品加工,2008(7):77-81.

叶兴乾.果品蔬菜加工工艺学.北京:中国农业出版社,2002.

周光宏.畜产品加工学.北京:中国农业出版社,2002.

廖小军,等.果蔬汁非热加工技术进展.饮料工业,2002(6):4-7.

骆承痒.乳与乳制品工艺学.北京:中国农业出版社,1997.

沈月新.水产食品学.北京:中国农业出版社,2001.

郑 重 声 明

高等教育出版社依法对本书享有专有出版权。任何未经许可的复制、销售行为均违反《中华人民共和国著作权法》，其行为人将承担相应的民事责任和行政责任，构成犯罪的，将被依法追究刑事责任。为了维护市场秩序，保护读者的合法权益，避免读者误用盗版书造成不良后果，我社将配合行政执法部门和司法机关对违法犯罪的单位和个人给予严厉打击。社会各界人士如发现上述侵权行为，希望及时举报，本社将奖励举报有功人员。

反盗版举报电话：(010)58581897/58581896/58581879

反盗版举报传真：(010)82086060

E - mail:dd@hep.com.cn

通信地址：北京市西城区德外大街4号
　　　　　高等教育出版社打击盗版办公室

邮　　编：100120

购书请拨打电话：(010)58581118